五南出版

觸媒化學概論與應用

Essence of Heterogenous Catalysis and Applications

雷敏宏 吳紀聖 著

序

觸媒或催化劑是什麼？從十九世紀就有許多先賢努力尋找答案，一直到二十世紀初才有接近現代科技的定義，在第一章有較深入的介紹，如果不想等到閱讀第一章，那麼，你可以想像觸媒就像媒人，來來回回遊說把雙方激情起來，帶進一個美麗的氣氛下，送作堆推進另一個新的境界。

人類在1940年代開始大量應用觸媒於化工業的產品製造，改變了材料工業的生產模式及品質控制，由於反應速度提高而副產品減少，連續式生產模式替代批式的生產模式，使得生產速度大幅提升。產品的品質趨於標準化，簡化下游產品的生產操作，改善人類的生活內涵及水準。在臺灣我們也看到觸媒的大量使用促進了臺灣材料工業的建立，經濟的蓬勃發展。觸媒在臺灣的使用起於臺灣中油公司汽油的精製（媒裂解反應）與臺灣肥料公司的氨合成，之後隨著1970年代的石化工業建設，觸媒成爲石化產品生產製程的必需品。1970年代中期，在當時行政院國科會主委徐賢修博士的鼓勵下，臺灣的學界開始有系統的培養觸媒研發與人才，到1990年代的初期，學術界培養了不少的菁英到石化界及接棒學術界的教學與研發。但目前爲止，學校所用的教科書不是來自國外就是翻譯的課本，一本由國人自編並介紹臺灣觸媒發展的課本，一直從缺，這促進本書作者撰寫本書的動機，一方面參閱國外的課本，一方面融入三十年來臺灣企業界在觸媒界的貢獻。作者盡量以淺近與口語式的文字，擺脱傳統教科書刻板的官方語言，希望讓讀者能親近，並融入其生活與工作中。

本書由雷敏宏及吳紀聖兩位教授負責，雷教授負責第一、四、六、八、九、十一及十二章的一半，另一半由吳教授負責，兩人的個性、年齡及經歷各不同，因此在寫作風格也顯示差異，只能請讀者包涵。觸媒既然是在扮演媒人角色，因此希望本書也能把讀者引介到觸媒塔內，找到終生的樂趣及扮演你在這大觀園世界的角色。

著者之一（老雷）要感謝四十年來臺灣觸媒塔內，各位同好對我的包涵及大家無私相處的樂趣。也期待這四十年間被我騙進或引介到觸媒塔的學生們，找到你尋樂的天地。最後感謝老友，王奕凱教授提供他的大作，介紹觸媒在型狀選擇性的傑出工業實例（第一章），另外謝謝陳吟足教授幫我補充她在中央大學所開闢的硼化金屬觸媒森林，完成由1960年代布郎教授由普渡大學所栽種幼苗的成長（第四章）。也謝謝老雷最後一位博士學生，葉冠廷博士，耐心而仔細的校正及十年來在碧氫科技的共同奮鬥。最後感謝老婆大人，容忍我在無數的夜晚陪老鼠玩電腦。

目錄

第一章　緒論：觸媒的功能、定義與分類

1-1　觸媒定義的演化

觸媒是什麼？就看你是在何時何地問這問題。芝加哥北部的西北大學博威兒教授（Prof. R. L. Burwell of Northwestern University）報導了一些早期的觸媒歷史。1814 年歐洲的克裘乎（Kirchoff）發表用稀酸水解澱粉爲葡萄糖。英國的大衛韓富立爵士（Sir Humphrey David）與其姪子大衛愛得蒙（Edmund Davy）分別於 1817 年及 1820 年試驗以白金線及白金粉與空氣及煤氣的氧化反應，讓白金（觸媒）白熱，但離開煤氣又回復原狀可重複使用。1823 年德國人德伯賴納（F. Döbereiner）重複愛得蒙的實驗，更發現酒精與空氣也有同樣的效果，並產生醋酸，他進一步發明一種點火盒（tinder box），以一個小盒子讓稀硫酸與鋅反應所產生的氫氣進入白金絲與空氣反應產生「火焰」，作爲引火的小工具替代打火石的點火功能，據說他賣了上萬個觸媒引火機，發了一點小財，這大概是最早的觸媒工藝產品。

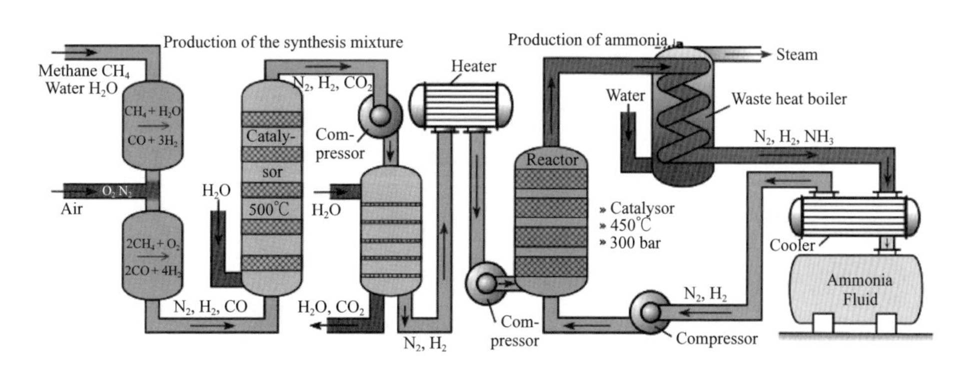

圖 1-1　1909 年代的哈伯 — 博熙的氨合成流程圖：現代催化工程的萌芽
回收率：8%，壓力：300 大氣壓，溫度：450℃，產能：80 gm/hr

十八世紀的人如何去解釋這些觸媒反應的功能則莫衷一是，形而上的解釋以至哲學觀點都有。德國人司德曼（Stomann）發表論文，主張觸媒是一種原子運動程序（注意：原子的運動程序，不談物質！）活躍於化合物內的分子，這程序是起源於另一種化合物釋放力量並導致形成另一種較穩定的化合物與能量。著名的德國物理化學家奧斯華（W. Ostwald）於 1909 年諾貝爾觸媒化學獎的演講提到「觸媒是一種外加物可提昇反應速度……但觸媒觀念的應用卻是科學上落伍的……」，奧斯華與其學生布勞爾（Brauer）開發利用白金觸媒以氧化氮氣為硝酸的奧斯華製程，以解決德國欠缺硝酸鹽的問題（為了製造火藥）。

化學吸附的重要性在十八世紀就被認識，雖然吸附的定義不清楚，但已經瞭解乾淨的金屬表面會與氣體，如氫氣，作用形成某種不穩定的氫化物，但可回復原狀，作用的量（被吸附或抓住的量）與壓力有關。符林立序（H. Freundlich）於 1894 年發表論文提出經驗公式：$\theta = kp^{1/n}$, θ 是與金屬作用的氣體部分的量，n 、k 是與溫度有關的常數，P 是氣體的作用壓力，但這只是經驗公式沒有理論基礎。二十世紀初期美國西北大學的觸媒開山大師，伊巴帝夫（V. N. Ipatiff，俄國革命時的移民）在其沙拉油的氫化研究過程發現，「……假設觸媒作用的基本原理是觸媒與氣體（氫氣）形成某種臨時而快速的結合……」。1915 年通用電氣公司的表徵化學科學家郎謬爾博士（Irving Langmuir），大膽地提出簡化的現代化化學吸附理論基礎，他認為固體表面與氣體形成單層的吸附，而固體表面的吸附體是均勻一致的，被吸附的氣體各自獨立不相互干擾，因此先到與後到的氣體與固體的作用力是一樣的，並提出其處理公式：$\theta = KP/(1 + KP)$，θ 是被吸附的氣體與全部氣體的比值，而 K 、P 分別是吸附平衡常數及氣體的吸附壓力。郎謬爾這理論的每一項假設，沒有一項完全正確，但大致正確可用並好用（請參考第二章表面吸附現象），自此之後，被英國牛津大學的亨雪伍教授（Cyril. N. Hinshelwood）引用爲觸媒反應動力學的理論基礎，稱爲郎謬爾－亨雪伍的反應動力學機制（Langinuir-Hinshelwood Rinetic modd）。根據這個反應機制，反應開始前，所有的反應物，在適當的觸媒表層先經物理與化學兩階段的吸附而活化，這化學吸附的活化體在觸媒表層相互反應形成化學吸附的生成物，一般狀況下這步驟也決定反應的速度，再經過化學而物理階段的脫附離開觸媒表層，而形成自由擴散的生成物分子體（請參考圖 1-1 及第三章催化反應動力）。（本書內的觸媒代表名詞，其定義如書內介紹，催化用爲動詞說明以觸媒催化的反應。）

二十世紀初期，郎謬爾博士在推演其化學吸附學說時，觸媒的關鍵角色並沒有被解釋，這缺陷一直等到 1925 年，由任教於美國普林斯頓大學的英籍教授，修士泰勒爵士（Sir Hugh Taylor）發表觸媒表層特殊構造與能階的活性中心（active center）是負責化學吸附的主體，隨後 1931 年的論文進一步主張活性中心對吸附分子的活化功能與反應，他的活性中心學說成爲現代觸媒學的主軸。值得讀者想一想的是，泰勒爵士一生任教於美國普林斯敦大學六十年，也參與二次大戰的技術工作，但一直保持其英國國籍，沒有人對他的忠誠提出質詢過，國籍與工作的忠誠似乎沒有必然的關係，除了較高的薪水，這是美國社會吸收世界級人才最有效的方法之一。

根據上述的說明，觸媒（catalyst）可定義爲：觸媒是反應系統中一種少量的物質，其表層有一些特殊構造與能階的原子組織而形成的活性中心，對反應物進行高選擇性的化學吸附與活化，使反應物得以利用較低的活化以提昇反應的速度，並在觸媒表層進行選擇性的轉化反應轉爲生成物，經過脫附離開觸媒表層而擴散到外界。

介紹了觸媒理論基礎的歷史演化，也許你覺得觸媒學是一門深奧的學問。其實人們在寒冬常用的白金懷爐（platinum body warmer）就是一件不簡單但實用的觸媒暖身爐。把去漬油或精油灌入儲油處，棉花的毛細作用將精油往上送，揮發後透過塗有奈米白金細粉的耐燃纖維蕊與空氣進行氧化反應產生二氧化碳與水汽，並釋放氧化反應的熱能提供溫暖的感覺（請參考第十一章觸媒在能源的發展與應用與十二章實驗室常用觸媒反應設備）。不要小看這小不點的設備，其實這設備包含觸媒學的各種學問：①觸媒化學的應用設計（白金觸媒的分散度及表面積設計，油分子與氧原子在白金觸媒的吸附與兩者的活化，反應與熱能的釋放）；②反應器的設計（空氣的進料管道與面積，油料的儲存與釋放速度，油料與空氣的混合，熱能的釋放控制）；③反應工程應用（上述各種變數的量化及速度控制）等三種步驟。

1. 觸媒化學的應用設計：白金是貴重金屬，必須節省用量，因此做成奈米級細粒，來增加白金觸媒的表面積以增加接觸面；但是又擔心這些細粒被吹散遺失，因此把這些白金細粒沾在耐燃的纖維蕊上，進一步擴大白金的分布與接觸面積，也順便把白金細粉固定不會遺失掉。纖維蕊扮演觸媒載體，提供白金細粒的載體，除了上述分散性的擴增及觸媒的接觸面積與接著力的強化以免損失，並扮演反應熱的分散以避免觸媒的過熱。這些剛好就是製備觸媒的基本原理：奈米化的顆粒及觸媒顆粒分散沉積在穩定耐溫的載體上。

2. 反應器的設計：精油裡面棉花的毛細管壓力扮演輸送原料的泵浦作用，把原料從原料的儲存處輸送到火口的觸媒來反應，因此纖維蕊的用量與孔隙度可用來控制精油的耗用量及其燃燒速度與熱量的供應。懷爐外殼鏤空的空洞則讓空氣進入與觸媒反應，為了控制溫度，燃燒不能太激烈，以免烤焦肚皮，觸媒的用量、精油的輸送量（纖維蕊的用量與孔隙度）與空氣對流的量（外殼鏤空的面積），都不能超越一定的安全量，不能隨便湊合在一起。

3. 反應工程應用：啓動時在觸媒的火口點火，是一種活化觸媒及原料的準備動作，不同的燃料有不同的起火點，觸媒可降低這燃燒所要的起火點，但還是要把所輸送的精油活化才能讓燃燒所要的氧化反應延續下去，才不至於被周圍的低溫材質冷卻而中斷反應。

有人簡單的說觸媒就像媒人，把雙方引到一種令人陶醉的情境，雙方情不自禁躍躍欲試，一拍即合。這裡的媒人依賴其廣大的接觸面把互不認識的雙方，經過多次來來回回的介紹，讓雙方都覺得不見一次面不能罷休，要見面就必須有氣氛，才能克服雙方的隔膜與矜持的距離。這正是觸媒在催化反應扮演的功能：透過物理與化學吸附把相關的反應物拉近並送作堆，來電反應後產生愛的結晶生成物，媒人功成身退領了紅包繼續下一對的媒合（催化，既要催眠的催也要催促的催），但不能參與「實質的反應」！

觸媒可把相關的反應物吸附到其表層，加以活化以進行特定的化學反應，而本身並不參與直接的反應，反應後這物質還是恢復其原狀繼續扮演同樣的功能。爲了能有效吸附相關的反應物，這物質必須有廣大的面積才有良好的機會讓反應物被吸附到表層。一般的固體對分子的吸附（請參考第二章表面吸附現象）有兩大階段，第一階段稱爲物理吸附，觸媒表層與反應物來來回回進行可逆式的欲擒故放，抓放的力量（鍵強度）不高，約只有 20～40 KJ/mol，分子間的接合力屬於凡得瓦式的接合（van der Waals force），這種吸附沒有強烈的選擇性，只是把相關的反應物帶近到短距離，以準備進入第二階段的化學吸附。在化學吸附這個階段，相關的反應物與觸媒表層結構必須是門當戶對，是有選擇性而不是隨便接合，接合的勁道強烈，類似於化學鍵，約在 80～200 KJ/mol，在這階段反應物受觸媒的物理吸附及化學吸附活化，把化學反應的活化能打折扣而輕易克服，形成新的化學鍵完成觸媒催化的化學反應。

觸媒在上述的過程依賴其廣大的接觸面積把反應物吸附到近距離（由物理吸附而化學吸附），並加以活化降低特定反應的活化能轉化爲產品，不但讓化學反應的速度提昇，更確保經過選擇的化學反應產生所要的產物，不是亂七八糟的廢物（圖 1-2）。

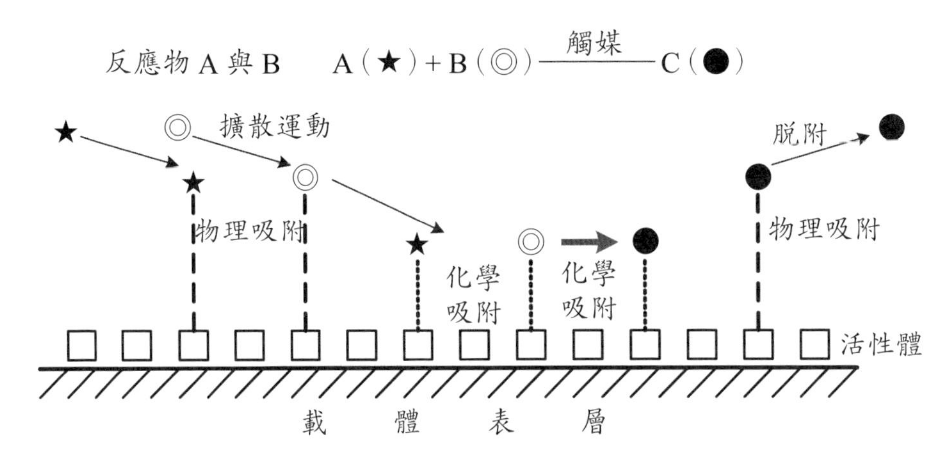

圖 1-2　郎謬爾－亨雪伍的反應機制模型（吸附的角色）

1-2　觸媒的型態

一般的觸媒分爲異相與均相兩大類。

異相觸媒常用於油品煉製，是由少量具有化學吸附功能的活性體（Act, active components），如金屬或金屬氧化物，及一些促進劑（Pro, promoters）。分散在不具化學吸附或反應能力的載體（Supt, support）表層，來增加反應物與活性體的接觸機會，常以 Pro-Act/Supt 來表示組合成分。以芳香烴的重組反應觸媒爲例，0.05%Re-0.1%Pt/Al_2O_3，Re 金屬扮演促進劑（Pro）抑制烴烷鍵的斷裂，Pt 是主要的活性體（Act），Al_2O_3 則爲載體（Supt）分散貴重的 Pt 金屬觸媒。一般的載體具有多孔性的構造，有許多不同大小的孔道，可供反應物的分子擴散進入流動，上述所謂的載體表層指的是載體外表及孔道的外表層，反應物分子可以擴散進入而接觸到的表面，孔道的表層面積遠大於載體顆粒的外表面積，一般工業觸媒用的載體，每克載體的表面積可高達 100～300 M^2/gr，活性炭或沸石則可高達 300～1500 M^2/gr，但有些孔道太狹窄，分子無法或難於快速擴散入內，形成無用的孔道。

均相的觸媒是在反應條件下，觸媒與反應物及溶劑或媒介質，都存在於一個單一的物相如液體，酵素或一些有機金屬的錯合物屬於這類。利用一氧化碳與甲醇爲原料，合成醋酸的銠觸媒，$Rh(CO)_4Cl_4$-LiI，與兩種反應物都溶解在醋酸與水的溶劑，在反應條件下，形成均勻的液相進行反應（請參考第八章工業上的觸媒應用）。葡萄酒的釀造屬於均相的觸媒反應，酵素與葡萄果汁在水溶液下醱酵成爲酒精。

一般的異相觸媒是由無機物如金屬與陶瓷材料構成，適合於高溫反應，反應後觸媒與生成物很容易分離回收繼續使用，再加上高溫與觸媒的催化，使反應速度變快，反應在分秒瞬間完成。因此異相的觸媒反應促成連續式的反應模式，產品生成的速度日夜不斷，產量大爲增加，而產品的品質既標準化又均勻，連續式反應模式的出現，革命性地改變了工業生產的能力及豐盛了人類的物質生活品質。

均相觸媒反應所使用的觸媒屬於有機化合物或生物酵素，不宜在高溫使用，因此均相觸媒反應的反應溫度很少超過 250℃。由於所有參與反應的混合物都存在單一均相，因此觸媒的分離與回收較爲複雜，另外較低的反應溫度，也造成反應速度的緩慢，一般以時 — 日的時段計算，不容易利用連續式的模式生產，而以批式模式一批一批的生產。批式反應的產品產量較低與設備投資額較高，每一批次的產品品質不容易維持均勻而規格也難於標準化，造成市場銷售的困擾。

1-3 歷史上觸媒的重要里程碑

在眾多探討石油來源的學說中，有人主張把深埋在地底下有機生質的油脂分解爲石油的成分是一種觸媒裂解反應造成的。有機生質如動植物的生命結束後，深埋在地底下，微生物把容易吃掉的碳水化合物及蛋白質分解消化後，吃剩的油脂層不太容易被消化而留下累積，受周圍的金屬與岩石（氧化鋁與氧化矽）的觸媒反應，在高壓與高溫（約在 200～250℃）的環境中，慢慢經過上億年的酸性反應進行醇酯的水解與二氧化碳的去除反應而成爲碳氫化合物，正如近來盛行的生質柴油的生產一樣，這大概是自然界最古老的異相觸媒反應。另一項觸媒反應應是釀酒，這是人類早期使用的均相觸媒反應，已有數千年的歷史，酒的發現調適了人類的心情、造就了不少的詩人，但酗酒也造成無數的悲劇。

觸媒被有計畫的大規模應用是從二十世紀的初期開始，利用氫氣與氮氣合成氨氣（ammonia synthesis）（請參考第八章工業上的觸媒應用），以滿足人口增加後農業的氮肥需求。人口不多的十九世紀前期，自然界的硝石礦與動物排泄物的有機肥，大致可滿足當時農作物的肥料需求。1909年德國的哈伯博士（F. Haber）成功地利用鋨（Os）與釕（Ru）爲觸媒（目前已改用經過氫氣還原的氧化鐵爲觸媒），將空氣中的氮氣與三倍體積的氫氣在 400℃與 200 大氣壓的反應條件下，產生少量的氨氣，這是人類第一次使用配製的觸媒以連續式製造化學品。這個製程使用高壓與高溫，在當時鋼材的性能遠不如今天成熟，因此高壓高溫的反應器設計是另一項難題。這項發明由德國的巴斯夫公司（BASF）承接進行製程與設備的改良，在該公司博熙博士（C Bosch）的合作下，於 1913 年完成工業化的哈伯一博熙氨製程的建廠工程，兩人分別於 1918 年及 1931 年獲得諾貝爾化學獎。氨的合成（ammonia synthesis）一方面解決了農業生產所急需的氨肥料，以增加產量擴大糧食的供應；另一方面也提供人造硝酸鹽的生產，用於炸藥的生產為現代化的戰爭找到殺傷的利器，但也方便了開路及開礦的工程。氨合成的技術問題在第八章將有較深入的介紹。

改變人類的穿著、生活用具與建築材料的各種聚合物，也是觸媒在聚合反應的成果。以聚乙烯為例，乙烯的聚合反應使用兩種類型的觸媒來催化，低密度的聚合乙烯使用過氧化劑為觸媒或促進劑，透過過氧化劑的分解產生氧原子自由基，推動乙烯自由基的連鎖反應，達成聚合的反應，生成高分子量的聚合物。

低密度乙烯的聚合反應：

啓動反應：ROOH ⟶ RO・+・OH　(1-1a)

啓動反應：C = C +・OH ⟶ HO-C-C・　(1-1b)

傳播反應：HOC-C・+ n(C = C) ⟶ HOCCCCCCC・　(1-2)

完結反應：HOCCCCCCC・+ RO・ ⟶ HOCCCCCCCCCCCCCOR　(1-3)

上述第一反應是啓動反應，由容易分解的促進基產生過氧化物的自由基。過氧原子自由基加進烯烴形成新的自由基於碳原子上，這碳原子的自由基不斷地繼續加進新的烯烴形成高分子量的聚合物自由基，這自由基與另一個自由基合併結束自由基的傳播反應。這類型的聚合反應需要在高壓下進行（200～500 大氣壓），以增加分子量維持傳播反應的進行，也需要高溫來維持自由基的活性，以繼續進行反應。由於反應物中，常有少量乙炔的雜質存在，以致形成旁枝使分子鍵的排列無法緊湊，降低聚合物的緻密度及結晶度。

高密度的聚乙烯合成則依賴一種有機金屬有機化合物的觸媒催化乙烯鍵的聚合，最重要的發展來自 1953 年德國科學家齊古勒（Karl Ziegler）

與義大利那達（Giulio Natta），他們並於 1963 年獲得諾貝爾化學獎。這類結合四氯化鈦、氯化鎂及三乙烯鋁的複合觸媒統稱爲 Ziegler-Natta 觸媒，可引導末端稀烴（-olefin）在低壓及低溫進行有規則的聚合反應，形成緻密性與結晶性很高的高密度聚合稀烴（請參考第八章工業上的觸媒應用）。

合成聚合物的出現提供以往所沒有的不同形狀、不同性質、容易加工（低能耗）而耐用的材料，廣用於衣著的纖維、各種生活器具、工程元件。使人類在二十世紀後半改變了生活的品質，縮短了不同階層間的文明享受（窮人不再穿得破破爛爛，保溫的毛織品也不再是富裕人家的專用品）。這些改變除了得力於觸媒在石化原料合成的大量化與普遍化，觸媒因爲大幅縮短反應時間所帶來的連續反應的生產模式，使各種觸媒反應的產品得以大量生產，而品質的標準化更簡化了產品的純化製程，這種反應動力學模式的改變是觸媒的使用所帶來的改變（請參考第三章催化反應動力學）。

汽車大量使用前，石油煉製品的重點是點燈用的燈油取代了逐漸減少的鯨油，1865 年開始，透過蒸餾把沸點在 170～300℃間的 C12～C15 的油份分離作爲燈油（相當於今天的噴射機用輕柴油）。爲增加產量，則用熱裂解把高分子量高沸點的餾份裂解降低分子量，降低沸點提昇蒸汽壓，以便點火燃燒照亮。汽車所使用的汽油（C5～C10 的油份），其沸點較低（40～150℃），以便在低溫時有足夠的揮發性，爲避免引擎在加速時的震盪（knocking），汽油成分的構造要避免使用直鏈的成分，最好有分岐形的分子構造以增加辛烷值。1930 年代前的汽油都以高溫熱裂解來增產供應，熱裂解反應是一種自由基（free radical）型態的反應，不容易產生異構化的分岐形分子。若油品的品質不良，則加速時容易發生引擎的震盪而失去衝力，也限制引擎壓縮比的提昇，降低引擎的效率。

在 1930～1933 年代一位移民到美國的機械工程師忽魯立（Eugene Houdry），他在前往美國之前嘗試了煤炭及煤焦油在不同條件的熱裂解，也嘗試了將鎳金屬與高嶺土混合的觸媒裂解。到了美國後，他開始嘗試鎳金屬在高嶺土的觸媒於高沸點的石油餾份，結果發現觸媒很快失效，液體油份也變成黏著膠質。之後無意間發現以酸液前處理及鍛燒的黏土，不含金屬，可將高沸點的石油餾份，裂解爲低沸點餾份的分岐形汽油成分，而其性質頗適合於汽車引擎的使用，裂解反應的操作溫度也由原先的 450～550℃下降到 350～400℃，造成觸媒失效的焦炭化也慢下來，可連續操作一段時間，他又發現失效的觸媒在通入空氣與蒸汽後可快速恢復活性。1936 年他們組織了公司推銷其觸媒（0.05%Na_2O、2.0%Fe_2O_3、1.8%CaO、3.8%MgO、37%SiO_2、56%Al_2O_3 及製程（利用 5%O_2 的空氣與蒸汽輪流把焦化的觸媒再生繼續進行媒裂解反應），並建立一座日產兩千桶的媒裂解工廠以生產辛烷值 100 的高級汽油滿足航空汽油的缺乏。這種酸性觸媒裂解的反應容易產生分岐形的異構分子如異辛烷，具有高度的辛烷值，可供引擎操作在高壓縮比發揮高效率，也不會產生引擎的震盪而降低效率。

1937 年忽魯立在汽油裂解觸媒的初步工業化成功，立即進入大規模生產以滿足蓬勃的航空汽油市場，特別是軍方的需求以支援剛爆發的二次大戰，滿足坦克車與飛機燃料的大量需求。在當時，德國、義大利及日本還在使用熱裂解與普通蒸餾所生產的辛烷值 90～95 的汽油，因此這三個軸心國雖有較快速的飛機（當時日本的零式戰機的性能獨霸各國），但在爬升與快衝能力上，受汽油震盪的缺點無法發揮其性能。英美聯軍所用的觸媒裂解辛烷值 100 汽油則在爬升與快衝速度占上風，因此在雙方的空戰中較爲有利而取勝。由於戰爭的爆發，這項新觸媒的開發未能獲得學術界深入的理論探討，一直到戰後，芝加哥北部西北大學（Northwestern University）的潘恩教授（Prof. H. Pines）陸續發表大量的論文，揭露氧化矽 — 氧化鋁的強酸性能，形成一種高溫的固態酸。固態酸的初期研究集中在氧化矽與氧化鋁及其複合體的酸性催化功能，如異構化或烴化反應。

與大家熟悉的液態酸不相同，硫酸的濃度與酸性，透過不同濃度的電離性能的差異而有不同氫離子（H^+）的濃度或酸性能力。固態酸沒有濃度與電離度的關聯性，不同的構造本身有不同的電離常數，K_a 或其對數的負值 $-\log K_a$，$-\log K_a = pK_a$。氧化矽與氧化鋁各有其不同 pK_a 而兩者的複合體隨其成分有不同的 pK 及酸性種類，如路易酸或布朗斯酸。氧化矽以布朗斯酸爲主，但氧化鋁則具有路易酸（Lewis Acid）性及少量的布朗斯酸性（Brønsted Acid），氧化矽與氧化鋁複合體的酸強度及酸量會隨著溫度而變化，如圖 1-3 所示。但在不同的氧化矽（約 70%）存在下，會有最強烈的布朗斯酸性出現，因此氧化鋁與氧化矽的組成比，可用來調節路易酸與布朗酸的比例，從而影響反應的選擇性。固態酸的酸性質由觸媒的酸強度及酸的量（氫離子）來表示，一般使用一種新的酸度指數 H_O（Hammett Function），$H_O = pK_a + \log[B]/[BH^+]$，式中 [B] 與 $[BH^+]$ 分別代表中性指示劑濃度及其相對的酸濃度，而 pK_a 是 BH 酸電離常數的負值對數 $-\log K_{BH+}$。

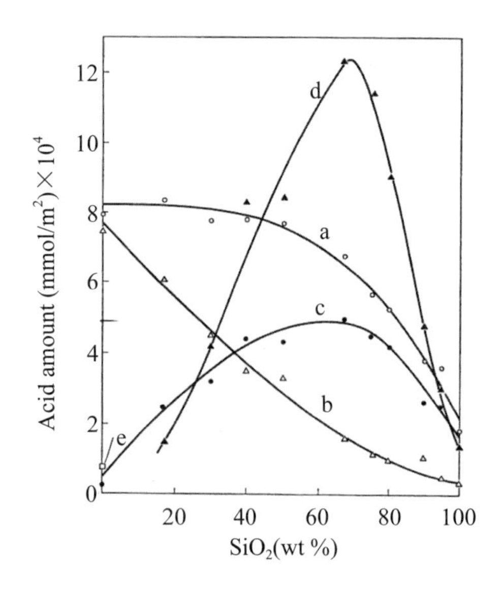

圖 1-3　氧化鋁酸強度、酸濃度與溫度的關係

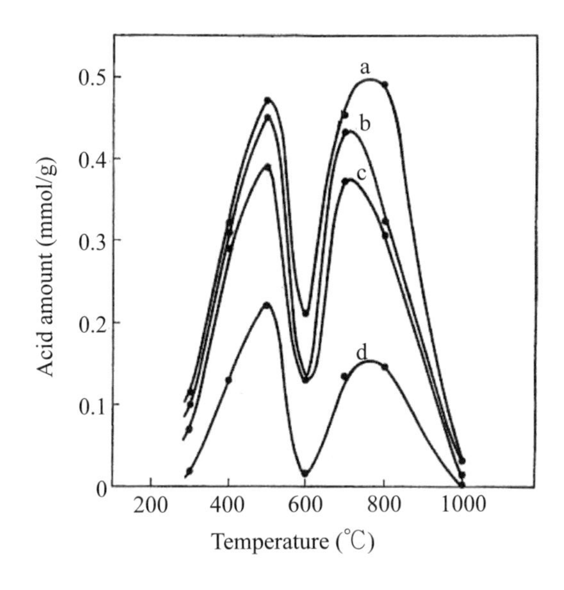

圖 1-4　氧化鋁與氧化矽成分的酸性變化

固態酸可催化碳氫化合物，透過觸媒表層上形成的正碳離子（C^+, carbonium ion or carbocation），促進碳鏈的位移產生分歧型的分子產品，因而帶來較高的辛烷值油份。1970 年代末期，進一步改善這種複合型的固態酸在高溫蒸汽的穩定性，而引發另一種具有結晶性的沸石固態酸（zeolite solid acid）的出現，這種結晶型的固態酸按照其矽／鋁的原子比（Si/Al）具有固定的結構及內部的孔徑，可篩選不同大小的分子進入內部孔道反應，這發現帶來形狀篩選能力的觸媒系列（shape selective catalysts），以控制不同原料的反應性，從而改善觸媒反應的選擇性（請參考第七章固體酸性觸媒）。

1-4 面臨的挑戰與機會

一、觸媒的設計

觸媒研發與應用成果的起飛得力於 1940～1960 年間提昇汽油品質與增加產量的殷切需求，1960～1980 年間，開發多樣化與大量石化工業的高分子塑膠材料與其新原料產品。這之後，新穎的電子分析儀器的開發，使得上述早期的理論得以有像爲證，深入瞭解觸媒表層原子的排列組合構造及能階，使以前瞎子摸象猜測式的創意研究方法，得以有系統的深入探討及瞭解（請參閱第二章表面吸附現象）。因此如何運用經驗，組合化學（combinatory chemistry）或計算化學（computational chemistry），進一步整合催化反應機制，觸媒成分與表層的構造，以及其相對的催化性質透過強力的電腦記憶與模擬能力，進一步設計所要的觸媒成分、構造與形狀；再進一步模擬選擇幾種可能的候選觸媒，進入後期的實際測試，最後達成一項觸媒學家夢寐以求的理想目標。觸媒設計已逐漸成爲一門學問，已在許多學術單位成立專業中心，如普渡大學、路易安那州立大學、劍橋大學等，並透過中心的研究人員及設備的協助，再於附近的工業園區成立觸媒設計的諮詢或顧問公司，幫助企業界提供適當的觸媒選擇及修正現場的操作條件。

二、綠色製程的開發

綠色製程指的是，以降低能源的耗用、減少副產物及汙染爲目的，透過節能減碳，特別是觸媒製程，達成環境保護的化工製程。觸媒在過程中利用其選擇性的化學吸附來降低反應的溫度或加速反應速度，以達成能源的節省，觸媒反應對主產品的高度選擇性，更是大幅降低副產品的形成。另一方面，透過觸媒的選擇性吸附或反應，將原料，特別是氣體原料，加以純化，一方面減少雜質的干擾使主產物的分離簡化以增加產量，並減少原料的浪費及不及格產品的生產，這在高科技行業特別普遍，從而節省原料的浪費及汙染處理的費用與能源。因此觸媒是節能減碳的推手，綠色化學製程的功臣，一方面降低汙染發生的機率於事前，另一方面清除汙染物於事後。

另一項重要觸媒里程碑是成功地開發汽車廢氣中汙染氣體的清除。1980 年代美國加州，鑑於大量汽車廢氣造成空氣的汙染，因此立法要求降低廢氣中 CO 、NOx 、HC（碳氫化合物）的排放量。這變成觸媒界的一大挑戰，最後成功地開發了三效汽車後燃器觸媒，其成分主要為 Rh 、Pt 、Pd/Al_2O_3，又為了排氣氣流的順暢，發明了蜂窩型的載體，降低觸媒顆粒造成的壓降，減少廢氣排放的阻礙，又為了增進觸媒床上大量的反應熱（放熱性氧化反應釋放的熱量），而有金屬蜂窩型載體的開發，今天觸媒已普遍用於汽車汙染的清除。但這類三效觸媒對柴油引擎的廢氣不太適用，由於柴油引擎普遍操作在薄油狀態下（lean - burn），進入引擎壓縮的空氣與油料比（A/F）高達 18～45。廢氣中還原性的碳氫化合物濃度較低，不足以提供足量的氫原子於氧化氮的還原為氮氣的反應，而廢氣中存在多餘的氧分子，使觸媒處於高氧化狀態，因此原先三效觸媒的平衡狀態無法維持。另一方面，長鏈的柴油燃燒分解時也產生較多的固態微粒（particulate matter, PM），這衍生另一種嚴重的汙染源亟待處理。這成功案例也迅速應用於工業排氣中汙染性的揮發有機成份（VOC）的清除（請參閱第六章金屬觸媒與表層觸媒結構與第九章觸媒在環保的應用）。

三、能源觸媒

能源的品質、方便性與價位主宰人類文明的發展。從最早的木材以至十八、十九世紀的煤炭到二十世紀初期的石油，能源的使用主要以燃燒取熱為主，這段期間觸媒在能源的開發與使用並不重要，甚至於沒有角色。但汽車的出現需要不同品質的汽油或柴油，加上電力成為主要的能源模式，以及免除環境汙染的要求，觸媒扮演不同能源型態的轉變以及品質的提昇，使得觸媒扮演愈來愈重要的角色。今天觸媒在太陽能與氫能則進一步扮演新能源開發的角色。

汽油必須有足夠的辛烷值才能避免引擎壓縮過程的爆震（knocking），以維持引擎的效率。爲提昇引擎的效率，引擎汽缸的壓縮比由早期的 4～5 提昇到今天的 9～10，高壓縮比的引擎所要的汽油辛烷值愈高。因此汽油組成中的分岐鏈、芳香烴或添加劑如甲基第三丁基醚（methyl tertiary butyl ether, MTBE）的成分必須增加，原有直鏈的分子成分必須盡量透過固態酸與雙效金屬重組觸媒轉爲分岐鏈或芳香烴的分子成分，又爲降低副產物以節省原料，上述群體式的雙金屬重組觸媒必須導入以確保反應的選擇率。近年來對造成空氣汙染的二氧化硫大幅加以抑制，因此燃油（汽柴油與鍋爐油）中的硫化物必須降低（< 10ppm），這使得除硫的觸媒（$CoOMoO_3/Al_2O_3$）與其製程大受重視。

在新能源開發中，觸媒更扮演開疆闢土的角色，透過觸媒，硬是將原始的陽光、水或石化產品轉爲電能。在太陽能的開發，上述的轉變依賴金屬與氧化矽組成的光電觸媒（photovoltaic catalyst）將光能直接轉爲電力，開發中的觸媒其效率已可達 15～25%。在氫能的開發，觸媒扮演雙重的角色，首先將水與甲烷、甲醇或有機生質在鎳觸媒（$Ni/-Al_2O_3$）或銅鋅觸媒（$CuOZnOAl_2O_3$）的催化下反應生成氫氣與二氧化碳，進一步，利用奈米級白金觸媒（Pt/Al_2O_3）或鉑 — 釕群體觸媒組合的燃料電池（proton exchange membrane fuel cell, PEMFC），可將氫氣或含氫氣的氫燃料在上述觸媒的催化下，於 60～90℃直接將化學能轉爲電能，其效率在 40～45% 之間，或利用提供氧離子的鈣鈦礦（perovskite）觸媒在 900℃左右，將氫燃料轉爲電能，這種固態氧化觸媒的燃料電池（solid oxide fuel cell）不用昂貴的白金觸媒與離子交換膜。

化石能源雖然豐富而方便，但總會排放造成溫室效應的二氧化碳，這在車輛的使用特別嚴重，因爲從車輛廢氣中捕捉或處理二氧化碳非常困難。因此近來開始有改用氨氣的建議，氨氣的燃燒熱爲 18,646 KJ/kg 與甲醇接近，但燃燒後不排放二氧化碳，沒有溫室效應的缺點。氨氣本身不具腐蝕性，可用加壓的管線輸送，但其味道頗爲刺激。由於氨氣的儲運較爲不方便而較昂貴，因此氨氣的生產最好以分散式小規模生產，前述的哈伯-博熙的氨製程需在高壓操作，不利於用分散式的小規模生產，因此最近推展一種固態氨生產製程（solid state ammonia synthesis, SSAS），適合於小規模生產。

$$3H_2O + N_2 \xrightarrow{e^-} 2NH_3 + \frac{3}{2}O_2 \tag{1-4}$$

與傳統使用高壓的氨合成不同，這種 SSAS 方法的反應器類似高溫固態燃料電池，使用離子交換膜，固態質子電解質（鈣鈦礦構造的金屬氧化物）與觸媒電極，在 550℃讓蒸汽與氮氣直接合成氨氣與氧氣，合成過程所消耗的能源較低（請參閱第十一章觸媒在能源的發展與應用）。

觸媒在能源的開發，除了上述太陽能與氫能／燃料電池的角色，由於化石能源，特別是天然氣的蘊藏量與開採都仍相當可觀並在增加，在可預見的未來仍將是人類最方便的能源，因此觸媒仍將繼續扮演化石能源的轉換與環境保護的樞紐角色，如二氧化碳的吸收及轉變利用，氧化觸媒的加熱利用與光觸媒在環保與光能轉變的開發（請參閱第十一章觸媒在能源的發展與應用）。

四、旋光性醫藥的合成

1957 年西德的一家藥廠推出一種孕婦用的鎮靜與安眠用藥 Thalidomide（$C_{13}H_{10}N_2O_4$），廣用於四十六個國家，不久發現這種藥導致上千名孩子四肢不全的嚴重身障，因此於 1961 年宣布禁用。經過追蹤研究後發現，這藥是由具有左右旋光性的兩種光學異構物所組合，左旋光性的異構物則對人體有有害，造成嬰兒的四肢缺陷。該公司於 1957 年合成供應市場時，是左右旋光的成分各半不具旋光性，但人體的蛋白質是旋光性的，會自動尋找合適的對應蛋白質結合。右旋光性的異構物 (+)(R)-thalidomide 對鎮靜與安眠有效，但左旋光性的 (-)(S)-thalidomide 進入人體後與人體對應的蛋百質結合導致胎兒的缺陷。這起事件引起藥廠對旋光性異構物合成的重視。

人的器官對化合物的旋光性質有不同的反應。日常生活中常用的味精，其分子構造必須是由天然的澱粉或醣份發酵而得的左旋光性產物，右旋光性的味精分子對人體的味覺沒有作用，但維他命 E 則以右旋光性較有效益。在醫療功能方面，正確的旋光性才能對症下藥，錯誤的旋光藥物，不只是無效，有時甚至會導致副作用。以常用的消炎劑或止痛藥 Ibuprofen 或 Ketoprufen 爲例，其藥效來自右旋光性的分子。同樣的，在薄荷的分子，右旋光性的薄荷具有冰涼的功能，左旋光性的薄荷則不具冰涼的特性。

這些具有特殊旋光性的化合物，在 1970 年代前，一般的有機合成製程會同時形成等量的左右旋光性混合物，不具特殊的旋光性，而無用的旋光性異構物並有可能引起副作用。因此需要特殊旋光性的化合物依賴旋光分離劑形成溶解度相異的產物加以分離，或依賴生物方法的酵素或酵母催化反應來製造，速度慢而昂貴。1970 年代開始，有機化學家透過具有立體效應分辨性的觸媒設計，來進行旋光性的觸媒合成。孟山都公司的威廉諾禮博士（Dr. William Knowles）自 1972 年開始利用有機金屬觸媒 [Rh(R1)(R2)(R3)(R4)] 上的有機磷化物取代基（R1、R2、R3、R4），其分子大小的立體阻礙或電子效應對觸媒的相互作用力來影響原料分子結合的方向，使結合後產物的旋光性受到控制，他發明的觸媒在巴金森病藥物的催化合成獲得優異的成果，其啓發性的成就使他與另外兩位化學家，K. B. Sharpless 和日本野依良治獲得 2001 年諾貝爾化學獎。2010 年的諾貝爾化學獎，也是頒發給以鈀金屬爲核心的有機金屬觸媒的有機物與藥物合成的理查赫克（R. Heck，美國德拉瓦大學）、根岸英一（美國普渡大學）、鈴木章（日本北海道大學）。

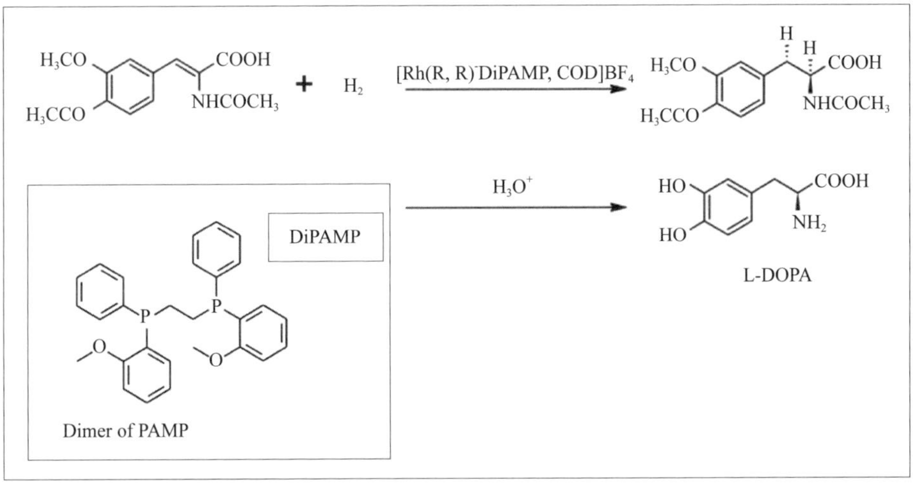

圖 1-5　威廉諾禮利用旋光性觸媒合成巴金森藥，L-DOPA 的途徑

五、觸媒表層構造與性能的探討

在 1960 年代，把汽油成分重組，改變分子構造來提昇汽油的辛烷值，所用的觸媒是一種鎳金屬在氧化鋁載體的觸媒，這觸媒也同時催化斷鍵的反應，產生大量低分子量的甲烷及乙烷的無用副產品，導致原料的浪費及汙染。因此美國愛克森油公司的欣菲得博士（J. Sinfelt），深入研究發現在鎳金屬中混合少量的銅金屬，可以大幅降低斷鍵反應的產生，抑制低烷烴副產品的產生，從而增加良質汽油的產量，這項觸媒改善在 1970 年代

讓美國每日節省數百萬桶原油的浪費，欣菲得也因之獲得政府的國家獎，並因此開創合金觸媒的研究，改善其他許多反應的選擇性及合金觸媒構造的研發，啓發對合金觸媒（alloy catalyst，1960 年代的稱呼）或群體構造（cluster structure，目前的稱呼）表層構造與性質的瞭解。

如上所述，1980 年代電子儀器與電腦的普遍化，使得觸媒表層構造的儀器分析與鑑定變成不再是那麼困難與神秘，因此觸媒表層構造與反應機制的瞭解與相互關係的解釋大為進步，最顯著的成果可在沸石觸媒的領域看到實例。一般的觸媒常使用多孔性的陶質材料當著載體，來增加活性觸媒成分的分散，進而增加其穩定度及表面積。這些多孔性的載體內部常常由大量微孔道組合提供表面積來分散活性成分如金屬原子。但這些微孔徑有時如高速公路三線路面，可讓反應分子痛快飆速，但有些則如摸乳巷必須小心慢慢擠過去才不會相碰肇事，因此反應物分子在觸媒孔徑擴散速度的分歧，造成反應速度均勻性的欠缺並難於預估，觸媒內部孔徑的不規則造成觸媒設計與性能預估的最大困難。

臺灣科技大學材料與化工系的林昇佃教授在其探討乙醇的蒸汽重組反應所用的觸媒，Cu_xNi_y/SiO_2 及 $CuNi_yB/SiO_2$ 在不同的製備方法、鍛燒條件、氫氣還原條件的影響時，共使用 X 光折射（XRD）、X 光吸收光譜（XPS，EXAFS）及氫氣在變溫脫附光譜（TPR）等儀器，瞭解奈米觸媒上銅與鎳的結合比例、結合鍵的強度、銅與鎳的氧化價狀態、硼參與的影響等（請參閱第五章表徵特性檢測方法）。

1970 年代的末期，沸石觸媒的出現提供結晶性的氧化矽／氧化鋁的複合載體。由於是結晶性，因此其原子構造及其孔徑是有規則的。更妙的是氧化矽／氧化鋁的比例會影響其原子構造（即孔徑），因此沸石觸媒的合成提供控制孔徑與酸性的知識與技術，除了應用沸石觸媒於酸性催化反應如上述汽油品質的提昇之外，更被用來分辨挑剔反應物或產物分子的苗條係數，太胖的分子會被扣留不放，苗條的細小分子優先通過，因此這種具有形狀辨別能力的沸石觸媒，就被用來合成不同大小或形狀的產物。

使用一般的固態酸觸媒，特別是 ZSM-5 型沸石具有十圓環之特殊三維孔道結構及強酸性，晶體內部的孔道（約 5.8Å）有利對位雙烷基苯之生成。例如乙烯與乙基苯反應會生成三種異構性的二乙基苯產物，鄰－間－與對－二乙基苯。使用一般的 ZSM-5 型沸石觸媒，則只有直線型的對二乙基苯（P-Diethylbenzene）在孔道內被形成，其他兩種異構物，則被扣留不能擴散出去，但被容許擴散出孔道的對二乙基苯到了觸媒外則受觸媒外表面酸性點的催化進行熱力學的平衡反應，又產生微量的三種二乙基苯異構物，使產品的濃度降低而得不到純對二乙基苯。因此清華大學化工系王奕凱教授利用矽化合物覆蓋在外表面的活性點上及利用水蒸氣去除殘餘之活性點的複合式修飾方法，成功的將 ZSM-5 外部活性點完全去除，而獲得純度大於 99.5% 之粗對二乙基苯，再經去烯烴塔及去羰基塔的精煉過程，使烯烃及羰基皆小於 1ppm，此製程於 1989 年商業化運轉。

$$CH_2 = CH_2 + C_2H_5C_6H_5 \xrightarrow{\text{ZSM-5}} \text{對}-C_2H_5C_6H_4C_2H_5 \tag{1-5}$$

$$\text{對}-C_2H_5C_6H_4C_2H_5 \xrightleftharpoons{\text{ZSM-5 外表面酸點, H+}} \text{間、鄰、對}-C_2H_5C_6H_4C_2H_5 \tag{1-6}$$

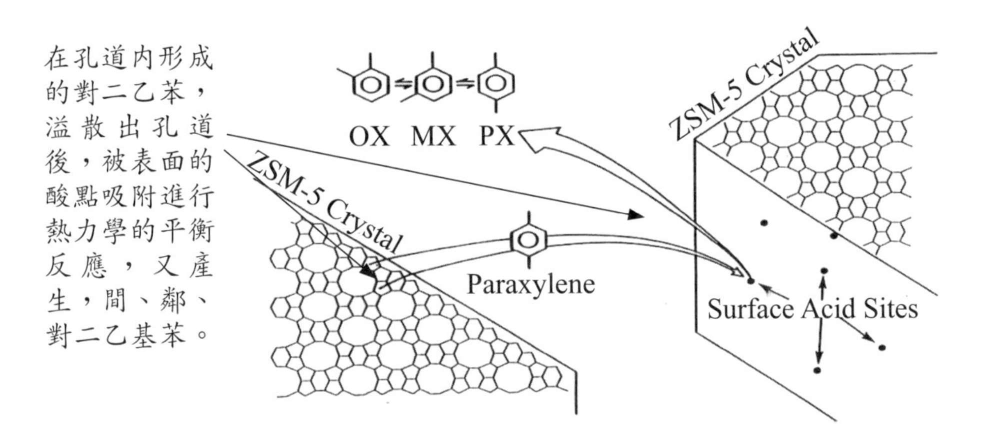

圖 1-6 王奕凱教授與臺灣苯乙烯公司合成對二乙苯的關鍵步驟

這知識與技術到了 1990 年代更擴大到不同元素組成的沸石觸媒，除了應用在實際的合成反應，也被用來探討觸媒構造、觸媒酸性及分子擴散現象（請參閱第七章固體酸性觸媒）。

六、反應工程：觸媒本身與觸媒反應時熱傳導能力的改善

一種催化製程包括反應的原料、所要的觸媒、反應條件（反應溫度與壓力、濃度、反應時間或滯留時間等），反應操作的方法與產物自剩餘原料及觸媒的分離與精製。進行催化反應的觸媒床，會受觸媒的形狀及顆粒的大小而影響反應物流動的速度、壓降及分布。

近年來原料及能源價格的高漲，新材料的供應及新穎的反應工具如薄膜的應用都使得以往的催化製程必須不斷的更新、重新設計。以天然氣的蒸汽重組製程爲例，以往這反應的溫度需要 700～900℃，反應的轉化率的高低受熱力學平衡控制，再好的觸媒也無法增加反應轉化率或提昇收率。在這高溫的反應條件下，觸媒設計的重點在耐高溫，觸媒表面積的增加不是重點，因高溫下晶相的變化或顆粒的熱擴散，也無法保持低溫合成時的構造。但鈀膜的參與使得反應溫度可降低爲 500～550℃，氫氣在反

應條件下直接透過鈀膜滲透離開觸媒床，而與其他反應物分離，簡化氫氣的分離及純化，加速反應的速度，這使得更活躍高表面積的新觸媒變成有利可圖，耐高溫不再是那麼重要。但一旦完成這麼一種活躍的新觸媒後，反應器的熱能供應速度可能會趕不上這吸熱反應所要的熱能來滿足反應的快速轉化，因此熱傳速度變成新瓶頸，這帶動反應器使用高熱導材料的新需求。在甲醇蒸汽重組反應，利用高傳熱性的鋁合金及特殊的反應器設計，完成高熱效率及溫度均勻的反應效果。另如高溫聚合物的出現，使得以往腐蝕性對反應器的考驗變成容易解決的問題，也因此帶來新的觸媒設計機會（請參閱第三章催化反應動力）。

 後記：一段臺灣觸媒的早期歷史

1. 早期臺灣的觸媒研發狀況

   Prof. Herman Pines 的一位臺灣學生：陳朝棟教授，他於 1960 年畢業回國，初期任教於臺灣大學化學研究所，介紹其畢業論文，有關固態酸的酸性在芳香烴形成的重組反應機構，這是臺灣最早期的觸媒課程。之後，陳教授轉任於中央研究院化學研究所所長，一直未能有機會推廣觸媒在臺灣的播種。當時的一位學生，雷敏宏於其大四論文時（1958～1959），在陳教授的老師，葉炳遠教授的指導下選修香茅油的催化反應以合成薄荷油。當時使用的觸媒系統是利用氯化鎳粉末懸浮於香茅油中加熱，空氣的接觸常常導致香茅油的氧化形成酸化物帶有蟑螂糞的味道，偶爾會獲得少量的薄荷油，聞其香而確定反應的成敗，這大概是當時臺灣的觸媒研發狀況。雷敏宏於 1974 年回國任職於行政院國科會，負責化學與化工領域的研發協調，任內開始推動臺灣的觸媒研究，並開啓了逾二十年臺灣與日本觸媒界的合作，日方的推動者是北海道大學的田部浩三教授，田部是近年來世界最有名的固

態酸的專家。臺灣方面，透過 1980 年代的努力，清華大學化工系王奕凱教授與化學系的趙桂蓉教授分別豎立了世界級沸石觸媒的應用及理論研究權威。

2. **中國石油公司早期的觸媒研發**

   在曹君曼先生協調下，中油公司的左營煉油廠及嘉義煉製中心（鄭英明博士、張慶仁博士、林俊雄、吳正宗博士等約十二位）有約二十位研究人員進行觸媒性能的評估研究，每個月一次集會討論。這個月會在 1976 年後由國科會的雷敏宏博士協助下成爲一年一度的臺灣觸媒研討會，並再擴大爲每年一次的觸媒與反應工程研討會至今。

3. **聯合工業研究所：日據時代的天然氣研究所**

   座落於新竹光明路的聯合工業研究所（目前是工研院材料化學所的一部分），在日據時代是天然氣研究所，從事新竹地區自產天然氣利用的觸媒研究如汽油的開發。1970 年代的主持人是施鑑洲先生，其團隊下的邱宏明、陳梅貞、陳伯宇、朱小蓉等人，進行鎳觸媒及沸石觸媒的開發。

4. **長春石化公司**

   該公司以自製起家後，特別重視觸媒製程的開發，1970 年代末期更自立完成聚乙烯醇開發生產。一路下來完成許多觸媒製程如醋酸乙烯的氫化、甲醇的蒸汽重組產氣、吡啶（Pyridine）等生產製程等，長春集團（含大連化工公司）是臺灣化工界最積極從事觸媒製程研究開發的公司。

5. **臺灣氯乙烯公司**

   在吳澄清總經理領導下進行氯乙烯觸媒的生產開發。

參考文獻

1. R.L. Burwell in "Heterogeneous Catalysis", Ed. By B.H. Davis and W. P. Hettinger, jr, ACS Symposium Ser. 222, Am.Chem. Soc., Washington, 1983, pp 3-12.
2. Stomann, Z. Biol. 31(1894), 364.
3. W. Ostwald, Z. physic Chem. 15(1894) 705.
4. O. Sabatgier, Bull. Soc. Chim., France, 6(1939) 1261.
5. I. Langmuir, J. Am. Chem. Soc. 37(1915) , 1139.
6. H.S. Taylor, Proc. Roy. Soc., London, A108(1925) 105. & J. Am. Chem. Soc. ,53 (1931),518.
7. k. Ziegler and G Natta, Nobel Lecture Chemistry, 1963-1970, Amsterdam, Elsevier Publishing Co. 1972
8. Kozo Tanabe, "Solid Acid and Base Catalysts" in Catalysis, Ed.J.R Anderson and M. Boudart, Springer-Verlag, Berlin ,1981, Chapter 5,231-273.
9. J. Sinfelt, "Bimetallic Catalysts", John Wily & Cons, New York, 1983, ISBN 0-471-88321-2
10. W. S. Knowles, "Assymetric Synthesis", Acount. Chem. Res. 16 (1982) 106-112.
11. L.-C. Chen, S.D. Lin, "The ethanol steam reforming over Cu-Ni/SiO2 catalysts: effect of Cu/Ni ratio and the reaction pathway", Appl. Catal. B.106 (2011) 639. or 陳立鈞，國立臺灣科技大學化工系博士論文，Jul, 2012
12. I.K Wang, "Para-selectivation of Dialkylbenzene over Modified HZSM-5 by Vapor Phase Deposition of Silica", Appl. Catalysis, 34 (1989) 257-266.
13. M.H. Rei, "A decade of study and development of palladium membrane in

Taiwan" J.Taiwan Inst Che. Eng. 40 (2009), 238-245.

14. Harvey, "H.F. Wang, et. al, Design of compact methanol reformer with low CO for the fuel cell power generateon", Intnl J. Hydrogen energy, 37 (2012), 7487-7595.

一些對話：你知道嗎？下列的敘述哪些不對？

1. 提昇水電解的速度：A. 加一些食鹽　B. 提高溫度　C. 擱久一點　D. 升壓。
2. 觸媒可幫助：A. 降低副產品的形成　B. 降低反應溫度　C. 改變平衡常數。
3. 提高反應溫度：A. 可提昇反應速度　B. 使觸媒更多選擇　C. 減少原料的用量。
4. 降低反應雜質需如何進行？A. 降低溫度　B. 增觸媒量　C. 延長反應時間　D. 稀釋濃度。

習題

1. 觸媒的定義是什麼？
2. 你認爲觸媒應用在什麼？並期待完成什麼？
3. 構成觸媒的要件及功能是什麼？
4. 觸媒是反應混合物中一種少量的物質，具有化學吸附的功能，所以你要如何發揮觸媒的特性於你想做的事？
5. 請說明你所熟悉的二種國內化工廠使用中的觸媒反應，愈詳細愈好，但不要天馬行空，垃圾是要扣錢的。
6. 請說明①。②觸媒與生態環境的關係。

7. 請說明下列名詞：① Raney Nickel catalyst，② 均相催化，③④⑤
8. 觸媒的使用對近代化學工業的影響如何？
9. 請說明反應物分子如何透過觸媒作用變爲產物分子？

第二章　表面吸附現象

只要是一個異相催化反應（hetrogeneous catalysis）必然如圖 2-1 所示，經過五個步驟：①反應物擴散至觸媒的表面或觸媒的孔洞內；②反應物吸附（adsorption）在觸媒的活性基；③發生反應，反應物變成產物；④產物從觸媒的表面脫除（desorption）；⑤產物擴散（diffusion）離開觸媒的表面或觸媒的孔洞。其中觸媒的表面催化反應步驟，不見得是反應速率決定步驟，任何一個步驟都有可能是瓶頸，成爲反應速率的決定步驟。但是只要是一個異相催化反應必然要經由反應物和觸媒表面的吸附步驟。

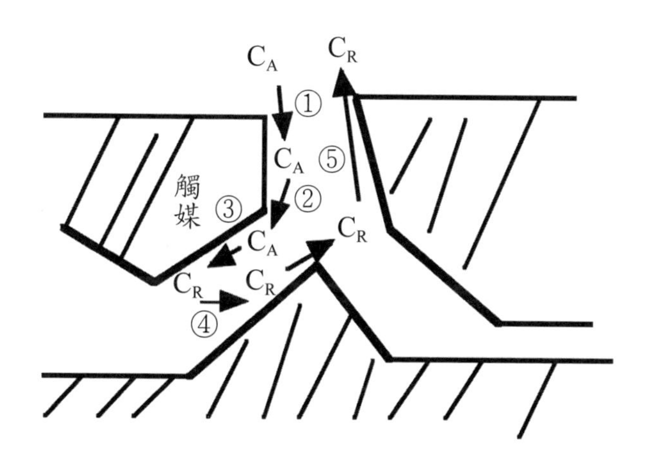

圖 2-1　異相觸媒反應發生途徑（G. F. Froment and K. B. Bischoff, 1979）

2-1 固體表面吸附的現象與催化原理

異相催化反應主要是藉由吸附以降低反應的活化能（activation energy），因此可以加速反應速率。如圖 2-2 所示，一個反應可以經由三種途徑發生。第一條途徑沒有觸媒的幫助，經過較高的活化能（圖 2-2 中 a）在氣相直接反應，反應速率較慢；第二條途徑經由觸媒的幫助，吸附在觸媒的表面發生反應，大幅降低活化能（圖 2-2 中 b），所以可以提升反應速率；第三條途徑雖然經由觸媒吸附，降低活化能（圖 2-2 中 c），但是吸附力太強，不易進行表面催化反應，反而降低反應速率，是一個不良的觸媒。

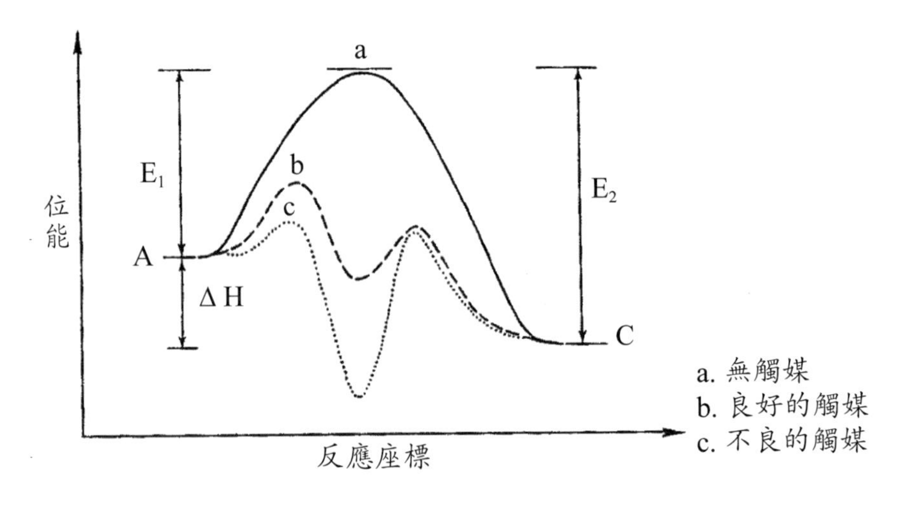

圖 2-2 觸媒活化的反應行徑

固體表面吸附的現象和溫度、壓力、吸附分子（adsorbate）及吸附物（adsorbent）的種類有關，通常吸附量和壓力、吸附物表面積成正比增加，但溫度則呈相反的趨向。對於一個良好的觸媒而言，反應物（或產物）和觸媒表面的吸附力應適中，不致太弱或太強。太弱的吸附力，無法引發表面催化反應，太強的吸附力，則阻礙了表面催化反應。例如圖 2-3 像火山式（volcano curve）的圖，表示甲酸在不同金屬上的分解反應活性，縱軸表示達到 50% 轉化率所需的溫度，橫軸是形成甲酸吸附在金屬表面的形成熱（heat of formation）。在金（Au）和銀（Ag）的表面呈現過低的形成熱，表示鍵結力較弱，不易引發分解反應。在鐵（Fe）、鈷（Co）和鎳（Ni）的表面則有太高的形成熱，表示鍵結力太強，也不易引發分解反應。因此前兩者反應活性低，故需較高的溫度才能有 50% 轉化率。在鉑（Pt）和銠（Rh）等金屬由於形成熱適中，鍵結力恰當，成為良好的觸媒，在較低溫即可達成 50% 的轉化率。

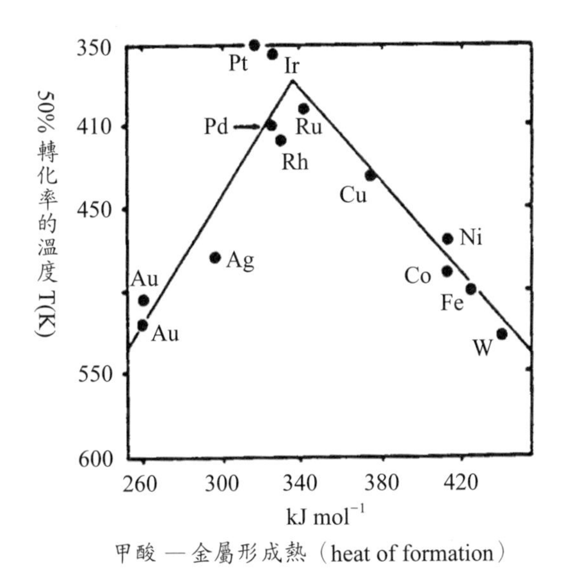

圖 2-3　甲酸分解（decomposition）反應活性比較（J. Fahrenfort, L.L. van Reijen, W. M. H. Scahtler, 1960）

吸附和表面反應有時並非只有單純的一個步驟達成，有可能是經過許多步驟而完成一個簡單的反應，以氨合成的反應為例，根據推測如圖 2-4

顯示，氫分子和氮分子在鐵觸媒表面吸附分解成原子，經過多重步驟而合成氨，由圖的活化位能可看出，和非觸媒氣相反應比較，活化能大幅降低，使得反應得以在較溫和的條件下進行，大量合成氨供肥料、火藥、染料及醫藥之用，是觸媒對人類文明的重大貢獻之一。

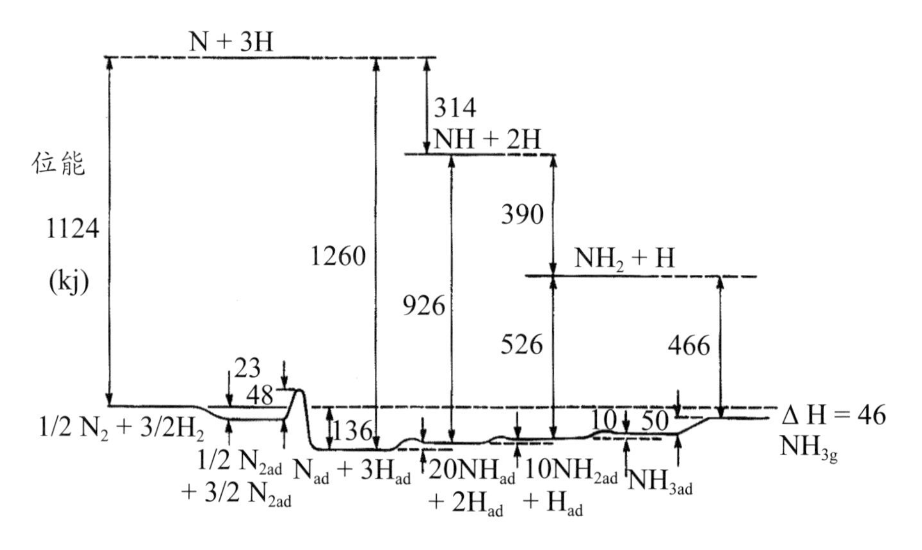

圖 2-4　氨在鐵觸媒合成途徑的位能示意圖（J. W. Geus and K. C. Waugh, 1991）

2-2　吸附程序

一個表面吸附的過程必須要先克服能階障礙（energy barrier）以到達觸媒的表面，通常可以用 Lennard-Jones 位能圖來說明。如圖 2-5 表現氫分子或原子在銅表面的位能圖，當氫分子（H_2）逐漸接近銅原子表面時，由於凡德瓦力（van der Waal force）的相互吸引，使得位能降低，不需經由活化過程就會發生，在短時間內達到吸附平衡，這就是物理吸附（physical adsorption, physisorption），不限特定的分子和吸附表面，一般物質通常就會發生這種現象。如果氫分子再靠近銅原子，排斥力逐漸增加而超過凡德瓦吸引力，位能就會再升高，此時氫分子可能再回到原來低位能的位置，或者如果氫分子有足夠的能量克服能階障礙，則氫分子分解成兩個氫原子，氫原子和銅原子的吸引力更大，可以繼續靠近銅原子直到位能最低的位置，需要較長的時間才能達到吸附平衡，這就是化學吸附（chemical adsorption, chemisorption），兩原子的分子分解吸附稱爲分解吸附（dissociation adsorption），通常發生在氫、氧、氮等雙分子氣體。化學吸附需要經由活化過程（activation），吸附熱（heat of adsorption）較物理

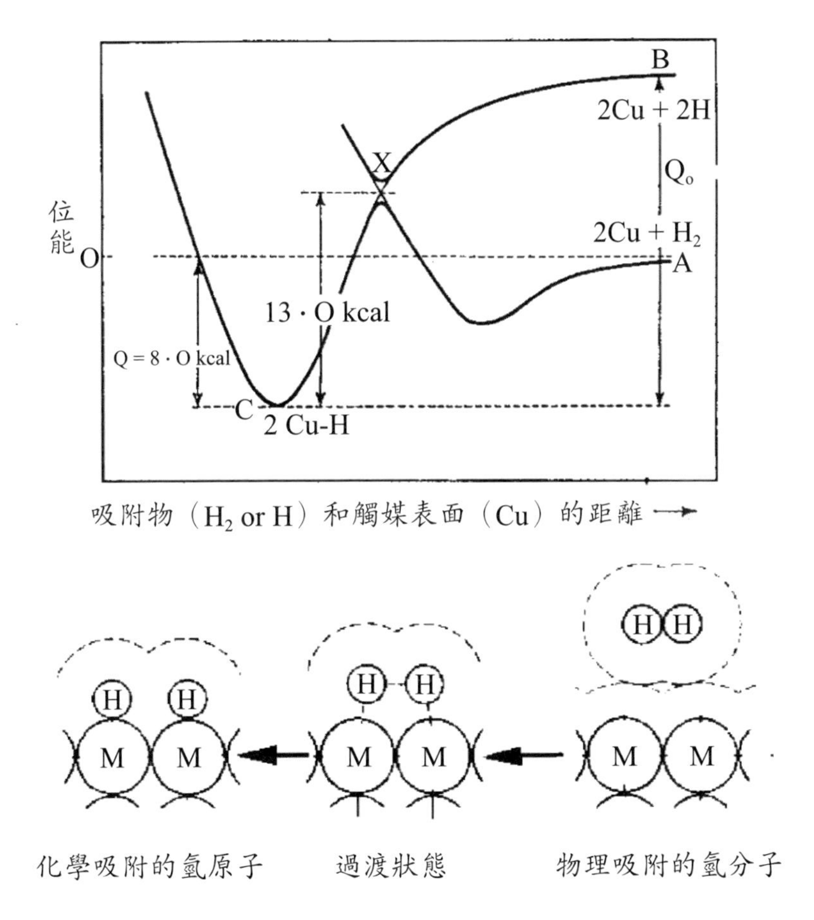

圖 2-5　氫在銅表面的 Lennard-Jones 位能圖（F. C. Tompkins, 1978）

吸附大，需要較長的時間才能達到吸附平衡，吸附分子和表面形成類似共價鍵，比只有凡德瓦力的物理吸附強很多。表 2-1 總結比較兩種吸附的差異，物理吸附都是放熱，化學吸附大部分是放熱，但也有可能是吸熱，發生的原因是熵（entropy）的變化量大於焓（enthalpy）的變化量（見表 2-1 註解）。物理吸附和吸附分子的沸點有密切的關聯，可在表面形成多層（multilayer），類似凝結現象，通常吸附量隨著溫度的上升或壓力下降而減少。化學吸附的情況則較複雜，只能形成單層（monolayer）吸附，吸附量和溫度或壓力有不同變化。

表 2-1　物理吸附和化學吸附的差異

Physisorption	Chemisorption
reversible	reversible and irreversible
10～20 kJ/mole	80～100 kJ/mole (up to 400kJ/mole)
non-specific on surface	highly specific on surface
equilibrium, fast	long time to equilibrium, slow
non-dissociation	may be dissociated
no reaction	may be reaction
van der Waal, dipole-dipole	chemical bond, electron transfer
no activation energy	require activation energy
exothermic	exothermic, may be endothermic*
Maybe multilayers	Monolayer
temperature up, adsorption down. More adssoprtion near or below boiling point.	complicated (adsorption vs. temperature)

* G = H-TS. Adsorption is one such event which is always accompanied by a decrease in entropy. Therefore, the enthalpy (heat of adsorption) change must be negative. However, positive H may occur in chemisorption. That is, entropy change is positive due to dissociated adatom mobility or the re-structure of adsorbate-adsorbent system. e.g. H_2 chemisorption on glass (Thomas & Thomas, p. 84. 1997)

** G 必為負值，吸附才是自發性。如果 S 為正值，則 -TS 是負值，就有可能 H 是正值，亦即吸附過程是發生吸熱。

2-3　吸附的特性

吸附的實驗結果可以用許多方式表示，以圖和數學模式最常用。等溫吸附圖（isotherm）是在固定的溫度下，變化不同吸附分子的壓力所得的曲線圖，如圖 2-6 所示，是氮氣和氬氣在 −190℃以及丁烷在 0℃吸附在多孔型玻璃上，橫軸相對壓力是以吸附時的壓力除以在吸附溫度下的飽和蒸汽壓，故其值為 0 到 1 之間。吸附量隨著壓力升高而增加，相對壓力接近 1 時，會發生凝結現象使得吸附量急劇增加，所以測量壓力通常不會做到此範圍。

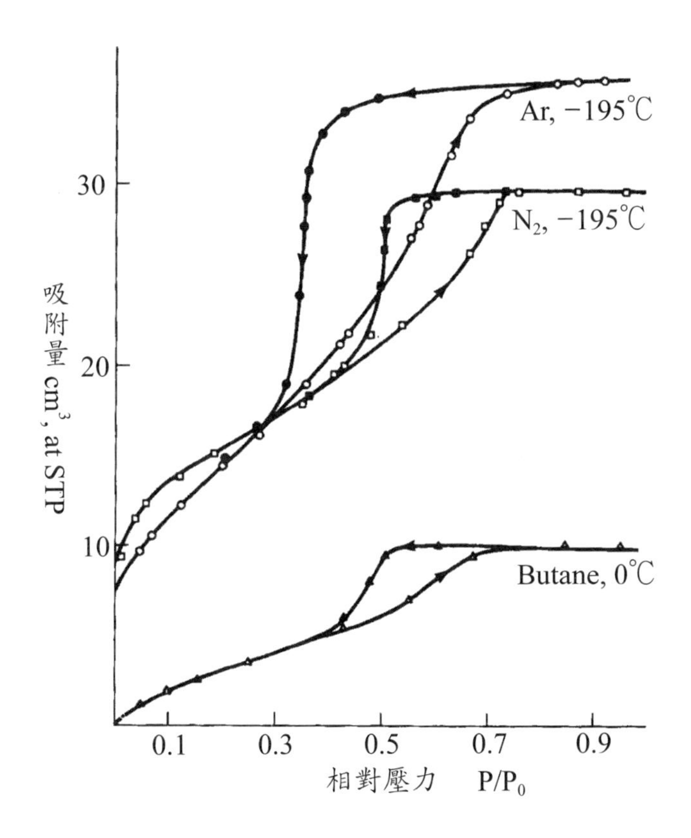

圖 2-6　氮和氬（−190℃）及丁烷在（0℃）在多孔型玻璃的等溫吸附圖（Emmett and Cines, 1947）

在吸附（升壓）和脫除（減壓）的實驗測量過程中，有時會出現吸附和脫除曲線並不一致，在某一壓力範圍兩條曲線分開，脫除曲線在上面，吸附曲線在下面，但在兩端又重合如圖 2-6 所顯示。此種現象稱爲遲滯（hysteresis），提供吸附固體物（adsorbent）結構重要的資訊。原因是因爲在孔洞內，吸附和脫除時氣體分壓不同所導致。圖 2-7 說明這種現象的過程，在均勻的圓柱管中（圖 2-7），吸附（升壓）時氣體從管壁逐漸凝結，最後填滿整個圓柱管，因此吸附量隨著壓力平滑地上升。但在脫除（減壓）時，氣體的飽合蒸汽壓和孔徑有關（見式 2-18 說明），氣體壓力降到低於圓柱管孔徑的氣體飽合蒸汽壓時，圓柱管內凝結的氣體要全部蒸發完畢，壓力才能再下降。所以如果固體物在某孔徑的體積占的比例較多的話，在某個壓力下，吸附量會急劇下降。

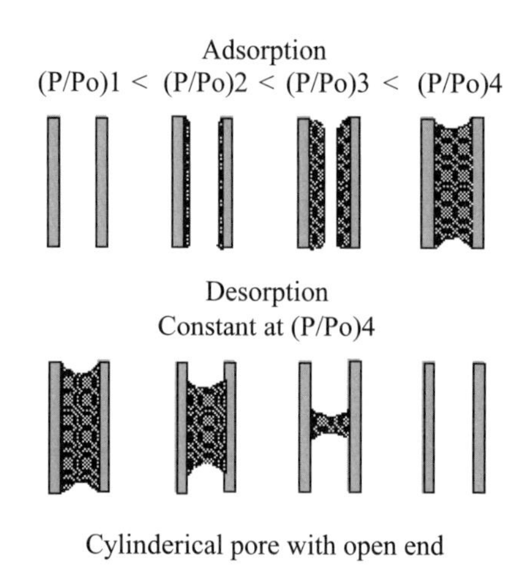

圖 2-7　孔洞結構在吸附與脫除時出現不同的現象

等壓吸附圖（isobar）是在固定的壓力下，變化不同吸附的溫度所得的曲線圖，如圖 2-8 所示氫氣在鎳金屬表面的等壓吸附圖，在低溫下（低於 180℃），吸附量會隨著溫度升高而減少，此爲單純的物理吸附現象。在－180～－100℃的範圍，主要發生化學吸附而物理吸附幾可忽略，所以吸附量會隨著溫度增加，因爲更多氫分子克服化學吸附的活化能。當溫度繼續升高，則化學吸附的氫會開始脫除，所以吸附量又逐漸減少，由此圖也可看出吸附量隨著壓力下降而減少。

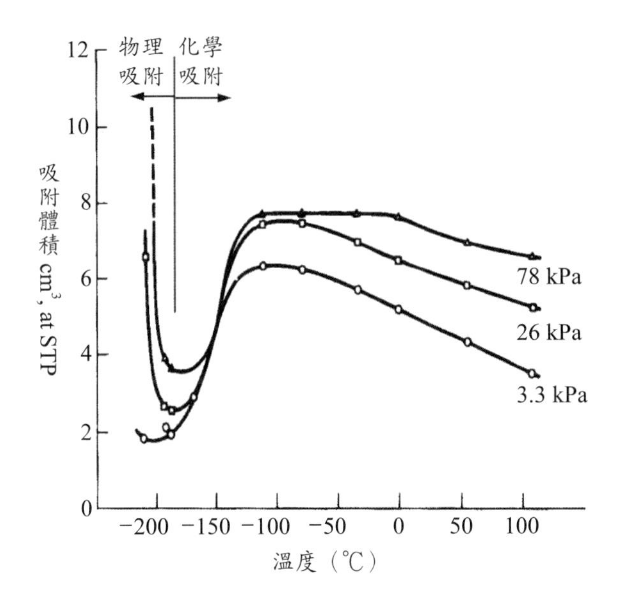

圖 2-8　氫氣在鎳金屬上的等壓吸附圖（Benton and White, 1930）

吸附時由於吸附分子和吸附表面位能降低，會有吸附熱（heat of adsorption）產生，吸附熱是顯示固體表面特性的一個重要指標，觸媒表面的均勻性可以由吸附熱對覆蓋率（fraction of coverage）的變化顯示出。例如圖 2-9 (a) 和 (b) 是氮氣在碳黑（carbon black）的吸附熱，圖 (a) 顯示吸附熱隨著覆蓋率的增加而降低，表示碳黑的表面不均勻以致氮氣吸附時放出不同的吸附能量，在超過覆蓋率值 1，表示多層吸附，此時吸附熱將接近氮氣的凝結熱（latent heat of condensation）；圖 (b) 顯示碳黑在經過石墨化（graphitization）後，吸附熱不隨著覆蓋率而變化，在覆蓋率值小於 1（單層吸附）時呈一定值，顯示碳黑在經過石墨化呈現表面均勻性，在覆蓋率值大於 1 後，吸附熱立即下跌和氮氣的凝結熱相近，表示進入多層吸附。

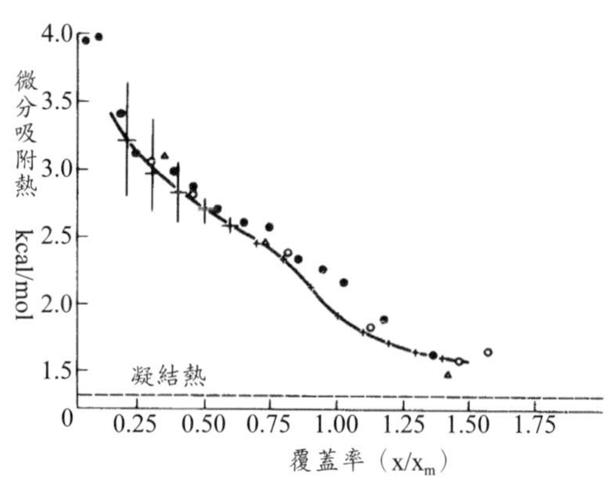

(a) 氮氣在碳黑的吸附熱

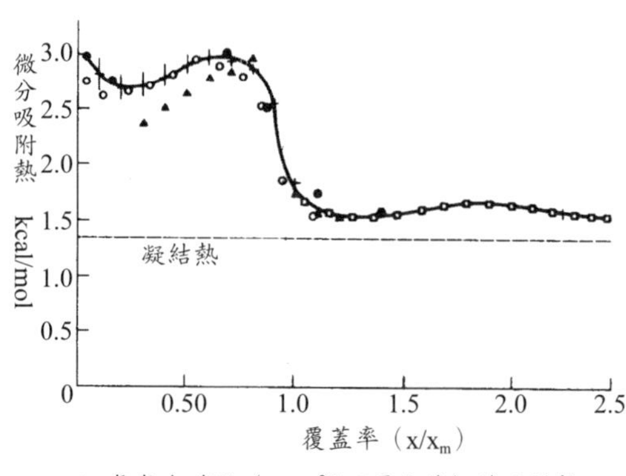

(b) 氮氣在碳黑（3200℃石墨化後）的吸附熱

圖 2-9　氮氣在碳黑的吸附熱（Joyner and Emmett, 1948）

2-4　等溫吸附模式

一、Langmuir 等溫吸附模式

最常用的吸附模式就是著名的 Langmuir 等溫吸附模式，此模式建立在三項假設：①吸附熱和覆蓋率無關；②已吸附分子間無吸引或排斥力；③每一吸附基（adsorption site）只能吸附一個被吸附物。其數學式在下面，表示覆蓋率和壓力的關係，「*」代表吸附基（adsorption site）。

$$\text{adsorption: } A + * \xrightarrow{k_a} A* \tag{2-1}$$

$$\text{desorption: } A* \xrightarrow{k_d} A + * \tag{2-2}$$

$$\text{Rate of adsorption: } r_a = k_a P_A (1 - \theta_A) \tag{2-3}$$

$$\text{Rate of desorption: } r_d = k_d \theta_A \tag{2-4}$$

$$\text{at equilibrium: } r_a = r_d = k_a P_A (1 - \theta_A) = k_d \theta_A \tag{2-5}$$

$$\theta_A = \frac{k_a P_A}{k_a P_A + k_d} = \frac{K_A P_A}{1 + K_A P_A} \tag{2-6}$$

Where θ_A : fraction of coverage A, $0 < \theta_A < 1$

P_A : pressure of adsorbate A

K_A : adsorption equilibrium constant, k_a/k_d

k_a and k_d : adsorption and desorption rate constant

如果發生解離吸附，可以推導出 Langmuir 等溫吸附式如下。

$$\text{adsorption: } A_2 + 2* \xrightarrow{k_a} 2A* \tag{2-7}$$

$$\text{desorption: } 2A* \xrightarrow{k_d} A_2 + 2* \tag{2-8}$$

$$\text{Rate of adsorption: } r_a = k_a P_A (1 - \theta_A)^2 \tag{2-9}$$

Rate of desorption: $r_d = k_d\theta_A^2$ (2-10)

at equilibrium: $r_a = r_d = k_aP_A(1-\theta_A)^2 = k_d\theta_A^2$ (2-11)

$$\theta_A = \frac{\sqrt{k_aP_A}}{\sqrt{k_aP_A}+\sqrt{k_d}} = \frac{K_A^{\frac{1}{2}}P_A^{\frac{1}{2}}}{1+K_A^{\frac{1}{2}}P_A^{\frac{1}{2}}} \tag{2-12}$$

如果發生 A 和 B 兩種不同分子吸附在各別的吸附基，同理可以推導出 Langmuir 等溫吸附式如下。

$$\theta_A = \frac{K_AP_A}{1+K_AP_A+K_BP_B} \tag{2-13}$$

$$\theta_B = \frac{K_BP_B}{1+K_AP_A+K_BP_B} \tag{2-14}$$

二、Freundlich 等溫吸附模式

由於大部分實驗結果顯示吸附熱和覆蓋率有關，尤其在異相觸媒，表面大部分是不均勻的，所以 Freundlich 等溫吸附模式修正吸附熱隨著覆蓋率的增加而呈指數（exponentially）下降的關係，得到下式。

$$\theta_A = cP_A^{1/n} \text{ where } \quad n > 1 \tag{2-15}$$

三、Temkin 等溫吸附模式

Temkin 等溫吸附模式修正吸附熱隨著覆蓋率的增加而呈線性（linearly）下降的關係，得到下式。

$$\theta_A = \frac{RT}{q_o\alpha}\ln(A_oP_A) \tag{2-16}$$

其中 q_o 是外插在覆蓋率爲零時的吸附熱。

圖 2-10 顯示三種吸附模式的吸附熱和覆蓋率的關係。

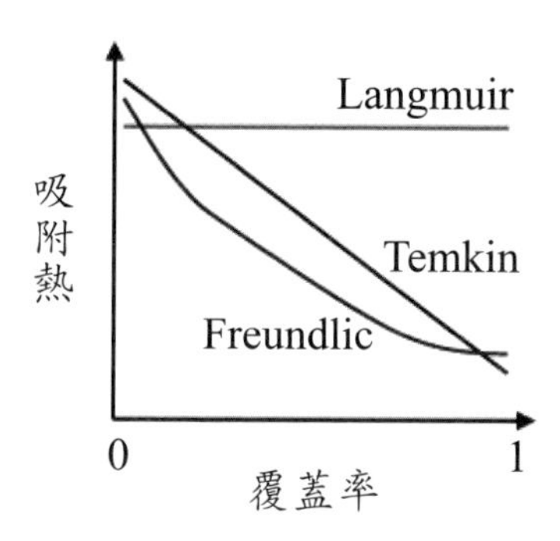

圖 2-10　三種吸附模式的吸附熱和覆蓋率的關係

2-5　BET 等溫吸附

大部分的物理吸附可以歸納成五大類，如圖 2-11 所示，原本是由 Brunauer 、Deming 、Deming 和 Teller 所提出。基本型式是第 I 和 III 型，第 I 型表示存在微孔（micropore）的物質，所以在低壓時就有顯著的吸附量增加。第 III 型是代表非孔洞物質，吸附量隨著壓力緩慢地上升，接近飽和蒸汽壓時（P/P0 = 1），由於是多層吸附或凝結，導致吸附量急劇增加。第 II 型是第 I 和 III 型的組合，含有部分微孔的物質所呈現出的等溫吸附線。第 IV 和 V 型呈現遲滯現象（2.3 節），第 IV 型含有部分微孔和中孔（mesopore）物質，第 V 型只有中孔物質。

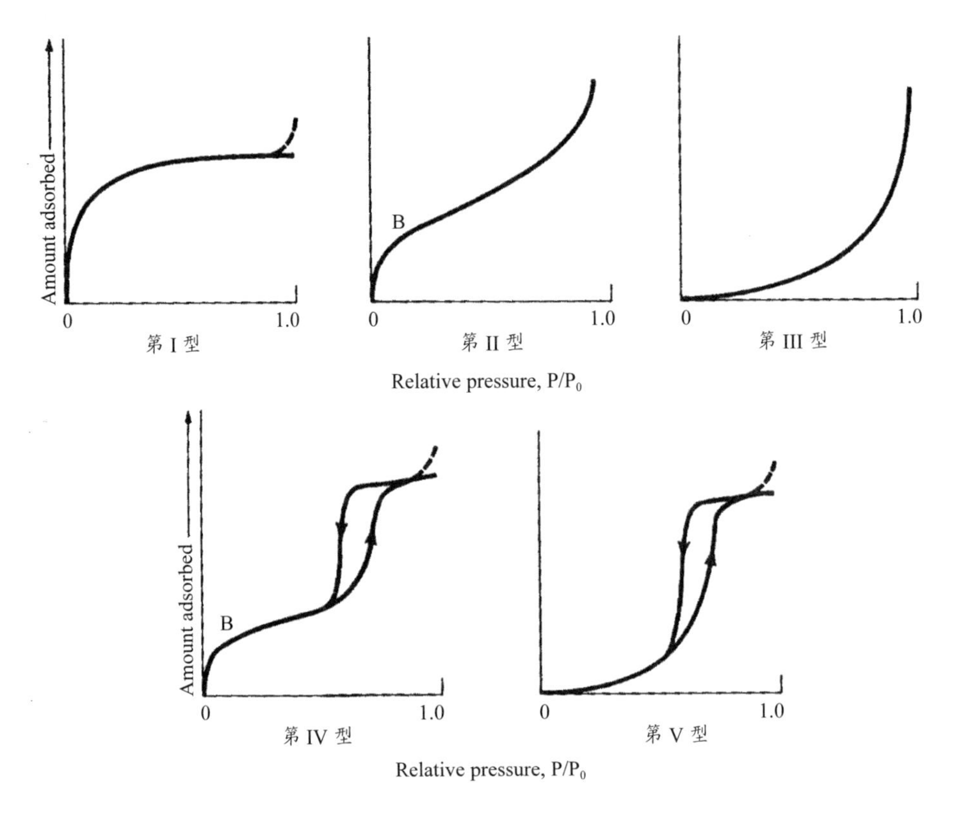

圖 2-11 五種等溫吸附的型式（由 Brunauer et al. 1940 分類）

一、BET (Brunauer-Emmett-Teller) model

利用氣體吸附實驗可以測量物質的表面積和孔徑和孔洞分布，適用於 0.1 μm 以下的孔洞結構。在多層物理吸附的情況下，可導出下式算出單層吸附氣體體積，如果已知單一氣體分子覆蓋面積，即可計算受測物質的比表面積（specific surface area, m^2/g）。

$$\frac{P}{V(P_o - P)} = \frac{1}{V_m C} + \frac{(C-1)P}{V_m C P_o} \tag{2-17}$$

上式中 V：在 P 壓力時的吸附氣體體積

V_m：單層吸附氣體體積

P_o：在吸附溫度的氣體飽和蒸汽壓

C：常數（和氣體吸附熱及液化有相關）

基本的實驗的方法步驟包括：①已知受測物質的重量，加熱抽真空方式 degas 和除濕以除去表面吸附的雜質；②測量容器的 dead volume；③抽真空至 10^{-3}～10^{-5} torr. 以下；④在液態氮的溫度下（77 K），升高氮氣壓力測量吸附量（i.e. P vs V）；⑤在液態氮的溫度下，減壓測量脫除程序（desorption）的氮氣吸附量。

計算受測物質的比表面積是以 $\frac{P}{V(P_o - P)}$ 和 $\frac{P}{P_o}$ 作圖呈直線關係，求出截距 $\frac{1}{V_mC}$ 和 $\frac{(C-1)}{V_mC}$ 斜率的兩數值，可計算單層吸附氣體體積 V_m 和常數 C ，已知氮氣分子的覆蓋面積 = 0.162 nm^2，即可算出物質的比表面積（m^2/g）。圖 2-12(a) 呈現經方程式轉換計算的結果，圖 2-12(b) 原始的等溫吸附線，圖 2-12(c) 是經 Kelvin Eqn 計算的孔洞，再將吸附量對孔徑微分後，呈現是孔洞直徑的分布圖。

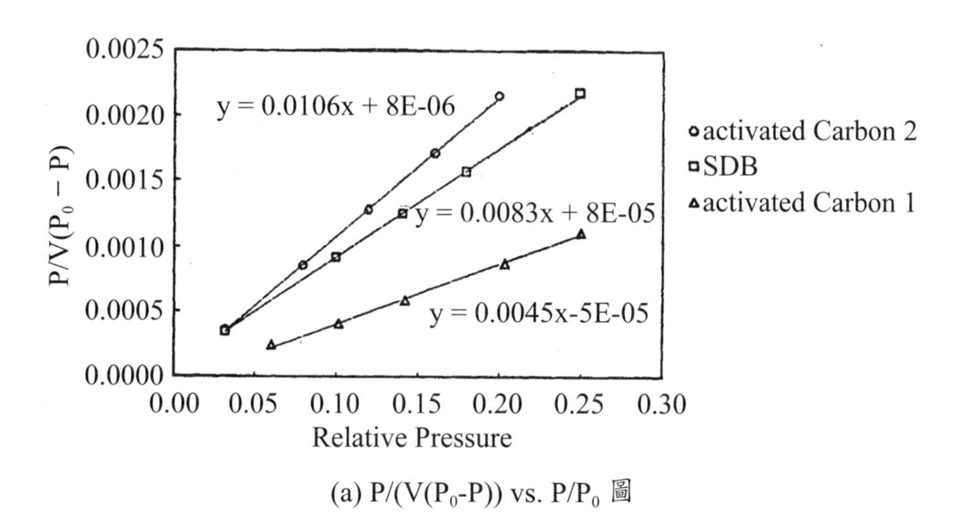

(a) $P/(V(P_0\text{-}P))$ vs. P/P_0 圖

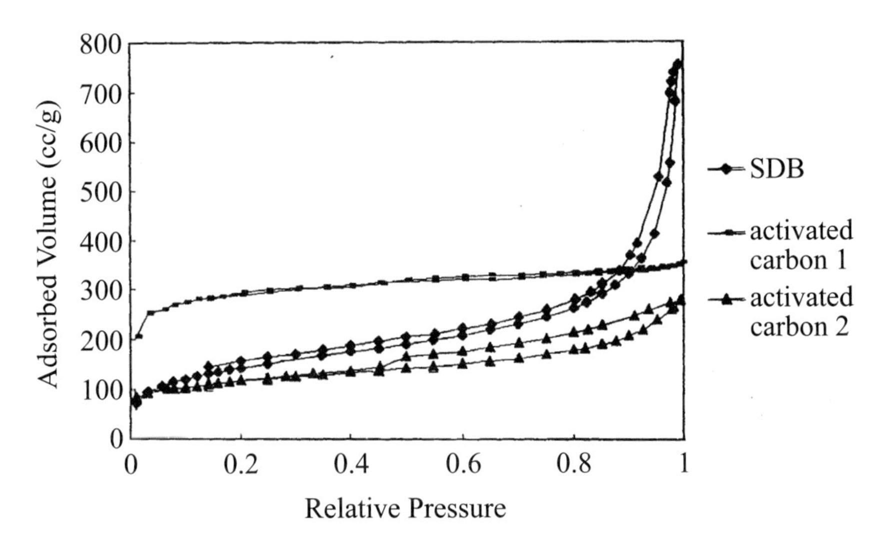

(b) 兩種活性碳和多孔 SDB 的 N_2 吸附量和壓力的關係圖

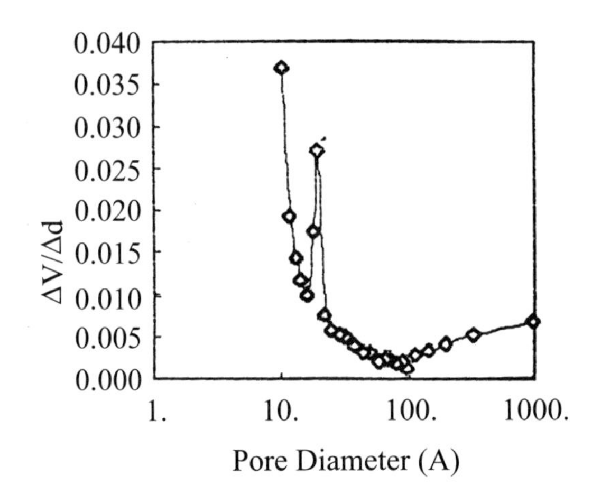

(c)activated carbon 2 孔洞直徑的分布圖

圖 2-12　兩種活性碳和多孔 SDB 的 N_2 吸附測量比表面積和孔徑分布結果

二、孔洞體積

氣體的等溫吸附及脫除量可以計算物質的孔洞孔徑及孔徑分布，一般氣體的飽和蒸汽壓隨著孔洞半徑下降，亦即孔徑愈小，氣體在孔洞內的凝結壓力愈小。根據下式 Kelvin 方程式計算孔洞孔徑（r_k），再對吸附量作圖，就是受測物質的累積氣體吸附體積對孔徑圖，再對曲線微分可得孔徑分布圖。

$$\ln\frac{P}{P_O}=\frac{-2\sigma V_m\cos\theta}{r_k RT} \tag{2-18}$$

上式中 P = saturated vapor pressure of liquid over the curved surface

P_O = saturated vapor pressure of liquid over a plane surface

σ = surface tension of the liquid adsorbate

V_m = molal volume of the liquid adsorbate

θ = contact angle

r_k = radius of curvature, or Kelvin radius

R = gas constant

T = absolute temperature

圖 2-13 是以氮氣吸附計算出的孔徑分布圖，呈現兩種孔徑分布，和汞壓法實驗求得的結果相當一致。

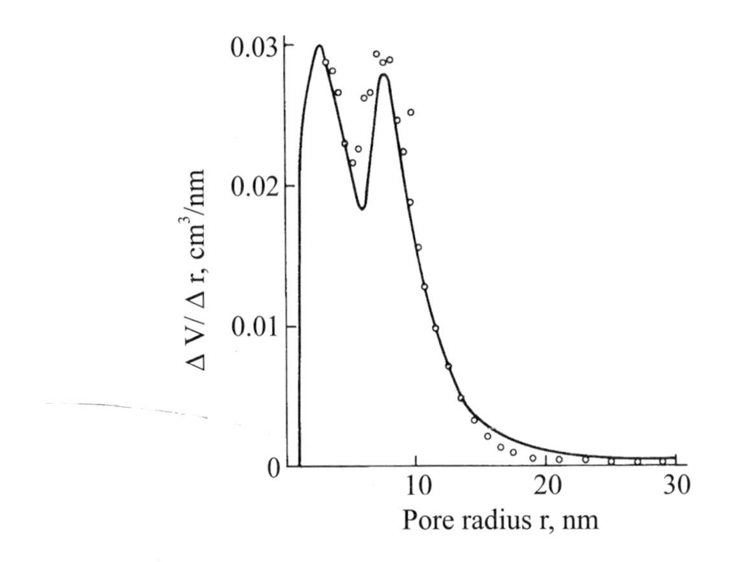

圖 2-13　Bone Char 的孔徑分布圖，實線為氮氣吸附，圓點是汞壓法（Emmett, 1962）

2-6　化學吸附及應用

化學吸附的特徵和觸媒表面催化反應有密切的關聯，從化學吸附可以瞭解或推測催化反應可能的機制步驟，是研究觸媒重要的方法。發生化學吸附時，吸附氣體和觸媒表面形成化學鍵的強弱，與附吸分子有關，通常順序為 Acetylenes > diolefins > olefins > paraffins 或 $O_2 > C_2H_2 > C_2H_4 > CO > H_2 > CO_2 > N_2$。如圖 2-14 所示是等壓氫氣化學吸附曲線，隨著溫度的上升呈現氫在觸媒上有兩種吸附狀態，線 AA' 是形成弱吸附鍵，所以在低溫的範圍（−100～0℃）即會脫除，線 BB' 是形成強吸附鍵，所以需在較高溫的範圍（100～400℃）才會脫除。圖 2-15 所示是在不同溫度和時間在氧化鋅的氫氣化學吸附曲線，在不同溫度下（111℃和 154℃），分別有不同的吸附狀態量，在高溫狀態（154℃）時，沒有低溫（111℃）的吸附狀態存在，但由高溫降至低溫則同時有兩種吸附狀態，線 EF 代表兩種吸附狀態的總吸附量，此圖同時顯示需要一段時間（例如 600 分鐘），化學吸附才能到達吸附平衡量。

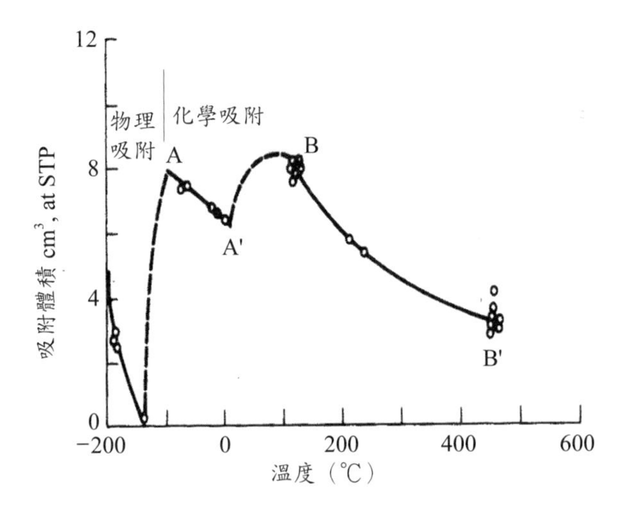

圖 2-14　等壓氫氣吸附在氨的合成觸媒（Emmett and Harkness, 1935）

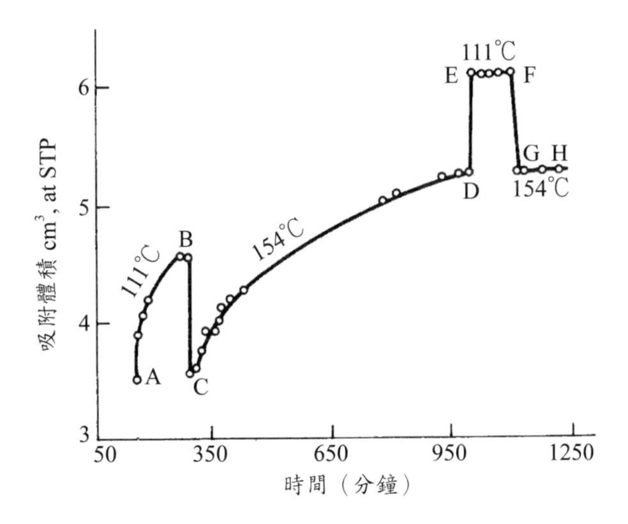

圖 2-15　氫氣吸附在 ZnO 觸媒（Taylor and Liang, 1947）

一、金屬分散度和金屬粒徑

氫氣、一氧化碳、氧和氧化氮等氣體，在某些金屬有高度的選擇性吸附，氣體只能化學吸附在某特定的金屬上，所以可以用於測量支撐式金屬觸媒（supported metal catalyst）的金屬分散度（dispersion），所謂金屬分散度是指暴露在表面的原子數目和整體原子數目的比值。由於選擇性化學吸附只能吸附於金屬表面原子，若已知氣體和金屬原子的吸附比值（stoichiometry ratio, e.g. H/Pt = 1），則可估計金屬表面原子數，再除以整體金屬原子數即是分散度，式 2-19 表示計算式。在觸媒催化的反應時，只有暴露在表面的原子具有催化活性，即是活性基（active site），由活性基的數目和反應速率，可以再估算出 TOF（turnover frequency），就是平均一個活性基的反應周轉率，因此分散度可以代表金屬的使用效率，尤其是昂貴的貴金屬，例如鉑、銠和金等，是製造支撐式金屬觸媒的重要指標。

$$\text{Dispersion} = \frac{M_s[= H_2 \times 2(\text{mole})]}{M} \tag{2-19}$$

Where H: the amount of H_2 chemisorption（mole）×2 [mole/g catalyst]

M_s: amount of surface metal [mole/g catalyst]

M: amount of metal loading [mole/g catalyst]

假設觸媒上金屬粒子（metal cluster）是球形，由金屬分散度可以粗略計算金屬粒子（metal cluster）的平均粒徑，亦即體積（$4/3\pi r^3$）除面積（$4\pi r^2$）的六倍就是直徑，通常金屬粒子是非球形，所以需引入形狀因數（shape factor），式 2-20 是一般使用的計算式，如果是球形時形狀因數 f 為6。金屬粒徑的估算除了以化學吸附量計算外，尚須佐以其他測量方法，如 TEM 或 XRD 等才能確定。M. Boudart 提出一個經驗式，直接由分散度計算平均粒徑金屬如式 2-21。

$$d_p = f\frac{V}{S} \tag{2-20}$$

where　f: shape factor

V: specific volume [cm^3/g]

S: specific surface area [cm^2/g]

$$d_p \approx \frac{0.9}{\text{dispersion}}\ (\text{nm}) \tag{2-21}$$

例如分散度 d = 0.5，金屬顆粒平均粒徑，0.9/0.5 = 1.8 nm。

二、化學吸附實驗

化學吸附實驗測量時，表面必須要乾淨（clean surface），避免其他別種物質吸附在表面，所以必需在高度眞空（ultravacuum）的情況下執行，通常眞空度在 10^{-6} torr 以下，並且加熱以脫除表面其他吸附物，才能求得正確的化學吸附量。根據估算，將大氣的氧抽至 7.5×10^{-4} torr 和 7.5×10^{-11} torr，在溫度 330K 時其碰撞頻率分別是 $2.7\times10^{17}/cm^2$ 和 $2.7\times10^{10}/cm^2$，如果 sticking coefficient 是 0.01（亦即每百次碰撞才有一次有效碰撞，導致發生吸附），當氧分壓是 7.5×10^{-4} torr 時則在每一平方公分的面積，只需要 0.4 秒就有 10^{15} sites 被氧吸附，如果是 7.5×10^{-11} torr，則時間大幅延長至 1000 小時以上。通常支撐式金屬觸媒的金屬面積是在平方公尺數量級的範圍，如以一平方公尺金屬面積爲例，在氧壓力 10^{-6} torr 時，理論上約 100 小時才會被氧完全覆蓋，所以眞空度在 10^{-6} torr 以下，就有足夠的時間作其他氣體的化學吸附實驗，而不致有太大的誤差。

圖 2-16 是常用的化學吸附裝置，已知重量的待測觸媒樣品，放入 E

的瓶子，將觸媒升溫和抽氣，清除表面汙染物後，就可以進行化學吸附實驗。要吸附的不同氣體預先儲存在 A ，可以改變不同的氣體吸附測量。化學吸附要做兩次，第一次測量總吸附量（total adsorption），之後在常溫下再抽眞空，再進行第二次測量可逆吸附量（reversible adsorption），就是物理吸附量（physical adsorption），最後兩者相減即可得到不可逆吸附量（irreversible adsorption），就是化學吸附量（chemisorption）。

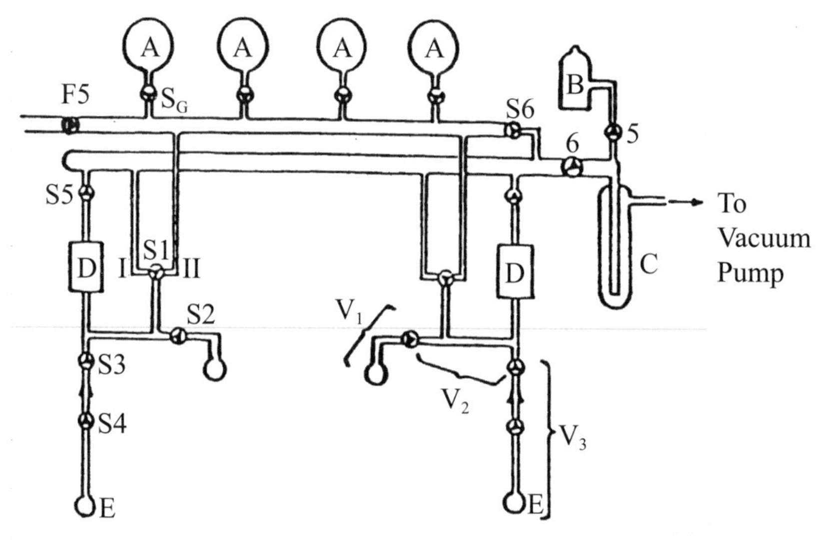

圖 2-16 Schematic of Chemisorption system

圖 2-17 顯示 Ru/HY 觸媒的氫氣化學吸附實驗結果，圖內上方的那條線，是第一次測量的總氫氣吸附量，包含可逆和不可逆吸附量。之後在常溫抽眞空脫除可逆吸附的氫氣，再做第二次氫氣吸附時，只有可逆吸附會發生，吸附量就是圖內下方的那條線，兩者外差到 y 軸，讀出兩者的差值，

就可得到 Ru/HY 氫氣的化學吸附量。

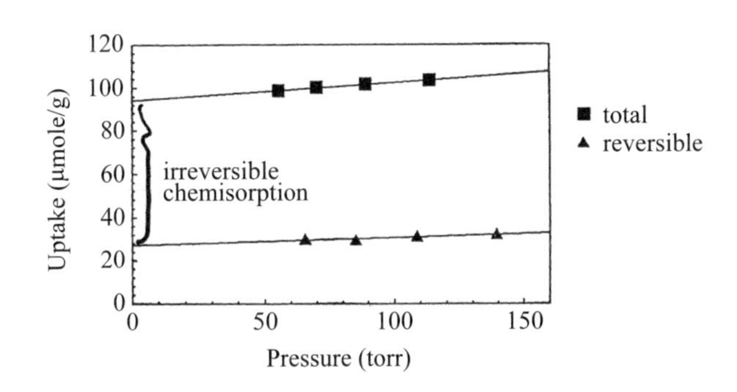

圖 2-17　Reversible and irreversible H_2 chemisorption

以下有許多選擇性化學吸附實例。一氧化碳在許多金屬原子吸附時，可能是1：1比例（例如CO吸附在Pd, 2-23），也可能是2：1呈bridge CO（例如 CO 吸附在 Fe）（2-22）。分散度除了以氫和氧吸附外（2-24 和 2-25），也有用氧先氧化表面後，再用氫去還原，以氫的消耗量作計算（2-26 和 2-27）。如果氧氣會和觸媒表面發生太強的吸附，可以用 N_2O 代替（2-28）。

(A) 氨合成觸媒 , stoichiometry CO/Fe = 0.5

$$CO + 2\,Fe_s \longrightarrow \begin{matrix} Fe_s \\ Fe_s \end{matrix} \!\!> C = O \qquad \text{(bridge CO)} \tag{2-22}$$

$$CO + Pd_s \longrightarrow Pd_s = C = O \qquad \text{(linear CO)} \tag{2-23}$$

(B) $H_2 + 2\,Pt_s \longrightarrow 2\,Pt_s\text{-}H$ (2-24)

(C) $O_2 + 2\,Pt_s \longrightarrow 2\,Pt_s\text{-}O$ (2-25)

(D) Titration by O_2 and H_2

$$Pt_s + 1/2\ \ O_2 \longrightarrow Pt_s\text{-}O \tag{2-26}$$

$$Pts\text{-}O + 3/2\,H_2 \longrightarrow Pt_s\text{-}H + H_2O \tag{2-27}$$

(E) N_2O on Cu at 373K. 銅的 H_2 和 CO 的化學吸附太弱，但 O_2 的吸附又太強。

$$N_2O + 2\,Cu_s \longrightarrow (Cu_s)_2O + N_2 \qquad (2\text{-}28)$$

化學吸附的分子，可以用紅外線光譜（Infrared, IR）、紫外線光譜（ultraviolet, UV）或核磁共振（nuclear magnetic resonance, NMR）探討吸附的分子形態和鍵結情況，最常用的吸附分子有 CO 和 pyridine（見第五章表徵特性檢測方法）。

三、脫除

脫除（desorption）是異相觸媒催化反應的最後一個步驟，以脫除的方法研究觸媒表面的吸附現象，可以探討吸附的機制和有些複雜的交互作用，藉以瞭解反應基本步驟。脫除速率式可用式 2-29 表示（Thomas and Thomas, 1997）。

$$r_d = v\theta^m \exp\left(\frac{-E_d}{RT}\right) \qquad \text{(Polanyi-Wigner Equation)} \qquad (2\text{-}29)$$

where θ: fraction coverage

v: the pre exponential factor of the desorption rate coefficient

m: the kinetic order of the desorption process

E_d: the activation energy of desorption

R: gas constant

T: temperature

脫除速率和覆蓋率（θ）有關，如同吸附一樣，也有脫除活化能（E_d），動力級數（kinetic order, m）顯示出基本脫除步驟的本質，零次表示脫除速率和表面覆蓋率無關，一次表示只有單一分子脫除，二次表示可能是發生脫除原子的再結合，例如氫原子形成氫分子再脫除。圖 2-18(a) 顯示氧氣在 Cr 金屬上的脫除現象，位於約 400K 的低溫脫除峰，代表是 O_2 分子的脫除，以分 α-state 表示，位於約 1100K 的高溫脫除峰，代表是解離的 O 原子脫除，以原 β-state 表示。圖 2-18(b) 顯示使用不同劑量的 O_2 吸附時脫除量的變化，以不同劑量的 O_2 調控表面覆蓋率，以 L（Langmuir）爲劑量的單位，可以看出爲 α-state 呈線性關係增加，就是 O_2 分子的直接脫除，但分 β-state 則呈二次曲線關係，就是 O 原子脫除再經過結合成 O_2 分子，才離開 Cr 的表面。

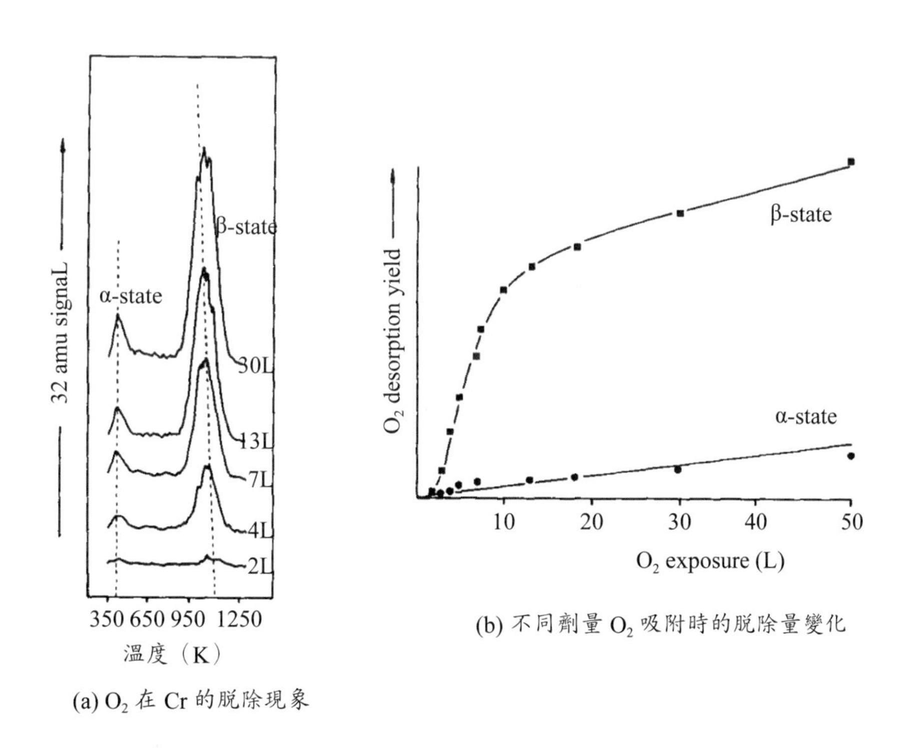

圖 2-18　O_2 在 Cr（III）的脫除，α 和 β 分別代表非解離化學吸附氧和解離化學吸附氧（Thomas and Thomas, 1997）

程溫規劃脫除（temperature programmed desorption, TPD）是以一定的升溫程序加熱觸媒，測量脫除物隨著溫度的變化，來研究觸媒表面的特性，可以獲得觸媒的表面積、吸附鍵結能和反應機制等資料。圖 2-19 是 TPD 的儀器示意圖，在實際操作時，通常以 10～200 mg 的觸媒置入反應器，先通入惰性氣體（例如氦氣）吹除（purge）空氣，而後以氫氣在預定的溫度先還原金屬觸媒一定的時間後降至室溫，再以惰性氣體吹除反應器內多餘的氫氣，接者進行升溫程序加熱觸媒，偵測脫除物（例如氫氣）隨著溫度的變化。

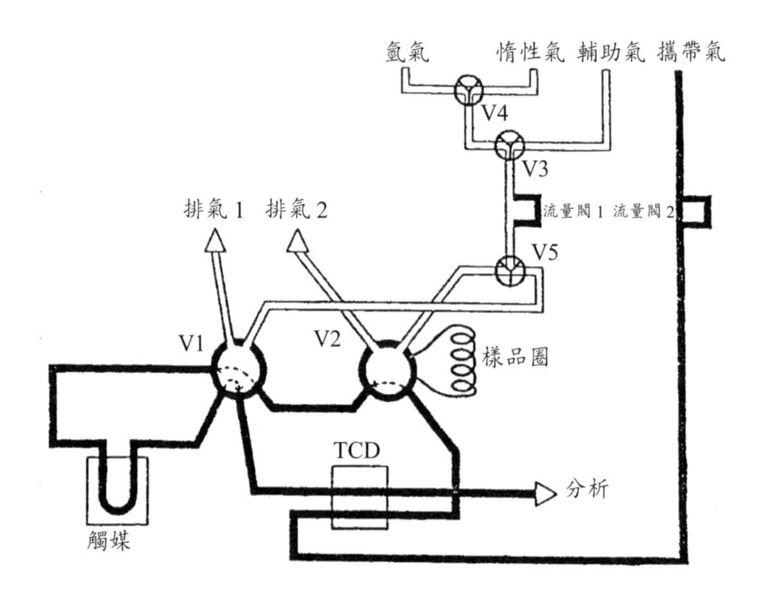

圖 2-19　TPD 儀器示意圖

通常 TPD 在實驗時，所須時間是依升溫速度而定，圖 2-20 顯示升溫時的信號和時間的關係。以同樣從 50℃開始升到最高溫 600℃而言，升溫 30℃/min 只須 18.3 分鐘就可以達到 600℃，但如升溫 10℃/min 則須要達 55 分鐘才可以達到 600℃。由於 TPD 的作圖是以溫度爲 x 軸，信號爲 y

軸，因此快的升溫速度會壓縮 x 軸，信號看起來會高窄強，反之慢的升溫速度會伸長 x 軸，信號看起來會寬廣低。同一種觸媒應該是相同的脫除溫度，但由於熱傳和質傳的限制，快速升溫時，脫除溫度會延遲到較高溫才出現，所以使用較低的升溫速度比較好，但因爲脫除信號比較寬廣低，有時不易出現或找到。

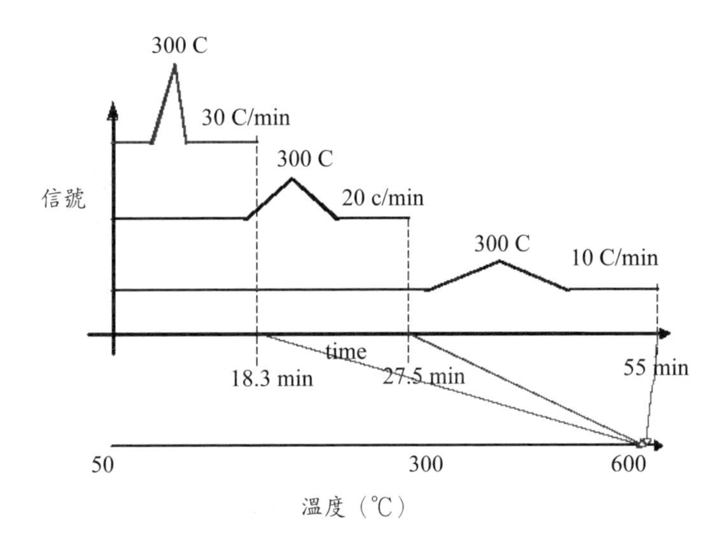

圖 2-20　TCD 信號從加熱時間轉換成溫度的示意圖

圖 2-21 是 Ru/MgO 觸媒在氮氣的 TPD 圖，顯示在不同的升溫速率下，有三種不同的曲線，升溫速率快可以在短時間內，得到較高強的脫除氮氣的訊號，但最高點的溫度會向高溫移動，慢升溫速率則相反，得到比較低小的訊號，高點溫度向低溫移動。因此 TPD 的測量必須要調整最適當的升溫速度，同時考量受測觸媒在熱傳和質傳的效應，才能獲得正確的脫除溫度和較高強的信號。

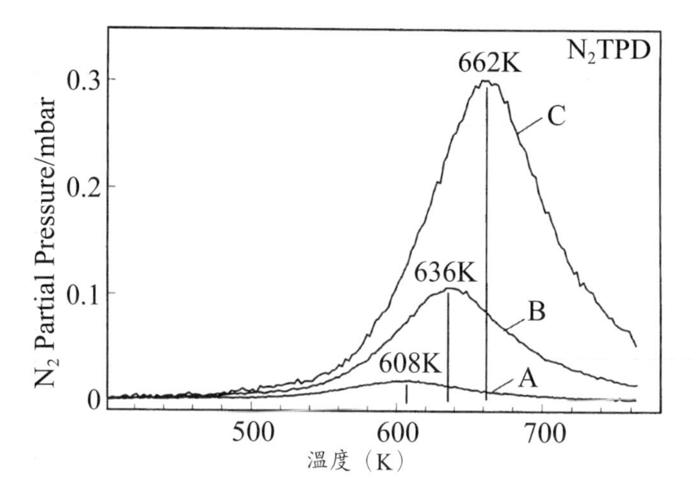

圖 2-21 Ru/MgO 觸媒的氮氣 TPD
A: 1 K/min. B: 5 K/min, C: 15K/min（Rosowski et al. 1996）

參考文獻

1. E. P. Barrett, L. G. Joyner and P. P. Halenda, "The Determination of Pore Volume and Area Distribution in Porous Substances I. Computations from Nitrogen Isotherms," J. Am. Chem. Soc., vol. 73, p. 373-380 (1951).
2. M. Boudart and G. Djéga-Mariadassou, "Kinetics of Heterogeneous Catalytic Reactions," Princeton University Press, 1984. p. 20-26
3. J. M. Thomas and W. J. Thomas, "Principles and Practice of Heterogeneous Catalysis," VCH 1997. p. 94-96.
4. F. C. Tompkins, "Chemisorption of Gases on Metals," Academic Press Inc. 1978.
5. S. Brunauer, L. S. Deming, W. S. Deming, E. Teller, J. Am . Chem. Soc.,

vol. 62, 1723 (1940).

6. S. Burnnauer, P. H. Emmett, E Teller, J. Am. Chem. Soc. vol. 60, 309 (1938).
7. P. H. Emmett, 36th Annual Priestley Lecture. Pennsylvania state university, University Park, 1962.
8. P. H. Emmett, R. W. Harkness, J. Am. Chem. Soc. vol. 57, 1631 (1935).
9. H. S. Taylor, S. C. Liang. J. Am Chem. Soc. vol. 69, 1306 (1947).
10. Rosowski, Hinrichsen, Muhler, Ertl, Catal. Lett. 36, 229-35 (1996).

習題

1. 請以 Lennard-Jones 位能圖簡短說明吸附程序過程。
2. 在多孔觸媒材料作 N_2 吸脫附實驗時，有時出現遲滯（hysteresis）現象，請說明原因，由其等溫吸脫附曲線，可得到哪種物性資訊？
3. 使用氮氣在 77K 下，以吸附方式測量 0.5 g 的 silica gel 觸媒表面積，得以下的實驗結果。作圖並計算其比表面積（m^2/g）。

Equilibrium pressure (kPa)	0.8	3.3	5.5	6.3	7.5	9.0	11.2	18.7	30.7	38.0	42.7
Volume Adsorbed (STP), ml	3.1	6.4	6.7	7.0	7.2	7.4	7.7	8.5	9.9	10.7	11.5

氮氣在 77K 的蒸氣壓為 101.3 kPa，一個氮氣分子所覆蓋的面積為 16.2×10^{-20} m^2。

BET equation : $\frac{P}{V(P_o-P)}=\frac{1}{V_mC}+\frac{(C-1)P}{V_mCP_o}$

4. 請分列說明 chemisorption 和 physical adsorption 的差異。
5. 請簡述 H_2 temperature programmed desorption 測量支撐式 Pt 觸媒的實

驗程序，並且可獲得哪些特性資訊？

6. 簡述使用 H_2 chemisportion 測量支撐式 Pt 觸媒的分散度（dispersion）的實驗。
7. 一般而言，化學吸附是放熱。請畫出 Leonard-Jones 位能圖，顯示一個雙原子氣體（例如 H_2），在玻璃表面發生吸熱的化學吸附過程，並從熱力學的觀點，解釋爲何是吸熱（endothermic）而非放熱（exothermic）。
8. 請就吸附的觀點說明觸媒的定義及其化學合成工業的意義。
9. 在 190K 和 48 torr 的 CO 下，某貴金屬表面覆蓋十分之一面積的單層（monolayer）CO。在 250K 時，CO 壓力需要爲 320 torr ，才可得到同樣的覆蓋面積，爲什麼？請從物理吸附和化學吸附的觀點，加以討論。如何設計實驗，並從實驗結果證實你的論點？
10. 解釋 Isokinetic (theta) temperature。
11. Langmuir 吸附模式有哪三個假設？是否合理？請解釋。

第三章 催化反應動力

反應動力式在觸媒研究有幾個目的：①導出某一特定催化反應的化學動力模式（chemical kinetic model），可供化學工程師在反應器的計算設計，估計在實驗數據範圍外的反應情況，作爲放大（scale-up）設計的基礎；②對於基礎現象的研究而言，可以有系統地探討反應速率的影響因素，如濃度、壓力和溫度等；③推測觸媒表面反應機理，作爲改進觸媒成分的依據方向。不過我們須瞭解，化學反應動力模式只是數學表示式，不一定是代表眞正的反應進行的過程，將實驗數據以數學模式表達是爲了方便計算和作爲在程序設計或放大之用。

在異相觸媒反應中，不論反應機理或擴散現象如何複雜，必有一種反應物在觸媒表面發生化學吸附（否則就不是「異相」）。傳統上，反應速率式可用阿瑞尼亞（Arrhenius）式（式 3-1）表示濃度和溫度對速率的關係。

$$\text{Reaction Rate} = Ae^{-E/RT} f(C_A, C_B) = Ae^{-E/RT} C_A^n C_B^m \tag{3-1}$$

A : Pre-exponential factor (independent of temperature)

E : apparent activation energy

T : temperature (K)

n,m : reaction orders

在反應速率和反應產率的表示，一般可用數種方式表示，列在表 3-1，轉化率是最被常用來表示觸媒的活性高低，在給定的反應條件下，如固定溫度、流速（或滯留時間，residence time）和觸媒重量時，可以比較不同的觸媒的轉化率，評估觸媒的活性。不過轉化率有時容易被誤導，因爲觸媒的比表面積和金屬含量對活性的影響很大，雖然使用相同重量的不同觸媒比較，轉化率有時也會差別很大，所以有其他反應速率的表示式。

表 3-1 中的比反應速率（specific rate）是反應莫爾數除以單位時間和觸媒重量，將觸媒用量的因素考慮進去，在單位重量下，比較不同觸媒的活性。但有時觸媒的比重不一樣時，例如孔隙度高的觸媒比重小，雖然重量相同但體積比較大，會得到比較高的轉化率數値。因此有時改用面積反應速率（areal rate），是反應莫爾數除以單位時間和觸媒面積，將觸媒比表面的因素考慮進去，似乎比較可以公平評估比較不同觸媒的活性，但有時觸媒的比表面積和活性基（active site）關聯性不大，也會誤導觸媒的本質活性（intrinic activity）的評斷。

理想的觸媒活性評估是用轉化頻率（turn over frequency, TOF），TOF 代表每個活性基在單位時間內轉化分子的數目，如用秒爲時間單位，轉化分子的數目就好像頻率一樣，因此稱爲轉化頻率，TOF 和觸媒的重量、比表面積無關，也和反應物濃度和滯留時間無關，只是溫度的函數，可以呈現觸媒的本質活性，也可以公平比較不同觸媒活性高低。唯一的缺點是，必須先知道觸媒活性基的數量，才能算出 TOF ，但是活性基的概念很容易定義卻不容易測量或估算出。

空時產率（space time yield）是工業評估觸媒活性的另一種方法，代表觸媒的效能。在單位時間和單位觸媒下，生成產物的數量。通常以小時和公斤（觸媒）爲單位，產物可用莫爾數。但需要在相同的反應條件下才可以比較觸媒的活性。空時產率特別應用在程序設計和反應器放大。

表 3-1　反應速率的表示方式

轉化率 conversion (by volume of reactor, or by volume of catalyst)	%
比反應速率 specific rate (by per gram of catalyst)	$\frac{\text{mole}}{\text{g catalyst} \cdot \text{sec}}$
面積反應速率 areal rate (by area of catalyst)	$\frac{\text{mole}}{\text{cm}^2 \cdot \text{sec}}$
轉化頻率 TOF, the number of molecule reacted per catalytic site per unit time	$\frac{1}{\text{s}}$
空時產率 space time yield	the quantity of a product produced per quantity of catalyst per unit time

另外在反應器設計時常用的參數，例如 VHSV（volume hour space velocity ，流量除體積 [V/hr]/V ，單位是 1/hr），如以觸媒重量計算，則有 WHSV（weight hour space velocity ，流量重量除觸媒重量 [W/hr]/W ，單位是 1/hr），這些是和反應物在反應器的空間流速（space velocity）或滯留時間有相關，並非反應速率，只能在相同的轉化率下，如果 VHSV 或 WHSV 愈大，代表反應速率愈快。

3-1　反應動力模式

一、Langmuir-Hinshelwood **模式**

在異相觸媒最基本而常用的動力模式就是 Langmuir-Hinshelwood 模式，有些教科書稱爲 Hougen-Watson 模式。其建立在三個假設：①吸附是符合 Langmuir adsorption 模式的三個假設（見第二章表面吸附現象）；②不論反應如何，吸附一直保持在平衡狀態；③反應只發生在吸附在觸媒表面的物種，如下列式 3-2 的步驟，* 代表觸媒表面的活性基，A 和 B 分別吸附在兩個相臨的活性基上，反應生成產物後產物脫離，活性基可以再繼續進行反應。

$$A + B + 2^* \longrightarrow A^* + B^* \longrightarrow AB^* + {}^* \longrightarrow \text{product} + 2^* \qquad (3\text{-}2)$$

Langmuir-Hinshelwood 模式有很多不同的變化，可以依不同的反應情況調整，推導出可以描述反應速率的數學式，以供程序設計放大之用，也可以探討或推測反應基本步驟。以下舉幾個不同反應的例子說明。

例 1　分解反應（decomposition）

反應物吸附，產物不吸附的反應式 A ⟶ products ，以第二章的吸附公式，吸附覆蓋率（θ_A）可視爲反應物 A 的表面濃度（式 3-3），反應物 A 的吸附覆蓋率（θ_A）乘以反應速率常數（k），就可得到反應速率 r（式 3-4）。

$$\text{Langmuir adsorption: } \theta_A = \frac{KP_A}{1 + KP_A} \qquad (3\text{-}3)$$

$$\text{Reaction rate: } -r = k\,\theta_A = \frac{kKP_A}{1 + KP_A} \qquad (3\text{-}4)$$

在實驗數據計算時，可將式 3-4 倒過來，如式 3-5 所示，將實驗反應速率的倒數 1/(-r) 當 Y 軸和不同 A 分壓（也可以是 A 的濃度）的倒數 $1/P_A$ 當 X 軸作圖，以直線迴歸的方法求出的截距 1/k 和斜率 1/kK 數值，分別計算出反應速率常數（k）和平衡吸附常數（K）。

$$\frac{1}{(-1)} = \frac{1}{kK}\left[\frac{1}{P_A}\right] + \frac{1}{k} \qquad (3\text{-}5)$$

例 2 分解反應（decomposition）

反應物（A）和產物（B與C）均吸附，速率和A的吸附覆蓋率（θ_A）成正比，A吸附但沒有分解並且逆反應可忽略。如式3-6反應所示，A分解成B和C時，需要在A* 旁邊有個空的活性基，可以接受兩個產物（B或C）之一。如假設A的分解反應是速率決定步驟（最慢的一個步驟），可以推導如下。

$$A \rightarrow B + C \tag{3-6}$$

$A + * \overset{k_A}{\longleftrightarrow} A*$ adsorption (No dissociation)

$A* + * \overset{k}{\longrightarrow} B* + C*$ surface reaction, rate determinng step

$B* \overset{k_B}{\longleftrightarrow} B + *$ desorption

$C* \overset{k_C}{\longleftrightarrow} C + *$ desorption

吸附和脫除速率平衡時，

$k_A [1 - \Sigma\theta]P_A = k'_A\theta_A,\ k_B [1 - \Sigma\theta]P_B = k'_B\theta_B,\ k_C[1 - \Sigma\theta]P_C = k'_C\theta_C$

所以，

$\theta_A = K_AP_A [1 - \Sigma\theta],\ \theta_B = K_BP_B [1 - \Sigma\theta],\ \theta_C = K_CP_C [1 - \Sigma\theta]$, where $K_A = \frac{k_A}{k'_A}$,

$K_B = \frac{k_B}{k'_B}$, $K_C = \frac{k_C}{k'_C}$

總合 $\theta_A, \theta_B, \theta_C$ 得下式：

$$\Sigma\theta = \theta_A + \theta_B + \theta_C = (1 - \Sigma\theta)\,[K_AP_A + K_BP_B + K_CP_C] \tag{3-7}$$

$$(1 - \Sigma\theta) = \frac{1}{1 + K_AP_A + K_BP_B + K_CP_C} \tag{3-8}$$

因爲分解的產物B和C都會吸附在表面，所以A* 周圍必須有空位，才會分解，因此反應速率式除了和A* 的覆蓋率（θ_A）也和空位（$1 - \Sigma\theta$）

成正比，得反應速率如下：

$$-r = k\theta_A(1 - \Sigma\theta) \quad (3\text{-}9)$$

$$-r = \frac{kK_AP_A}{(1 + K_AP_A + K_BP_B + K_CP_C)^2} \quad (3\text{-}10)$$

反應速率會隨著溫度升高而增加，但不會永無止境的增加，因為吸附量會降低，所以會有達到最高反應速率的上限。本例如果逆反應（reversible reaction）不可以忽略，考慮逆反應帶入式 3-11，則反應速率式成為式 3-12。其中 k' 是逆反應速率常數。

$$-r = k\theta_A(1 - \Sigma\theta) - k'\theta_B\theta_C \quad (3\text{-}11)$$

$$-r = \frac{kK_AP_A}{(1 + K_AP_A + K_BP_B + K_CP_C)^2} - \frac{k'K_BP_BK_CP_C}{(1 + K_AP_A + K_BP_B + K_CP_C)^2} \quad (3\text{-}12)$$

例 3

兩種反應物分別吸附在不同的活性基，所以有分別的吸附覆蓋率，產物不吸附，速率和 A 的吸附覆蓋率（θ_A）及 B 的吸附覆蓋率（θ_B）成正比，且逆反應可忽略，依照第二章的方法，可得到式 3-14。

$$A + B \longrightarrow \text{products} \quad (3\text{-}13)$$

$$\theta_A = \frac{K_AP_A}{1 + K_AP_A} \qquad \theta_B = \frac{K_BP_B}{1 + K_BP_B} \quad (3\text{-}14)$$

再依照前兩例的推導方法，吸附覆蓋率乘以反應速率常數 k，可得反應速率下式：

$$-r = \frac{kK_AK_BP_AP_B}{(1 + K_AP_A)(1 + K_BP_B)} \quad (3\text{-}15)$$

二、Rideal 模式

異相觸媒反應一定要有反應物吸附在觸媒表面，但並非所有反應物都會發生吸附。Rideal 模式適用於當反應發生於觸媒表面的吸附反應物與氣相反應物（沒有吸附在觸媒表面），或凡得瓦力吸附的分子（非化學吸附）。例如 1/2 O_2 + CO → CO_2，此反應 CO 是吸附在 Pt 表面，氣相 O_2 和吸附的 CO 發生反應。

例 4

兩種反應物 A 和 B ，A 不吸附，只有 B 吸附在觸媒表面，產物 C 經脫除步驟，可推導如下的 Rideal 模式：

$$A(g) + B + * \rightarrow A(g) + B^* \rightarrow AB^* \rightarrow C^* \rightarrow C\ (\text{product}) + * \qquad (3\text{-}16)$$

$$-r = k\theta_B P_A \qquad (3\text{-}17)$$

$$-r = \frac{kP_A K_B P_B}{1 + K_B P_B + K_C P_C} \qquad (3\text{-}18)$$

三、通用反應動力式（generalized kinetic model）

在異相觸媒反應，不同的基本步驟，會導出不一樣的反應速率式，但只要是 Langmuir-Hinshelwood 或 Rideal 模式，其反應動力式都是大同小異的數學式，而且推導過程都都一樣。因此 Yang 和 Hougen（1950）整理歸納，將反應動力式可分成三項組成，分別是 kinetic factor 、driving force 和 adsorption ，整理在表 3-2，按反應基本步驟的條件不同，分別可以找到適當的 kinetic factor 、driving force 和 adsorption 三項方程式，再分別代入式 3-19，即可得到各種由不同反應基本反應步驟，推導出的反應速率式。

$$-r = \frac{(\text{kinetic factor})(\text{driving force group})}{(\text{adsorption group})} \qquad (3\text{-}19)$$

表 3-2 動力式中的各項（Froment and Bischoff, 1990）

(a) Driving-Force Groups

Reaction	$A \rightleftharpoons R$	$A \rightleftharpoons R + S$	$A + B \rightleftharpoons R$	$A + B \rightleftharpoons R + S$
Adsorption of A controlling	$p_A - \frac{p_R}{K}$	$p_A - \frac{p_R p_S}{K}$	$p_A - \frac{p_R}{K p_B}$	$p_A - \frac{p_R p_S}{K p_B}$
Adsorption of B controlling	0	0	$p_B - \frac{p_R}{K p_A}$	$p_B - \frac{p_R p_S}{K p_A}$
Desorption of R controlling	$p_A - \frac{p_R}{K}$	$\frac{p_A}{p_S} - \frac{p_R}{K}$	$p_A p_B - \frac{p_R}{K}$	$\frac{p_A p_B}{p_S} - \frac{p_R}{K}$
Surface reaction controlling	$p_A - \frac{p_R}{K}$	$p_A - \frac{p_R p_S}{K}$	$p_A p_B - \frac{p_R}{K}$	$p_A p_B - \frac{p_R p_S}{K}$
Impact of A controlling (A not adsorbed)	0	0	$p_A p_B - \frac{p_R}{K}$	$p_A p_B - \frac{p_R p_S}{K}$
Homogeneous reaction controlling	$p_A - \frac{p_R}{K}$	$p_A - \frac{p_R p_S}{K}$	$p_A p_B - \frac{p_R}{K}$	$p_A p_B - \frac{p_R p_S}{K}$

(b) Kinetic Groups

Adsorption of A controlling	k_A			
Adsorption of B controlling	k_B			
Desorption of R controlling	$k_R K$			
Adsorption of A controlling with dissociation	k_A			
Impact of A controlling	$k_A K_B$			
Homogeneous reaction controlling	k			
	Surface Reaction Controlling			
	$A \rightleftharpoons R$	$A \rightleftharpoons R + S$	$A + B \rightleftharpoons R$	$A + B \rightleftharpoons R + S$
Without dissociation	$k_{sr} K_A$	$k_{sr} K_A$	$k_{sr} K_A K_B$	$k_{sr} K_A K_B$
With dissociation of A	$k_{sr} K_A$	$k_{sr} K_A$	$k_{sr} K_A K_B$	$k_{sr} K_A K_B$

續上頁

	Surface Reaction Controlling			
	$A \rightleftharpoons R$	$A \rightleftharpoons R + S$	$A + B \rightleftharpoons R$	$A + B \rightleftharpoons R + S$
B not adsorbed	$k_{sr}K_A$	$k_{sr}K_A$	$k_{sr}K_A$	$k_{sr}K_A$
B not adsorbed, A dissociated	$k_{sr}K_A$	$k_{sr}K_A$	$k_{sr}K_A$	$k_{sr}K_A$

(c) Replacements in the General Adsorption Groups

$(1 + K_AP_A + K_Bp_B + K_Rp_R + K_sp_s + K_IP_I)^n$

Reaction	$A \rightleftharpoons R$	$A \rightleftharpoons R + S$	$A + B \rightleftharpoons R$	$A + B \rightleftharpoons R + S$
Where adsorption of A is rate controlling, replace K_Ap_A by	$\frac{K_Ap_R}{K}$	$\frac{K_Ap_Rp_S}{K}$	$\frac{K_Ap_R}{Kp_B}$	$\frac{K_Ap_Rp_S}{Kp_B}$
Where adsorption of B is rate controlling, replace K_Bp_B by	0	0	$\frac{K_Bp_R}{Kp_A}$	$\frac{K_Bp_Rp_S}{Kp_A}$
Where desorption of R is rate controlling, replace K_Rp_R by	KK_Rp_A	$KK_R\frac{p_A}{p_S}$	$KK_Rp_Ap_B$	$KK_R\frac{p_Ap_B}{p_S}$
Where adsorption of A is rate controlling with dissociation of A, replace K_Ap_A	$\sqrt{\frac{K_Ap_R}{K}}$	$\sqrt{\frac{K_Ap_Rp_S}{K}}$	$\sqrt{\frac{K_Ap_R}{KP_B}}$	$\sqrt{\frac{K_Ap_Rp_S}{KP_B}}$
Where equilibrium adsorption of A takes place with dissociation of A, replace K_Ap_A by (and similarly for other components adsorbed with dissociation)	$\sqrt{K_Ap_A}$	$\sqrt{K_Ap_A}$	$\sqrt{K_Ap_A}$	$\sqrt{K_Ap_A}$
Where A is not adsorbed, replace K_Ap_A by (and similarly for other components that are not adsorbed)	0	0	0	0

(d) Exponents of Adsorption Groups

Adsorption of A controlling without dissociation	n = 1			
Desorption of R controlling	n = 1			
Adsorption of A controlling with dissociation	n = 2			
Impact of A without dissociation A + B ⇌ R	n = 1			
Impact of A without dissociation A + B ⇌ R + S	n = 2			
Homogeneous reaction	n = 0			
	Surface Reaction Controlling			
	A ⇌ R	A ⇌ R + S	A + B ⇌ R	A + B ⇌ R + S
No dissociation of A	1	2	2	2
Dissociation of A	2	2	3	3
Dissociation of A (B not adsorbed)	2	2	2	2
No dissociation of A (B not adsorbed)	1	2	1	2

例 5 分解反應

A → B + C，本例和這章的例 2 相同。以表面反應是速率決定步驟，先找表 3-2 的 driving-force group，本例題狀況，是第二直行和第四橫列的那一項（式 3-20）。接著找 kinetic group ，依本例題狀況，表面反應是速率決定步驟，須看表內的一個內表，是第二直行和第一橫列的那一項（式 3-22）。再接著找 adsorption group，所有基本式（$1 + K_AP_A + K_BP_B + K_CP_C$）都是一樣，但其中的一項要依表內的狀況取代，不過本例題表面反應是速率決定步驟，所以不適用表內的狀況，因此基本式不變（式 3-21）。最後指數看 exponents of adsorption group ，看內表表面反應是速率決定步驟，選第二直行和第一橫列的數值 2 。依照式 3-19 組合成式 3-22 反應速率式。

driving-force group: $P_A - \frac{P_B P_C}{K}$ (3-20)

Adsorption group: $(1 + K_A P_A + K_B P_B + K_C P_C)$ (3-21)

Kinetic factor：kK_A (3-22)

exponents of adsorption group: n = 2

$$\text{Rate expression: } -r = \frac{kK_A P_A - k'K_A \frac{P_B P_C}{K}}{(1 + K_A P_A + K_B P_B + K_C P_C)^2} \quad \text{where } K = \frac{K_A}{K_B K_C} \quad (3\text{-}23)$$

將反應平衡常數 K 代入整理，就是式 3-23 的反應速率式，和例題 2 一樣（式 3-12），如不考慮逆反應，則 3-23 式中 $kK_A P_B P_C/K$ 可以刪除化簡後將和式 3-10 相同。

四、two-step kinetics (M. Boudart and G. Djéga-Mariadassou, 1984)

反應基本步驟（elementary reaction）是指反應實際進行的路徑，一個簡單的總反應式，有時是包含好幾個反應基本步驟，經過數個反應中間體（reaction intermediate）所完成。原則上，反應基本步驟一定是兩個分子或原子碰撞形成的式子，但是許多反應基本步驟不易由實驗求得或證實，許多都是推測得到的。如果每一反應速率式，都是用上面的方式，經由數個反應基本步驟逐一推導出，將會是很複雜繁瑣，因此 Boudart 提出 two-step kinetic 方法，不論反應基本步驟多複雜，只要掌握其中最慢的步驟是速率決定步驟（rate determining step, rds），以及存在最可能的反應中間體（most abundant reaction intermediate, mari），忽略其他的反應中間體（因爲量很少），即可化繁爲簡，導出反應速率式。

例 6

$$NH_3 \text{ synthesis: } N_2 + 3\,H_2 \rightarrow 2\,NH_3 \tag{3-24}$$

假設反應基本步驟（elementary steps）如下六個步驟，反應中間體包含 N^*、NH_2^*、H^*、NH_3^* 四種。

$N_2 + 2^* \xrightarrow{k} 2N^*$　　rate determining step, rds

$N^* + H_2 \leftrightarrow NH_2^*$

$1/2H_2 + {}^* \leftrightarrow H^*$

$NH_2^* + H^* \leftrightarrow NH_3^* + {}^*$

$NH_3^* \leftrightarrow NH_3 + {}^*$

$N^* + 3/2H_2 \underset{k_{-1}}{\overset{k_1}{\longleftrightarrow}} NH_3 + {}^*$　　N*: mari

假設反應速率決定步驟（rds）是 N_2 的解離吸附速率：

$$-r = kP_{N_2}(1 - \Sigma\theta)^2 = kP_{N_2}(1 - \theta_N)^2 \tag{3-25}$$

又假設 N^* 是最可能的反應中間體 mari 占大多數，所以其他反應中間體吸附在觸媒表面的覆蓋率（θ_H、θ_{NH_2}、θ_{NH_3}）幾可忽略，因此可得下式。

$$\text{mari 平衡：} k_1\theta_N P_{H_2}^{3/2} = k_{-1}P_{NH_3}(1 - \theta_H - \theta_{NH_2} - \theta_{NH_3} - \theta_{N\ldots\ldots})$$

$$\approx k_{-1}P_{NH_3}(1 - \theta_N) \tag{3-26}$$

$$\text{mari 平衡常數：} K' = \frac{k_{-1}}{k_1} = \frac{\theta_N P_{H_2}^{3/2}}{P_{NH_3}(1 - \theta_N)} \tag{3-27}$$

導出　$$\theta_N = \frac{K'P_{NH_3}}{P_{H_2}^{3/2} + K'P_{NH_3}} \tag{3-28}$$

可得未吸附空位率：$$(1 - \Sigma\theta) \approx (1 - \theta_N) = \frac{1}{1 + (K'P_{NH_3} / P_{H_2}^{3/2})} \tag{3-29}$$

將式 3-29 代入式 3-25，即得反應速率式如下式，

$$-r = \frac{kP_{N_2}}{[1 + (K'P_{NH_3} / P_{H_2}^{3/2})]^2} \tag{3-30}$$

我們可以看出在 two-step kinetics 的化簡方法，就是忽略其他三個反應中間體的表面的覆蓋率（θ_H 、θ_{NH2}、θ_{NH3}），如果按照上一節的方法，必須要解四個聯立方程式，才能求得四個未知表面的覆蓋率（θ_N 、θ_H 、θ_{NH_2} 、θ_{NH_3}），然後在代入反應速率決定步驟式 3-25，才能得到反應速率式。

例 7

NH_3 synthesis: $N_2 + 3\ H_2 \rightarrow 2\ NH_3$

假設反應速率決定步驟是 N_2 分子的吸附速率，

$$\text{rds: } N_2 + * \xrightarrow{k} N_2* \tag{3-31}$$

$$-r = kP_{N_2}(1 - \theta_{N_2}) \tag{3-32}$$

又假設 N_2* 是 mari，其他的中間體覆蓋率都很小可以忽略，

$$N_2^* + 3H_2 \underset{k_{-1}}{\overset{k_1}{\longleftrightarrow}} 2NH_3 + * \qquad N_2^*: \text{mari} \tag{3-33}$$

$$k_1\theta_{N_2}P_{H_2}^3 = k_{-1}P_{NH_3}^2(1-\theta_{N_2}) \tag{3-34}$$

$$K' = \frac{k_{-1}}{k_1} = \frac{\theta_{N_2}P_{H_2}^3}{P_{NH_3}^2(1-\theta_{N_2})} \tag{3-35}$$

$$(1-\Sigma\theta) \approx (1-\theta_{N_2}) = \frac{1}{1+(K'P_{NH_3}^2/P_{H_2}^3)} \tag{3-36}$$

所以推導得到反應速率式：$-r = \dfrac{kP_{N_2}}{1+(K'P_{NH_3}^2/P_{H_2}^3)}$ (3-37)

例 8 NH* is mari (Tamaru 1978)

Tamaru 利用氫同位素，如圖 3-1 所顯示，在反應中 time = 0 時從 $N_2 + H_2$ 切換成 $N_2 + D_2$，使用 IR 光譜分析觀察，推測 NH* 是 mari 並得下列的反應基本步驟。

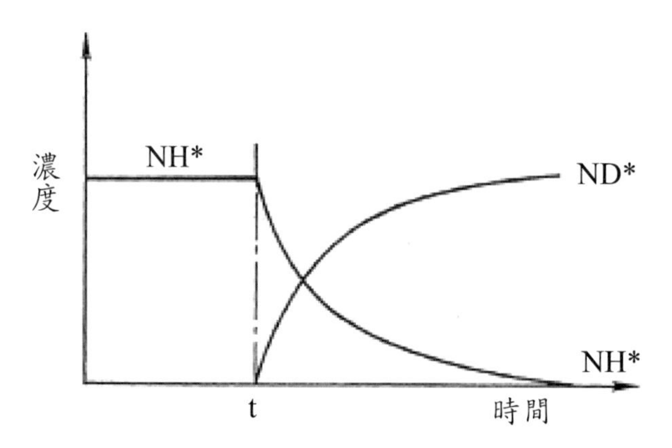

圖 3-1 同位素切換法 Tamaru (1978)

$$\text{rds: } N_2 + 2^* \xrightarrow{k} 2N^* \tag{3-38}$$

$$N_2 + 2^* \leftrightarrow 2H^*$$

$N^* + H^* \leftrightarrow NH^* + *$

$N^* + H^* \leftrightarrow NH^* + *$

$NH^* + H_2 \leftrightarrow NH_3 + *$

$NH^* + H_2 \underset{k_{-1}}{\overset{k_1}{\longleftrightarrow}} NH_3 + *$　　NH*: mari

overall　$N_2 + 3\ H_2 \rightarrow 2\ NH_3$

反應速率式：$-r = kP_{N_2}(1-\theta_{NH})^2$　(3-39)

NH* 是 mari 平衡：$k_1\theta_{NH}P_{H_2} = k_{-1}P_{NH_3}(1-\theta_{NH})$　(3-40)

反應速率式：$-r = \dfrac{kP_{N_2}}{(1+K'P_{NH_3}/P_{H_2})^2}$　(3-41)

two-step kinetics 法可以免去複雜的數學推導過程，迅速獲得反應速率式。但會不會因爲忽略了其他反應中間體，而誤導出錯誤的反應速率式呢？通常是不會。原因是：①通常實驗時無法測得所有的反應中間體，所以即使反應速率式考慮了所有的反應中間體，也沒有意義，因爲有些可能跟本不存在；②反應基本步驟其實都是推測出來的，很少可以用實驗證實，不用全部納入也無所謂，因爲納入也無從判斷是否正確；③如能用最精簡的反應速率式，將實驗數據代入回歸分析，符合並正確描述，就可以用於反應器的設計放大，不必在乎須用複雜的反應速率式，這樣反而增加計算時間。

除非是專注於反應機理（reaction mechanism）的研究，反應速率式必須包含每一個反應基本步驟，才可以探求觸媒表面的反應眞相。一般在化工的反應工程設計，two-step kinetics 推導的精簡反應速率式，已經足夠使用了。

3-2　混合反應物的效應

異相觸媒反應由於涉及吸附步驟，當反應物是二種以上的混合物時，各別反應物的反應速率會受到在觸媒表面吸附力強弱而發生改變，和個別單一反應物在相同觸媒上的反應速率會有所不同，這是歸因於混合物競爭吸附的效應，改變了反應速率的表現。

例如 Beecher et al.（1968）研究 n-decane 和 decalin 的氫裂解（hydrocracking），使用 Pd/zeolite 觸媒在 255℃和 3 MPa 壓力下，個別單一 decalin 和 n-decane 的轉化率分別是 21% 和 48%，亦即 n-decane 的反應速率比較快。當以 50：50 比例的 decalin 和 n-decane 混合物進行反應，發現 decalin 的反應速率沒有任何改變，但是 n-decanc 的轉化率降爲零，亦即反應速率幾乎降爲零。這種現象是由於 decalin 在觸媒表面有較強的吸附力，因此幾乎占滿全部的觸媒表面，使得 n-decane 無法吸附在觸媒表面，也就沒有機會發生反應。

又例如使用 $CoMo/Al_2O_3$ 或 $NiMo/Al_2O_3$ 觸媒在加氫脫硝（hydrodenitrogenation）的反應，研究 quinolin 和 indole 的反應速率。在各別單一反應時，quinoline 的反應活性比 indole 低。但在實際應用於 shale-oil mixture 的加氫脫硝，indole-type 的化合物卻比 quinoline-type 的化合物反應活性低，原因也是 quinoline-type 的化合物在觸媒表面有較強的吸附力，會先搶占大部分的觸媒表面，導致 indole-type 的化合物只能吸附在較少的觸媒表面，因此反應速率下降很多。

3-3 觸媒的失活與誘發期

觸媒在使用一段時間後，活性會逐漸下降，視觸媒的種類和反應情況而定，時間可從數分鐘到幾個月。失活（deactivation）原因有兩項，第一種是活性基中毒（poisoning）或覆蓋，例如硫可以強力吸附在貴金屬表面，稱爲中毒，導致活性基減少而活性下降。另外觸媒在與碳氫化合物反應時，產生積碳會覆蓋觸媒表面，稱爲 coking ，也會使活性降低，上面兩種失活現像，大部分是可以再生，通入氫氣或蒸汽可以將 coking 移除，氫氣可以還原硫成爲 H_2S 脫除，恢復觸媒的活性。

第二種失活是金屬顆粒發生燒結（sintering），原本分散均勻的金屬小顆粒，提供了很多數量的表面活性基，但因爲在高溫的反應情況，金屬小顆粒容易移動聚集成爲大顆粒，稱爲燒結，使得金屬表面積減少，降低表面活性基的數量，因而降低了觸媒的活性。這種失活是不可逆的現像，一但發生燒結，活性就不能再生恢復。

有時新觸媒在反應之初，反應活性會比較低，在經過一段反應時間後，活性逐漸升高而到達穩定的最高活性，此段時間稱爲誘發期（induction periods），時間長短視觸媒和反應而定，可能從數分鐘到數小時。可能的原因有下面幾項：

1. 原本新觸媒上，可能有部分的活性基，未用之前即遭中毒覆蓋，會經由反應的情況下脫除覆蓋物，因而恢復原有的活性。例如硫中毒之觸媒，在含有氫氣的反應情況下，硫可能被氫化成 H_2S 而脫除。另一例如觸媒表面有少量的碳（coke），可被氫化成碳氫化合物移除，觸媒因而恢復原有的活性。

2. 有些觸媒反應之初，可能會逐漸產生新的活性基，例如 Pt 觸媒在反應後，發生輕爲積碳，引發氫滑溢（H_2 spillover）進而加速加氫或脫氫反應速率。

3. 反應物的化學吸附需要一段時間，才能達到最大的平衡吸附量，當所有的活性基都吸附反應物時，就達到最高反應速率。

3-4 補償效應

化學反應速率和溫度有關係，我們可以從阿瑞尼（Arrhenius）式式 3-42 得知，反應速率常數（k）和溫度（T）呈現指數上升。式 3-42 中，

A 稱爲頻率因子（frequency factor），和分子碰撞函數有關，E 是反應活化能（activation energy），代表要發生反應必須超越的能量障礙，R 是氣體常數（gas constant）。

$$k = Ae^{-E/RT} \tag{3-42}$$

同一種觸媒材料在不同的製備條件下，例如在不同煅燒溫度，可得到有差別的活性。這一系列的觸媒，進行反應來研究其活性的變化，頻率因子 A 和反應活化能 E ，會同時增加或減少，使得反應速率常數 k 對溫度的變化幅度降低，此種現象稱爲補償（compensation）又稱作「theta effect」。圖 3-2 表示甲酸蒸汽在 $MgCO_3$-MgO 觸媒上的分解反應，當觸媒經不同煅燒溫度的處理後，活性基的數目和活性會改變，所表現的反應速率常數（k）畫在 Arrhenius 圖上（橫軸是溫度的倒數），呈現不同的活化能（例如斜率）和頻率因子 A（例如截距），而且可觀察到，不同煅燒溫度的觸媒所畫的直線，都通過相同的一個點，這個點對應的溫度，稱爲 isokinetic temperature 或 theta temperature (T_θ)，表示所有的觸媒在此溫度都有相同的反應速率常數（k）。當反應溫度在 T_θ 之上，反應速率快的具有較高的活化能（斜率大），當反應溫度在 T_θ 之下，反應速率快的反而具有較低的活化能（斜率小）。呈現頻率因子 A 和反應活化能 E ，會同時增加或減少。

異相觸媒是反應物須擴散到觸媒表面活性基吸附後才能發生反應，溫度升高雖然可以提升擴散速率，但是同時也增加脫除（desorption）速率，因此反應速率不會永遠隨溫度上升而呈指數上升，當溫度超過某一極限時，反應速率只會緩和地隨溫度上升，類似補償效應。

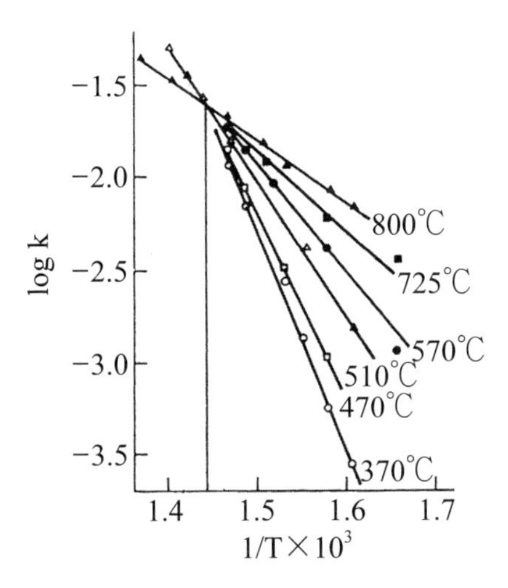

圖 3-2 甲酸在 $MgCO_3$-MgO 的分解反應（Cremer and Kullich, 1955）

3-5 觸媒反應動力

以實驗探討觸媒反應動力式時，固體觸媒受限於質傳阻力的因素，通常無法排除擴散效應（diffusion effect）的影響，所以無法獲得正確觸媒眞正的本質反應動力（intrinsic kinetics），尤其在有微孔的觸媒如沸石，擴散阻力效應更明顯而不可忽略。當濃度擴散速率比反應速度慢時，擴散反而成爲速率決定步驟，無法得知實際的反應速率。尤其在高溫時，反應速率增加比擴散速率增加更快，擴散阻力效應會變得更嚴重。圖 3-3 是多孔型固體觸媒的氣相反應 Arrhenius 圖，右邊示意反應物濃度在觸媒顆粒周邊，由外部到內部的濃度梯度變化情形。

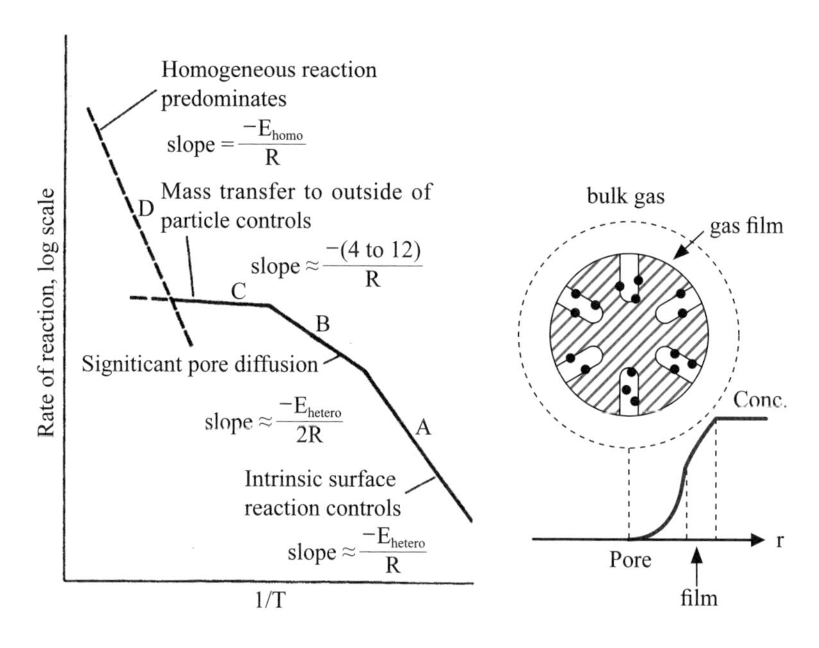

圖 3-3　多孔型固體觸媒的氣相反應 Arrhenius 圖

圖 3-3 Arrhenius 圖顯示在較低溫時（圖的右下），A 區擴散阻力可以忽略，反應是由觸媒表面控制，呈現本質表面反應（intrinsic surface reaction）的速率，圖上的斜率可求得實質的反應活化能（true activation energy）。當反應溫度升高，進入圖上的 B 區，由於孔洞擴散阻力很明顯，反應速率的增加會減緩，使得活化能的估算，變成表像活化能（apparent activation energy）比眞實的數值低，通常使測量求得的活化能減半（如圖上的斜率減半）。如果溫度再持續升高，外部擴散阻力會更明顯地變成爲主要阻力，進入圖上的 C 區，這時候反應速率幾乎持平，不再隨溫度而增加，在圖 C 區的斜率變成幾乎是零，亦即反應活化能接近零，呈現外部擴散阻力完全控制。如果溫度再升高，則進入均相反應區 D ，觸媒已經無法發揮功能，反應直接在氣相發生，這時的活化能屬於均相反應，可從圖上虛線的斜率計算求得。

參考文獻

1. M. Boudart and G. Djéga-Mariadassou, "Kinetics of Heterogeneous Catalytic Reactions," Princeton University Press, 1984
2. R. Beecher, A. Voorhies, Jr. and P. Eberly, Jr., Ind. eng. Chem., Prod. Res. Dev., vol. 7, p. 203 (1968)
3. G. F. Froment and K. B. Bischoff, "Chemical Reactor Analysis and Design," 2nd edition, John Wiley & Sons, New York (1990), Chapter 2.
4. K. H. Yang and O. A. Hougen, Chem. Eng. Prog., vol. 46, p. 146 (1950)

習題

1. 以 Langmuir-Hinshelwood model 爲基礎，A_2 和 B 分別吸附在相同的活性基，A_2 須經解離吸附（dissociation adsorption），非可逆反應，產物不經脫除步驟，請推導反應速率式以 A_2 和 B 的分壓表示 (20%)。

   θ: fraction of coverage

   $A_2 + B \rightarrow$ products　　　　reaction rate $-r = k\theta_A^2\theta_B$

2. TBA（t-butyl alcohol）是重要的辛烷值加強劑，TBA 是經由異丁烯加水（W）製得。固體酸觸媒（S）是反應的觸媒，其反應機理如下。

   $I + S \xleftrightarrow{k_1} I \cdot S$

   $W + S \xleftrightarrow{k_2} W \cdot S$

   $W \cdot S + I \cdot S \xleftrightarrow{k_3} TBA \cdot S + S$

   $TBA \cdot S \xleftrightarrow{k_4} TBA + S$

   請推導出 Langmuir-Hinshelwood 反應速率式，假設 (a) 表面反應是速率決定步驟，(b) 反應是 Eley-Rideal 模式，其中水是不吸附，

$I \cdot S + W \overset{k_s}{\longleftrightarrow} TBA \cdot S$，表面反應依然是速率決定步驟。

3. TOF 常用於比較觸媒活性，什麼是 TOF 的定義？如何計算 TOF？和比速率（$\frac{\text{mole}}{\text{g catalyst} \cdot \text{sec}}$）及面積速率（$\frac{\text{mole}}{\text{cm}^2 \cdot \text{sec}}$）兩者比較，TOF 有何優點（或缺點）？
4. 在 Pt 觸媒上 SO_2 的氧化經由下列 2 個反應基本步驟完成。

   (1) $O_2 + 2^* \longleftrightarrow 2O^*$

   (2) $SO_2 + O^* \longleftrightarrow SO_3 + {}^*$

   $2SO_2 + O_2 \longrightarrow 2SO_3$

   以 Langmuir-Hinshelwood model 爲基礎，A 和 B 分別吸附在不同的活性基，產物不經脫除步驟，請推導反應速率式以 A 和 B 的分壓表示

   $A + B \rightarrow \text{products}$　　　　reaction rate $-r = k\theta_A\theta_B$
5. 加氫裂解是工業常用的程序，Beecher et al（1968）使用含 Pd 的觸媒研究 n-decane 和 decalin 的加氫裂解反應，發現在 225℃和 3 MPa 下 n-decane 和 decalin 的轉化率分別爲 48% 和 21% ，但當以 50:50 混合 n-decane 和 decalin 進料時，decalin 維持相似的反應速率，但 n-decane 的反應速率則降爲零，請解釋爲什麼？
6. 以 Langmuir-Hinshelwood model 爲基礎，推導下列反應速率式。

   $A_2 \longleftrightarrow 2A \longrightarrow \text{products}$

   A_2 is appreciably dissocaited adsorption,

   reaction rate $-r = k\theta_A^2$
7. 一個反應 A + B → C + D ，推導 Rideal model 的反應速率動力式。假設B不發生吸附，反應物A和產物C和D都會吸附，逆反應可以忽略，表面反應是速率決定步驟。
8. 假設兩種反應機制如下所示，試以 two-step kinetic 方法推導反應速率

式。用所得的兩式，如何以反應實驗的結果，判斷反應機制中 CO 無分解（non-dissociation）（Takeuchi 和 Katzer 在 1981 年證實 CO 無分解？你將如何進行實驗？是否還有其他方法亦可證實？

假設 CHOH* 為 most abundant reaction intermediate。反應機制 A: dissocaition of CO，反應機制 B: non-dissociation of CO

$H_2 + 2* \rightarrow 2\,H*$

$CO + * \rightarrow CO*$　　(rds)

$CO* + H* \rightarrow COH* + *$

$COH* + H* \rightarrow CHOH* + *$

$CHOH* + H_2 \rightarrow CH_3OH + *$　　(mari)

9. 加氫脫氮（hydrodenitrogenation）是工業上常用的程序，可將低級的原油、煤、或岩頁油（shale oil），使用 $CoMo/Al_2O_3$ 或 $NiMo/Al_2O_3$ 觸媒，加氫將氮化合物轉為 NH_3 脫除。在研究個別氮化合物氫化時，在相同條件下，quinoline 的轉化率比 indole 低；但在煉油廠，岩頁油（含 quinoline 、indole 等混合物）實際脫氮的操作時，卻發現 indole 的轉化率比 quinoline 低，為什麼？

10. 有人宣稱 Xe 在石墨表面的脫附動力式為零次（zero order kinetics）。如何進行實驗以證明此論點？並解釋所獲得的實驗結果。

第四章　觸媒的製備

4-1　思想起：動手製備觸媒前，需要先想的幾個關鍵因素

一、觸媒是怎麼組合的？

在製備觸媒之前，也許應先問：觸媒的長相如何？怎麼組合的？

一般的異相觸媒（heterogeneous catalyst）會由三部分組合：主成分、促進劑、載體。這三種成分經過事先的設計選定後，進行混合、活化、成形三個步驟而成。

1. 主成分：負責催化反應的過程。對反應物進行化學吸附，以活化反應物來提昇反應速度及反應選擇性。主成分的種類有金屬，如鉑、銠、鈀、鈷、鎳，也有金屬氧化物，如氧化鈷或氧化銅，甚至於金屬硫化物，如硫化鉬。

2. 促進劑：負責強化主成分的功能，如微調金屬成分的原子價位，合作組合較佳的原子構造，分散或分隔主成分以增大其接觸機會或防止主成分晶粒的靠攏結合而失去活性。促進劑的用量遠少於主成分的用量（5～30%），而與主成分一起分布於載體的表層。促進劑的使用常常出現在專利文獻，以擴大其保護領域或增進其新穎性以獲得專利的認可。

3. 載體：是異相觸媒中最明顯而份量最多的成分，其功能在提供上述成分的分散度、穩定性及整體觸媒的形狀，以及熱能的分散與機械強度。載體在催化反應過程，具有物理吸附的能力但不太有化學吸附的能力，不扮演化學反應的主角但卻是不可缺少的配角。載體的一項重要角色是具有許多孔道，提供其表層供上述兩成分來附著達成上述的功能與穩定功能。以沸石爲載體的觸媒，其孔道常有固定的孔徑，並可透過成分的組成建構

不同的晶體構造，進而提供所要的孔徑大小來篩選反應物或生成物參與反應的機會。

二、從性能需求的考慮

使用觸媒的目的主要是希望觸媒的使用能發揮觸媒的性能，如高選擇性以減少副產物，強反應活性或高轉化率，穩定耐用的觸媒及合理或低廉的價位等。

1. 選擇性：主要來自主成分及促進劑性質或種類的選擇、活性成分的原子構造、其氧化狀態載體的酸鹼性、載體的孔徑等。

2. 反應性：活性成分及載體的表面積、活性成分的晶粒大小及其分散程度、孔徑的分布等爲觸媒反應性的主要影響因素。

3. 耐用性：載體的熱穩定性、觸媒成形時的應力、製備時的乾燥與鍛燒溫度與升溫速度、反應物中的雜質特別是硫化物或氮化物及高溫促進劑的使用，是影響觸媒穩定性的重要因素。

4. 經濟性：貴重金屬的濃度或替代金屬的可能性、觸媒形狀的選擇、觸媒製備步驟的複雜性。

三、綜合性的考慮

除了以上觸媒製備時的組合成分與加工步驟的介紹，還需要進一步綜合考慮製備時經濟成本與使用時的各種相關的反應工程因素。

首先是主成分，是否需要使用貴重金屬如白金或銠金屬，能否用較低價的金屬如鈀金，或過渡金屬（transition metals）如鈷或鎳（鎳比鈷更便宜，常可替換）。其次，濃度的適量化，2% 、0.8% 或 0.2% 的白金用量可節省不少的成本。同樣的，再考慮可溶性的金屬鹽時，醋酸鹽比硝酸鹽昂貴，但後者需要較高的鍛燒溫度，並在鍛燒時會有 NOx 汙染氣的排放，造成操作成本的上升。在考慮觸媒形狀的製備成本時，球型的成形步驟，緩慢而成本最貴，藥錠狀也不便宜，擠壓爲圓柱型最便捷而便宜，並適合大量生產。

但從反應工程的需求考慮，結論不一定與經濟因素相同，必須通盤考慮才能達成最適當的結論。圓球狀觸媒在反應器具有最好的裝塡均勻性、與反應物的混合性及最高的機械強度；擠壓出來的圓筒狀，其上下擠壓的機械強力尚可，但側面的抗壓性較弱，容易導致粉碎，引起細粉的阻塞。大面積或多孔性的載體，可提供較好的化學活性，但熱傳能力不良，對反應熱的傳輸造成不利的效果。觸媒粒徑的大小，影響反應器的裝塡性、流體與觸媒的接觸性、反應物流動的壓降與熱傳導的能力。這些必須在進行觸媒設計時整體輸入，分析整理以獲得最適化的觸媒設計：成分與濃度、形狀及製備條件。

四、觸媒的設計

如何選擇上述組合觸媒的三種成分，牽涉到複雜而藝術化的觸媒設計，近年來已累積許多不同觸媒成分、形狀與載體在許多工業催化反應的結果、觸媒表層構造與反應機理的瞭解與分析，這些實際的經驗，常可讓觸媒專家用來判斷一種催化合成所要使用的觸媒初步設計。但如何把所準備的觸媒成分在成形加工後獲得所要的表層構造如孔徑、孔道的體積與表層面積，則一直欠缺理論的參考，仍然大力依賴老師傅的經驗與判斷，幾乎是一種主觀性觀念的運作。但透過電腦的記憶與組織能力，把上述過去的經驗與觀念判斷的知識加以整理模擬，已能提供初步的觸媒設計。這幾年許多理論化學家透過電腦的整理與模擬能力，開闢了計算化學，觸媒學家也從這門新學問嘗試觸媒的設計，已成爲觸媒化學的一支重要顯學。

4-2　觸媒的製備步驟

選定了製備觸媒的成分後，必須設法將這些成分混合，並結合成所要的觸媒形狀、構造及活性。大體上可分成三大步驟來把上述的成分製備成所要的觸媒。

一、成分的混合

上述的主成分與促進劑主要來自其金屬鹽，較容易設法溶解成溶液（如水溶液或醇溶液）來達成均勻混合的目的。但有些主成分與促進劑不只是兩種，如有六、七種成分，要同時溶解成均勻的溶液不一定可成功，因爲各種金屬鹽的溶解常數（solubility constant）對酸鹼度的適應性不盡相同，不一定會在同一酸鹼度形成均勻的溶液。另外的問題是載體，爲追求其高溫穩定性，載體常來自陶瓷性的材質，幾乎不溶解於一般溶劑，因此難與上述二成分的溶液再混合爲完全的均勻性溶液。解決這混合的困難，基本上有共沉澱法（co-precipitation）、含浸法（impregnation）及沉浸法（deposition）三種方法，後面將針對三種方法各別深入介紹與討論。

二、觸媒的活化

將上述三種觸媒組合的成分混合後，還有大量的溶劑需要加以汽化驅走，以成爲乾燥的固體。而主成分與促進劑，甚至於載體，都可能還是金屬鹽的狀態，不具有觸媒特性，大部分活性的觸媒主成分是來自其金屬狀態或特定的氧化價位，不是穩定的金屬鹽離子狀態。活化的基本步驟包括乾燥（drying）與氧化或鍛燒（calcination），前者是把溶劑蒸發乾燥，後者是透過空氣氧化爲金屬氧化物，在這一步驟，透過氧原子的分子鍵與其他金屬分子結合，並在汽化與金屬鹽氧化分解的過程，由氣態物質的逸散所留下的空間，形成多孔性的構造（pore structure），以構成吸附用的表層面積。因此這步驟是形成特定觸媒表層構造與催化活性的關鍵步驟，在後面會作進一步的介紹。

三、觸媒的成形

觸媒使用時，必須裝進反應器的空間裡受熱升溫，並與反應物接觸進行催化反應，因此觸媒必須有特定的形狀滿足反應工程的需求。一般的觸媒形狀有粉粒體、圓球型、錠粒狀、短柱型、圓筒狀與蜂窩型等。粉粒體是用在流體化床的反應器，受氣態反應物的吹散而進行上下滾動的流體，顆粒的大小約在 80～120mesh（170～120 微米），不能用單一粒徑，需有大有小才能避免結塊，以達成均勻的流動。其他的形狀則用在固定觸媒床，其功能在讓觸媒與反應物接觸，並幫助不同種類的反應物透過觸媒顆粒造成的擾流促進均勻的混合。觸媒造型成爲特定的固體形狀時，除了上述的觸媒成分之外尚須要加入可在鍛燒時分解的凝結劑與潤滑劑，以幫助結合成形，並透過黏著劑與潤滑劑在鍛燒過程的分解汽化速度，造成所要的孔道，達成所要的表層構造與表面積。後面會針對上述步驟再作深入的介紹與討論。

4-3　觸媒混合的基本方法

一、共沉澱法（co-precipitation）

這是最基本的觸媒製備法，把全部觸媒成分的各種金屬鹽前驅物（包括載體成分的前驅物），如硝酸鹽是鎳金屬的一種前驅物，H_2PtC_{16}・$6H_2O$ 是鉑金屬觸媒的前驅物，按照觸媒成分的比例配製後溶解成溶液，如水溶液或醇溶液，混合均勻後，改變溶液的溶解度並設法讓這些金屬鹽沉澱下來。將這些形狀不規則的金屬鹽的混合物收集並乾燥後，再將這些沉澱物粉碎成細粉，加入適當量的潤滑劑與黏著劑於成形加工時減少阻力，在適當的模具內壓成所要的形狀。再於高溫分解（或鍛燒），約 450～500℃，成爲金屬氧化物，使用時再設法調整其氧化價位或還原爲金屬。在上述的基本大法裡，用粗體底線顯示的步驟，都含有地雷必須仔細考究才能順利達成所要的目的。

共沉澱法適用於高濃度成分的觸媒製備，其優點是可同時混合數種金屬鹽，一舉完成觸媒的大量製備。工業上常見的金屬氧化物觸媒如甲醇的合成或蒸汽重組製程的銅鋅觸媒（$CuOZnOAl_2O_3$）、油料的加氫脫硫製程的鈷鉬觸媒（$CoOMoO_3/SiO_2$）或丙烯的氧化製程鈷觸媒（CoO/SiO_2）均用這方法製備。這方法的缺點是造型步驟的繁雜與觸媒表層構造的不確定性，鍛燒過程的性能控制不容易掌握，學術文獻上很難有鍛燒機制的報導，不是一般業餘或初學的人所能達成的，因此這方法常是觸媒公司的看家本領。

（一）金屬鹽成分的選擇

首先考慮金屬鹽的種類，一般以高溶解度，對溶解的條件不挑剔，偏酸或偏鹼性、高溫或低溫都可以溶解，價位合理，分解溫度或鍛燒溫度不要太高而鍛燒時不產生汙染氣體爲優先考慮的挑選原則。觸媒成分可能需要數種金屬鹽混合在一起，二到五種不同的金屬鹽一起混合溶解是常見的，每一種金屬鹽各有其偏好的酸鹼性偏好及溫度範圍，爲避免顧此失彼，最好所選的各種金屬鹽都有共同偏好的溶解條件範圍可溶解在一起，否則各金屬鹽的實際溶解量會與設計的量有所差異，做出來的觸媒成分會走樣。一般的硝酸鹽價位較低，溶解度也很高，偏微酸性，但鍛燒分解成氧化物時，會冒出氧化氮（NOx），容易引起空氣汙染的困惑與罰款。因此近來常使用有機酸鹽如醋酸或甲酸鹽，分解時只排放水與二氧化碳，其價位較高，因此是用量不多時採用有機酸鹽是一種良好的決策。

（二）金屬鹽的沉澱

讓金屬鹽沉澱的方法，可藉由提昇溫度來提昇濃度以超越其飽和溶解度而沉澱或甚至於蒸乾溶液成固體，但這些方法，不方便又昂貴，有時引起部分的分解。較簡單的方法是加入鹼液如氨水，以提昇鹼性度讓一般的金屬鹽變成氫氧化鹽（$M(OH)_x$）而沉澱，因爲大多數的氫氧化物，其溶解度都很小（K_{sp} 值很小）容易達成全部沉澱。沉澱物研磨成細粉，再與適量的水份、潤滑劑及黏著劑混合，壓成錠片，擠壓成短柱狀（長度與直徑保持約略相等）或滾成圓球則視需要來決定。以有機酸脂如 CMC 、醋酸乙脂（EV）等氧化矽或氧化鋁為載體時，少量的水分、水玻璃（water glass）、$Si(OH)_4$ 或 $-Al(OH)_3$ 可用來當潤滑劑及黏著劑。

提昇鹼性度的氨鹼（NH_4OH）比使用苛性鈉（NaOH）或苛性鉀（KOH）良好，因為氨鹼於電離後產生 NH_4^+ 陽離子與 OH^- 陰離子，與金屬鹽中和後形成的銨鹽於加熱後分解為氨氣與其他氣體分子，不殘留額外的固態雜質（式 4-1）。使用苛性鈉或苛性鉀與金屬鹽中和後，則殘留鈉或鉀鹽，於鍛燒後成為氧化鈉或氧化鉀的固態物（式 4-2），干擾觸媒的活性。

$$2NH_4OH + Ni(NO_3)_2 \longrightarrow Ni(OH)_2 + 2NH_4NO_3 \Rightarrow NH_3 + NO_2 + H_2O \tag{4-1}$$

$$2NaOH + Ni(NO_3)_2 \longrightarrow Ni(OH)_2 + 2NaNO_3 \Rightarrow Na_3O_{(s)} + 2NO_2 + H_2O \tag{4-2}$$

不同金屬鹽形成氫氧化物與沉澱的速度不盡相同，會造成沉澱物成分分布不均的問題。要克服這困難，可使用尿素溶液來幫助沉澱。尿素容易溶解成水溶液維持中性，在這段期間溶液仍呈中性，可讓尿素分子與觸媒成分的各種金屬鹽分子均勻分布，而不會產生中和沉澱的現象。混合均勻後，將水溶液加熱升溫到 60℃以上時，尿素開始水解分離出氫氧離子而呈現鹼性，這時所釋放的氫氧離子開始與金屬鹽反應產生金屬氫氧化物而沉澱。換句話說，使用氨水時混合與中和反應是同一步驟，容易受混合速度（擴散速度）的影響而產生成分與粒徑不均勻的沉澱。使用尿素則把金屬鹽與尿素的混合及尿素的中和步驟分開，後者只有升溫到 60℃以上後才開始，因此升溫前可先行均勻混合所有的金屬鹽及尿素而不擔心尿素的中和反應造成不成熟的沉澱。升溫後則氫氧離子與金屬鹽已經均勻混合在一起，因此中和及沉澱可均勻完成。

$$(NH_2)_2CO + 3H_2O \xrightarrow{>60^\circ C} CO_2 + 2NH_4^+ + 2OH^- \xrightarrow{Ni(NO_3)_2} Ni(OH)_2 + 2NH_4NO_3 \quad (4\text{-}3)$$

（三）觸媒的造型

上述中和反應所得的沉澱物，沒有固定的大小、形狀與結合強度，因此無法直接使用在觸媒反應器中，必須先造型與成粒。造型與成粒之前，必須把上述不規則的觸媒沉澱物先磨成大小較爲均勻的細粉，以這些細粉爲基礎添加必要的黏著劑與潤滑劑進行造粒成形。黏著劑的功能在凝結細粉以便在成形機加工成形及鍛燒分解時因揮發物溢散時留下孔道，乾燥後成爲觸媒內部的表層結構。潤滑劑則在幫助成形機加工時，減少阻力及模具的磨損及確保觸媒顆粒表面的光滑。

黏著劑與潤滑劑的選用以最後不留外來物的痕跡爲原則，如水玻璃（氧化矽爲載體時）、氧化鋁的水合物（氧化鋁爲載體時）或一些有機鹽（如硬脂酸銨）或有機聚合物（如聚乙烯醇）。這些潤滑劑及黏著劑與原先的金屬鹽在鍛燒時分解爲水分及二氧化碳與 NOx（硝酸鹽時），鍛燒時的升溫速度影響分解氣體的排放速度，因此所留下的孔隙就成爲觸媒的空隙，其孔隙的大小造成觸媒表層構造的完整性及表面積的大小。如果分解爲金屬氧化物的速度太快會導致如爆米花的構造，使金屬氧化物觸媒充滿張力，造成晶體結構的脆弱，影響觸媒在高溫使用的機械強度與壽命。因此觸媒的鍛燒分解是觸媒製備步驟最重要的一步，影響觸媒表層與晶體的結構。因此鍛燒的升溫最好以慢速（2～5℃/min）逐漸升溫到略高於分解溫度，並維持數小時或一個晚上，以確保分解與結晶的完整。降到室溫，也以慢速降溫到室溫避免造成觸媒內部因遽冷而形成張力。

觸媒顆粒的形狀有圓柱型錠狀（粒錠）、球型顆粒及擠壓的圓柱型三大形狀。錠狀以高度（H）與直徑（D）維持 H/D = 1.0～2.0 爲佳，觸媒粒錠則是以壓錠法把觸媒粉、黏著劑及潤滑劑混合倒進模具，再以壓力壓縮、脫膜、乾燥及鍛燒。混合物的水分含量及壓縮程度是關鍵變數，由廠商的經驗判斷定之。由於製備粒錠是一顆一顆操作，速度較慢因此成本昂貴。但所做的觸媒錠粒，機械性良好，形狀整齊重複性良好，所填充的觸媒床的密度分布均勻。錠粒的成形以模具將必要的成分（觸媒粉體、黏著劑與潤滑劑）在模具內壓縮成形、脫膜、乾燥及鍛燒完成所要的成形操作。擠壓型圓柱觸媒，其機械強度分布不易均勻，上下軸向的強度高於徑向（圓徑方向），擠壓造粒則在擠壓機內將所要的成分調成糊狀固體，透過螺旋滾壓機擠壓，擠壓型的圓柱型觸媒，於出口切成短柱，粒長與粒徑比例盡可能接近 1：1 的短柱，避免過長容易造成斷裂及觸媒床裝填得不均勻。H/D 太大或不均勻會造成觸媒床充填時造成孔道的空窗（channeling），降低流體與觸媒表層的接觸。擠壓造粒可連續操作，速度最快成本最低。圓球型觸媒顆粒爲最理想的觸媒形狀，但製備加工較爲繁雜而昂貴，圓球型觸媒的製備分成兩大類別，較大的圓球（5～20mm）以滾動式來成形，小球粒（0.5～10mm）則以滴定的方式將載體的單體漿滴入熱油管，緩慢沉下乾燥成形爲最穩定的球狀外型。滾動式的球粒一般先以 H/D = 1 的錠粒開始，在滾筒內滾動轉成球型的外觀（最大的體積與最小的表面積達成最穩定的外觀）。滾筒的 H/D = 4～5，傾斜度 $< 5°$ 在轉速 15rpm 狀態下轉動達成球狀的外型。滴定式的載體的單體漿含有水份，在沉澱過程緩慢進行聚合，脫水及結合爲球體。性質、比重、溫度及沉澱歷程是製程的關鍵技術。

二、含浸法（impregnation）

這是第二種觸媒製備的基本大法，也是研究室常用的方法。這方法避免自行製備載體，而以商用載體直接使用，以確保觸媒的機械結構與達成所要的形狀與表層構造及表面積。

首先按照需求，挑選適當的商用載體，所要的量、形狀、顆粒大小、表面積與孔隙構造。其次，準備載體以外的觸媒主成分及促進劑成分的金屬鹽前驅物，按照所要的成分比例及濃度，準備適當量的金屬鹽，以最少量的溶劑，如水或有機溶劑，溶解上述所有的金屬鹽使溶解後溶液的總體積與所用載體內部空隙的總體積相等（單位重量的載體空隙體積，可由載體供應商提供）。將上述金屬鹽溶液分批撥散在載體表面，讓全部溶液吸進觸媒的孔隙內，這時載體的表面是乾的，看不到液體。

把吸滿觸媒成分溶液的載體在溶液沸點附近的溫度，慢慢把溶劑蒸發讓觸媒載體乾燥。之後進行金屬氧化物的鍛燒，步驟如上段所述，重點還是鍛燒溫度的慢慢升溫，使溶液汽化時在表層造成適量的孔隙度及良好的晶體構造。

根據所要的觸媒表層構造挑選載體，避免觸媒成形過程的困難與不確定性，這方法幾乎可確保最後製備的觸媒，其表層構造與事先挑選的載體相差不大。還要記得控制沉澱於載體表層的觸媒主成分與促進劑所構成的薄層構造，包括這薄層中各成分的含量與分布、孔隙與晶體構造、與載體的結合力。

1. 含浸步驟：利用載體空隙的總體積來配製觸媒成分的溶液，使所有觸媒成分的金屬鹽前驅物全部被載體的孔隙表層吸附在表層，這確保所要的觸媒成分比例與濃度的正確性。如果以大量溶劑溶解這些金屬鹽，則不一定可全部被吸附進入其空隙的表層，造成成分濃度與比例的不確定性，因此使用最少量的溶液體積來調配溶液以潤濕載體的表層（minimum wet or incipient wet）。但因使用有限的溶劑，使溶解度不同的金屬鹽，不一定全部會被溶解進去溶液。特別是製備高濃度成分觸媒或金屬鹽種類太多時，不同金屬鹽的溶解適應性不相同，會造成均勻溶解的困難。這時需要改用溶液分批含浸到載體的孔隙內。分批含浸是每次含浸後的觸媒經過低溫乾燥（尚未鍛燒）後，再度以最少量的溶液含浸吸入觸媒的孔隙內，如尚有溶液則重複含浸乾燥與含浸的步驟，直到金屬鹽的溶液都被吸入孔隙內，再進行下一步的鍛燒。

2. 乾燥與鍛燒步驟：含浸後，金屬鹽的乾燥必須緩慢，讓溶劑的蒸發在沸點附近以可逆性的過程來來回回慢慢蒸發逸散，讓金屬鹽有重新擴散分布的機會來增加金屬鹽分散的均勻度。同樣的，在鍛燒過程緩慢的升溫，也增加金屬鹽擴散的機會，以減少金屬顆粒的結塊，確保其表面積。鍛燒爲金屬氧化物，也在促進金屬氧化物與載體的接合以強化載體對金屬的穩定力，避免高溫反應時金屬在載體表面擴散滑動造成的結塊。快速的升溫及高溫有可能造成金屬氧化物和載體進行化學性的接合，形成另一種金屬鹽，使金屬失去其觸媒活性。這種化學鍵的接合常出現在強酸性的載體如氧化鈦或氧化鋁，形成金屬鈦酸鹽或鋁酸鹽如氧化鎳與氧化鋁的結合成 $NiAl_2O_4$。

含浸法的優點是觸媒形狀大小與表層構造容易控制，缺點是觸媒成分的濃度與種類受到限制，含浸法較適合於製備 12～15% 以下金屬濃度的觸媒。更高金屬濃度的觸媒，以共沉澱法或沉浸法製備較爲適當。另一缺點是溶液成分被載體吸附時其分布不一定均勻分布，有些成分在孔隙口就被吸附沉積在外表層，有些則進一步擴散到內部集中在深層內部的表層，強吸附力的成分傾向留在外表層。因此如果讓強吸附的成分如檸檬酸留在外層，其他的成分被逼到內部，完成後在鍛燒過程把檸檬酸燒掉汽化，如此可將重要的成分沉積在顆粒內部，稱爲蛋黃型的含浸觸媒，這類觸媒用在反應物中有較強的吸附性雜質（如氮化物），利用外層的吸附把雜質過濾，讓眞正的反應物進入內層反應。反過來，有一種蛋白或蛋殼型的觸媒則讓主成分沉積在外層，觸媒深層則空白，這種觸媒主要用於快速反應或擴散性控制的反應，如燃燒反應，一方面避免把昂貴的觸媒成分如貴金屬沉積在反應物不進去的觸媒深層，一方面讓洞口的有效觸媒成分快速與急先鋒的快速反應物一拍即合進行反應。

三、沉浸法（deposition-precipitation）

這是上述兩種基本方法的改良法，上述兩種方法在調整酸鹼度使多種金屬鹽成爲氫氧化物時，不同金屬鹽對鹼液的中和速度及程度不同（酸鹼平衡常數不同），因所用的強鹼會與接觸道的金屬鹽立即反應形成氫氧化物而沉澱，這使得中和步驟受到擴散速度的控制而有分布不均的問題。爲改變這困難，荷蘭的宇斯教授（J.W. Geus）提出利用尿素水解的胺鹼來中和。

$$NH_2CONH_2 + 3H_2O \longrightarrow 2NH_4OH + CO_2 \qquad (4\text{-}4)$$

這水解在 60℃以上快速進行，但在室溫幾乎不發生，在室溫時可讓多種金屬鹽與尿素充分攪拌混合而不立即中和產生沉澱。因此可把所要金屬鹽、尿素與載體的粉粒混合，讓金屬鹽與尿素被吸附在載體孔隙的表層上。升溫時，已被吸附在載體粉粒內部孔隙表層上的金屬鹽及尿素，因尿素水解所釋出的銨離子中和形成氫氧化物而被吸附在載體孔隙的表層上。固液過濾分離後將載體粉粒乾燥、鍛燒後透過成形爲所要的觸媒顆粒。同樣的也可利用較大的載體顆粒進行沉浸，經過乾燥與鍛燒直接成爲所要觸媒顆粒，省掉上述的成形步驟。如同含浸法，觸媒製備所要的載體由商用載體供應，以避免觸媒成形的困難並預先確保觸媒表層的構造與性質。

另爲免除含浸時，少量觸媒成分溶液的配製與吸附對濃度與種類的限制，這方法將含浸時把觸媒成分的金屬鹽另加入適量（2～10%）的載體前驅物的金屬鹽（如氧化鋁載體的硝酸鋁），再與適量的尿素一起混合達成完全的溶解，溶劑量不受載體空隙體積的限制。其次將這份觸媒成分與載體前驅物的金屬鹽及尿素的溶液，加入預先準備的載體，升溫調高鹼性度以形成金屬及載體的氫氧化物，這中和步驟如上述的尿素鹼液反應使成金屬氫氧化物，而沉澱在預先準備的載體表層，使觸媒主成分及少量的載體前驅物在載體表層形成一層新的載體及觸媒成分的金屬氫氧化物的薄層，透過乾燥與鍛燒將金屬氫氧化物分解爲金屬氧化物，而載體的金屬氫氧化物則形成氧化物的載體與原先的載體緊密結合。主成分的金屬氧化物則與新載體分散在原先的載體表層，使用前還原爲金屬或調整其氧化價位。

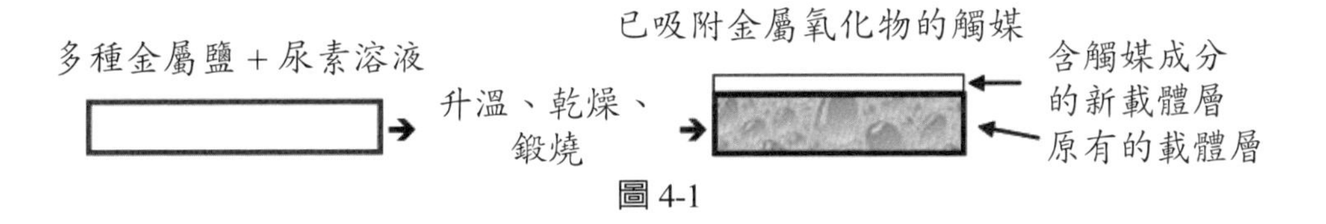

圖 4-1

這方法所得的主成分一方面被新載體包圍而分散在原載體表層，因此分散度與穩定度較前兩種方法所製備的觸媒良好，另外含浸法對成分濃度的限制與分散問題也得到解決。這方法特別適用來製備蒸汽重組的鎳觸媒（$NiO/-Al_2O_3$），其原先的載體 r-Al_2O_3（Al_2O_3）表面積極小（< 10 M^2/gm），其孔隙體積極小，不易含浸其他成分，因此透過這方法另摻入一層新的多孔性載體包容其他成分一起沉積在原先的載體上，鎳濃度甚至高到 25%。荷蘭的宇斯教授於 1978 年首創這新法，快速被用在甲烷的蒸汽重組觸媒的製備。

四、溶膠 — 凝膠製法（sol-gel method）

這是共沉法製造觸媒的基本步驟，在沸石觸媒及奈米觸媒的製法特別重要，特別是晶體的架構、大小及形狀的控制步驟常用到。SOL 指的是溶液，將固體溶入溶劑所形成的透明液體，固體溶解後形成小於光線波長的微粒（1～10 Å），因此不干擾光波的穿透而呈透明現象。上述 SOL 中的微粒受濃度、溫度或溶液親和力的變化而聚集成較大的顆粒（1～50 nm），接近光線的波長（可見光波長是 380～780 nm），造成對光線穿透的干擾，因此液體不再透明而是混濁的液體，稱爲膠體（colloidal），這時固體可透過薄膜與液體分開。當膠體中的粒子繼續三度空間的聚集而成的顆粒（> 1 mm），雖未大到沉澱的程度，但已可用濾紙進行固液的分離，這時的液體成爲 GEL ，微粒的聚集程度與形狀受時間、前驅物的性質與構造、乾燥的條件而不同。如果顆粒繼續聚集，如改變酸鹼度、溶解度或溫度，大到液體的浮力或親和力不再能支持其質量，則發生沉澱。

沸石觸媒在形成結晶時，讓必要的成分在膠體過程給以充分的組合，讓原子聚集排列在最穩定的結晶位置，最後形成所要的結晶沉澱，再經過乾燥、鍛燒把這原子晶體固化形成沸石晶體。這方法近來應用在特定構造的奈米顆粒或奈米觸媒的製備，也可在 GEL 階段按照特定的設計，形成特殊形狀的微粒沉積在載體上，形成特殊形狀的奈米觸媒，所形成的觸媒透過立體阻力，影響反應物中間體的結合構造以控制產品的立體結構。

4-4 特殊製備法

一、雷尼鎳觸媒（Raney nickel catalysts）

這是一種特殊型態的金屬觸媒，觸媒金屬以多孔性型態的金屬狀態單獨存在，沒有載體幫助分散或穩定，由於不使用載體因此金屬所占的成分頗高幾乎 100%。其多孔性構造的形成頗爲特殊，頗具有啓示性，可應用於形成其他固態物質的多孔性構造。

這觸媒是美國一位工程師莫磊雷尼（Murray Raney）所發明的，他高中沒唸就直升肯塔基大學機械系，1909 年二十五歲畢業獲得學士後，美國正面臨經濟大衰退極難找工作，他於 1915 年進入一家食用油精製公司。1909～1915 年六年之間，他從大學教師（今天已不可能以大學畢業文憑在大學找到教學職位吧）開始，共換了五個公司的職位，最後進入一家食用油精製公司，為解決棉籽油氫化以抗氧化，他開發新的鎳觸媒，使鎳觸媒具有巨大的表面積（> 100 M^2/gm）進行化學吸附及反應。製備雷尼鎳時，先把鎳金屬與鋁金屬等量混合加熱鎔融成鎳鋁合金，之後將這合金以 50% 以上的苛性鈉（NaOH）溶液，在 70～100℃把金屬鋁溶解為可溶性溶液 $Na[Al(OH)_4]$。

$$2\ Ni\text{-}Al + 2\ NaOH + 6\ H_2O \rightarrow 2Ni + 2\ Na[Al(OH)_4] + 3\ H_2 \qquad (4\text{-}5)$$

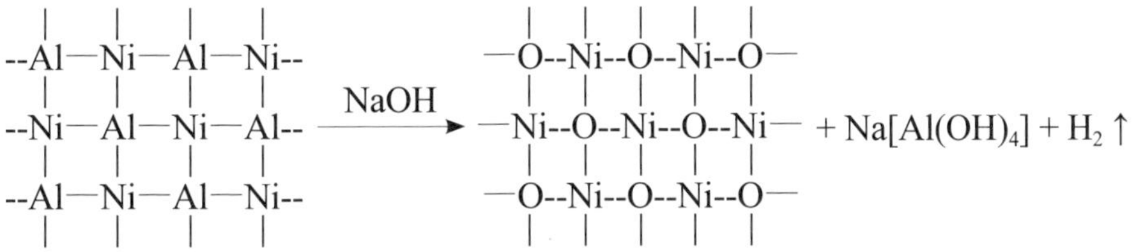

```
  |    |    |    |                      |    |    |    |    |
--Al—Ni—Al—Ni--                  —O--Ni--O--Ni--O—
  |    |    |    |        NaOH          |    |    |    |    |
--Ni—Al—Ni—Al--  ——————————→  —Ni--O--Ni--O--Ni—  + Na[Al(OH)4] + H2↑
  |    |    |    |                      |    |    |    |    |
--Al—Ni—Al—Ni--                  —O--Ni--O--Ni--O—
  |    |    |    |                      |    |    |    |    |
```

圖 4-2

原先與鋁金屬共構的合金構造被保留成為鎳金屬的空架子結構，鋁金屬占據的空間於鋁金屬被溶解後被架空，而成為多孔性的鎳金屬暴露於外表的新結構，具有大量接觸外界分子的表面積。為增加多孔性的空位子，原先的鋁鎳合金成分可略加變動增加鋁金屬的成分，由原先的 1/1 增加到 4/1 之間，但太多鋁成分，所製備的雷尼鎳因移開的鋁原子空間太大，會降低留下的鎳金屬結構之間的結合力，而使雷尼鎳觸媒的機械強度減弱，在反應攪拌時容易粉碎成細粉而流失，造成反應後產品純化的困難。

雷尼鎳廣用於工業界氫化反應的製程，如植物油的氫化及苯的氫化為環己烷等。除了雷尼鎳觸媒之外，同樣的原理也用在雷尼鈷與雷尼銅觸媒的製造。這類雷尼金屬觸媒不用載體而具有巨大的表面積，但因欠缺載體結合的穩定能力，在較高的溫度進行反應時，鎳原子容易移動而靠近，結合成較大的金屬晶體構造因而失去其表面積，導致活性的降低。一般的使用溫度盡量在 200℃以下，以維持其活性。雷尼鎳觸媒的鎳原子具有頗高的活性，與空氣的氧氣接觸快速氧化成爲氧化鎳，並釋放大量的反應熱，必須設法隔絕空氣，並避免與溶液中的溶氧反應，以免著火，因此工業上雷尼鎳觸媒必須儲存在無氧的水中輸送。另一種輸送方法是故意讓雷尼鎳觸媒與有限的氧氣反應，形成一層薄薄的氧化鎳於表層，讓觸媒不致太活躍，使用時，再以稀酸去除並以氫氣還原爲金屬恢復其活性。

二、蜂窩觸媒（honeycomb catalysts）

以上所介紹的觸媒都是以顆粒狀造型，雖然對促進反應物和觸媒的接觸有一定程度的貢獻，但也衍生流體在觸媒床的壓降（壓力對流體的阻力），使反應壓力的控制產生困難，特別在高流速的反應條件下，如車輛及工廠排氣的汙染防治或觸媒燃燒的排氣。因此目前在汙染防治的觸媒轉換器，大部分改用所謂的蜂窩型觸媒（圖 4-3），在製造圓柱或方塊型的載體時於軸向設計爲許多平行的細孔道於截面上，一般以每平方寸有多少孔徑（洞）來表示其構造。這種觸媒的內孔道是平行而平滑甚至光滑，因此反應物在孔道的流動是直通而順暢的，壓降因之大爲降低，孔道表層沉積一層觸媒成分以進行反應。

蜂窩型載體的製造是以擠壓的方式，讓載體漿（陶質材料）擠壓通過鋼模，形成多孔道的蜂窩型載體，金屬蜂窩載體則以含鋁金屬的特殊不鏽鋼的摺疊片捲成圓筒形塞入外管內。

圖 4-3　各種形狀的蜂窩型觸媒載體（http://www.google.com.tw/search?q=Honeycomb+catalysts&hl=zh-TW&sa=X&gbv=2&prmd=imvns&tbm=isch&tbo=u&source=univ&ei=Crx3T9GVD6jHmQWW5YzpDw&ved=0CC8QsAQ&biw=1261&bih=475）

一般的蜂窩型載體可由專業供應商供應，上述的特殊鋼片在製造時必須含少量的鋁金屬於合金內，以便在空氣中氧化成爲氧化鋁，由於不鏽鋼表面不易與水溶性的觸媒成分產生吸附或化學鍵，因此預先埋設這些氧化鋁提供點或接觸面（所謂的吸附樁腳），讓觸媒成分如貴重金屬或氧化鋁或其他金屬氧化物結合形成吸附的著力點，這類型的載體常用於高溫或高反應熱的觸媒反應製程設備，如機車的排氣管觸媒，一方面提供快速的散熱（機車廢氣中的油料高於汽車，因此氧化熱較高），另一方面忍受機車的震動。

蜂窩型觸媒成分的沉積時，先將蜂窩型載體浸泡在載體的漿液裡，提出讓過量的漿液流下並以空氣協助吹下，之後經過乾燥及鍛燒完成蜂窩載體上觸媒成分的沉積，所沉積的薄層含有後加的「眞正」載體及活性的觸媒成分如貴金屬或金屬氧化物。蜂窩載體只提供載體的機械強度、孔道構造、表面積及沉積觸媒成分的表層（如同不含家具但有隔間的空屋），反應所需要的載體層與活性成分是上述的沉積步驟形成的（房屋內的家具及隔間裝潢）。上述的浸泡時間、漿液的含水量與黏著度、空氣的吹風量及時間、乾燥溫度及時間都是不同觸媒廠商的看家本領，不容易在公開文獻上獲得。

三、活性碳（紙）載體的鈀金觸媒（Pd/Cn）

活性碳是一種多孔性碳的結構物質，由含碳物質在高溫把揮發性的物質汽化（脫水反應）殘留碳原子的骨幹構造，其外觀由細粉到不規則的顆粒到球型都有。所用的含碳物質主要是聚丙烯腈塑膠體或其纖維織物及碳水化合物的纖維物質如木材、果實的外殼，粗長纖維的椰子殼是一種上乘的活性碳原料，汽化後所得的活性碳具有巨大的表面積（物理吸附的面積）及強壯的機械強度（耐磨性）。高揮發性的煤炭也可汽化成活性碳，特別是煤粉於添加黏著劑成形（如球型）後汽化形成外觀規則型的活性炭顆粒。由纖維性碳物質汽化前常含浸微酸性的物質，以加速碳水化合物的脫水反應使脫水溫度降低，汽化速度不能太快，讓水分子在脫離時留下細膩的連續孔洞，以免形成爆米花式的窟洞，這種窟洞對氣體在活性炭內部的流動幫不了忙。一般活性炭的表面積會高達 500～2000 M^3/gm。做為觸媒載體的活性炭以球狀爲最理想，其次是顆粒型，再其次是片狀（造成觸媒床壓降的增加），粉狀的活性炭本身用途不大但可用來形成不同形狀的活性炭顆粒。近年來活性炭更做成活性炭紙或活性炭纖維氈廣用在燃料電池，電化學設備的電極及空氣清潔或油汙清除的吸附物。這種活性碳紙或碳纖維毛氈是利用紙漿、紙片、聚合物薄膜（如聚丙烯不織布、丙烯腈布）鍛燒碳化，其含碳量在 40～70% ，表面積高達 1500～2000 M^2/gm。由於聚丙烯腈塑膠或纖維在製造過程可控制其品質及結晶性，因此碳化後的活性炭或紙載體可具備較爲接近所要的載體性質，近年來常用聚丙烯腈布料經過高溫碳化後形成活性炭的紙或布載體。觸媒成分的含浸與其他載體的含浸步驟相同，但金屬鹽轉爲金屬以化學藥劑如甲醛、甲酸、硼化氫或聯胺還原。目前燃料電池的電解質薄膜（MEA）常以白金鹽含浸在活性炭紙或碳纖維氈布來組合。

四、硼化金屬觸媒（metal boride catalyst）

這是一種利用還原性極強的硼化氫將觸媒前驅物的金屬鹽直接還原爲金屬沉澱。這是 1960～1962 年代美國普渡大學布郎父子（Prof. Herbert. C Brown 和 Dr. Charles A Brown）所開發的一種金屬鹽還原法。小布郎在那段時間仍是胖嘟嘟的大學生（體重約九十公斤），受父親的影響每天泡在實驗室，不是做實驗就是幫同事吹玻璃器具（他的技巧是一流的）。

這類觸媒製造方法相對簡單，將金屬鹽（如氯化鎳或醋酸鎳）溶於水溶液，另一方面將鈉硼化氫（$NaBH_4$ 或 $NaHBH_3$ 的複合體）溶於稀鹼（3N 的 NaOH），將兩者攪拌混合就得到金屬鎳的沉澱物，金屬鎳常與殘留的少量硼結合形成 NiB_x ，經過水洗，殘留的硼化物會減少，最後殘留約 $x = 0.1 \sim 0.5$，視所用的溶液性質而定。如果是在水溶液進行還原，則所得的鎳觸媒稱爲 P1 鎳硼（$NiB_{0.1\sim0.2}$），如果是在 95% 的乙醇溶液進行還原反應，則稱爲 P2 鎳硼觸媒，兩者在反應性及選擇性略有差別。所得的鎳觸媒具有良好的氫化活力，可快速氫化或還原烯烴與羥類化合物。P-1 鎳觸媒較爲活躍，其活性與著名的雷尼鎳相近，但對構造差異的選擇性敏感度則超過雷尼鎳觸媒。P2 鎳觸媒（$NiB_{0.2\sim0.5}$）的反應性較 P-1 鎳觸媒緩和但對構造的反應性差異較爲敏感，甚至可分辨異構物（順型與反型烯烴）的反應性。這兩種鎳觸媒在硼化氫還原過程因爲溶液親和力的差異，形成不同的粒徑沉澱與鎳硼的結合度差異，P1 鎳顆粒的粒徑較小，硼的殘留量也較少。P1 鎳觸媒的粒徑約在 10～50 nm ，因此這種觸媒製備法形成一種簡易的奈米觸媒製備方法，近來在奈米觸媒領域形成一種重要的研究題材，顆粒大小與溶液的親和力及表面活性劑的添加有關。

布郎父子當時忙於烯烴的氫化，因此所報告的論文以鎳觸媒的製備及應用爲主，其實其他金屬觸媒也可同樣由相對的金屬鹽製備，如鈷、銅、銀、金、鉑、銠等過渡金屬。但如果使用鎳鹽與鉻鹽的混合物進行還原，則所製備的鎳觸媒含有氧化鉻的複合體（$NiCrO_x$）。這種含氧化鉻的複合觸媒具有強烈的氫化活性，其氫化活性與氫氣的吸附能力，遠超過雷尼鎳觸媒。這類觸媒具有較強的抗硫化物毒性，因此近年在煉油及能源觸媒逐漸受到重視，但至今爲止，工業應用仍然稀少，可能是因爲欠缺載體的穩定作用，容易結合而損失其表面積。早期在臺灣的起始報告，請參閱雷敏宏與其在臺大化工系學生在 1980 年代的論文報告及 1985 年陳吟足教授的博士論文。

上述的研究報告主要以金屬硼的形狀存在（Metal boride, MB_x），其表面積與穩定性有限。爲改善這項缺點，雷敏宏與齊君明於 1987 年開始將上述的沉澱吸附在不同的載體上（SiO_2、Nb_2O_5、Act. C）形成 NiBx/Supports 的觸媒。另外雷敏宏、許臨龍與陳吟足更首創以硼化氫的有機溶液（B_2H_6/THF）還原氯化鎳得到顆粒較大的鎳化硼觸媒，具有順磁性，反應後可用磁鐵（磁攪拌子）將硼化鎳觸媒集攏，而與反應生成物簡易的分離。除了使用鈉硼化氫（$NaBH_4$）爲還原劑之外，其他氫化物如鋁化氫（$LiALH_4$ 或 $LIHALH_3$）或磷化氫（PH_3）也可獲得相對的金屬鋁（MAl_x）或金屬磷化物（MP_x）。

近期中央大學陳吟足教授以高分子穩定化學還原法與逆微胞化學還原法製得分布較均一且粒徑較小約 3～5 nm 的 PVP-NiB 及 ME-NiB 觸媒。高分子穩定化學還原法是將適量水溶性高分子（PVP）共溶於金屬鹽水溶液，再與鈉硼化氫水溶液進行還原反應，過程中利用高分子官能基上之未共用電子對與金屬之空軌域產生配位作用力，對金屬形成一高分子保護層，限制奈米顆粒聚集成長。逆微胞化學還原法是將金屬鹽水溶液、油相與界面活性劑（H_2O/n-hexanol/ CTAB）混合形成逆微胞中，再與鈉硼化氫溶液進行還原反應，過程中逆微胞爲微反應器，且界面活性劑分子會吸附於奈米顆粒，阻礙顆粒聚集成長。奈米均一化之金屬硼觸媒有難以分離的缺點，陳吟足教授進而製備載體式觸媒（NiB/SiO_2），採淋濕含浸法將金屬鹽含浸於 SiO_2 擔體，經適當溫度乾燥固著後，再與鈉硼化氫水溶液進行還原反應，分散於 SiO_2 擔體上的 NiB 粒徑約 2～2.5 nm。三種奈米均一化觸媒均具有優越的催化活性，甚至可以降低溫度於接近室溫下進行反應，活性媲美貴金屬觸媒。

4-5　常用觸媒載體

觸媒載體（catalyst support）在觸媒扮演跡象重要的功能：提供機械強度、分散及穩定活性觸媒成分、提供觸媒的形狀以控制反應物的擴散及質傳現象。前兩種功能依賴載體成分的化學性質及組成粒子的組合構造（morphology），第三種功能與載體的形狀與大小及組合構造如孔道的大小、分布及形狀有關。

一般的工業用異相觸媒的載體以金屬氧化物爲主，近來開始使用金屬氮化物或碳化物等陶瓷材料。金屬氧化物有活性炭、氧化鋁、氧化矽、氧化鈦、氧化鋯的單獨或複合組成物，金屬氮化物有氮化鋁（AlN）、氮化鈦（TiN）、氮化矽（SiN_3）、氮化鈦（Mg_3N_2）、氮化硼（BN）、氮化鋰（LiN_3）或碳化鈦（TiC）、氮化鎢（WN）等，碳化物有碳化鋁（Al_4C_3）、碳化鎂（Mg_2C_3）、碳化矽（SiC）、碳化鈦（TiC）、碳化鎢（WC）。這些氮化物或碳化物具有耐高溫的特性但不具有孔隙構造，因此表面積不高，限制觸媒的應用度。

活性炭是非晶型的碳材料，密度低因此容易填滿反應床的空間。當著觸媒載體，由於機械強度有限及形狀不易控制，常導致碳觸媒顆粒的磨損，造成粉碎及觸媒床的壓降增加，具有巨大的表面積，但大部分的孔徑都以微孔存在，不一定可提供給反應用。碳與碳原子的鍵長在 1.42 Å，其 2p 電子提供載體良好的電子移動的能力，對觸媒反應具有助力。由於不能使用在含氧氣的氧化性反應，活性炭爲載體的觸媒較常用於貴重金屬的氫化反應，以發揮其高表面積及反應性的優點。目前一項重要的應用市場是燃料電池的白金觸媒，利用特製的活性炭紙或炭布爲載體，將貴重金屬如白金或白金與釕金屬的觸媒含浸於上，在低溫（60～180℃）狀態下，讓氫氣與空氣反應爲水，釋出電能。另一項重要發展途徑是活性炭布含浸特殊金屬，作爲吸附用以清除空氣的汙染。近來以結晶型的奈米碳爲載體，透過碳原子的構造，提供強烈的 2p 電子移動能力進行化學反應，逐漸受到重視。

氧化矽是一種重要的載體，具有良好的孔隙構造及表面積，其性質屬中性，不具強烈的酸性，常用於選擇性的氧化反應，以減少因酸性衍生的副產物反應。以共沉法製備觸媒時以水玻璃的膠體液（colloidal liquid）與觸媒成分的金屬鹽溶液混合，改變溫度或酸鹼度來促成沉澱，經過乾燥造型完成製備。以含浸法製備觸媒時直接按照所要的粒徑、形狀、孔隙構造與表面積以選擇目標載體，作爲含浸的載體。

氧化鋁是一種多用途而穩定的載體，但因氧化鋁的晶相會隨溫度的變化而改變，影響其酸性及表面積，因此在不同的晶相有其適用的催化反應。

氧化鋁的製造以貝爾法較普遍，利用晶型的氧化鋁礦沙（鋁礬土，Bauxite）經過鹼性水解形成三個結晶水的貝爾石或三水鋁石（Bayerite, $Al(OH)_3$ 或 $Al_2O_3 \cdot 3H_2O$）。隨著鍛燒升溫逐漸失去結晶水，在 100～300℃ 間失去二個結晶水形成水軟鋁石（Boehmite，$Al_2O_3 \cdot H_2O$ 或 $-AlO(OH)$），繼續升溫而失去水份在 500～850℃間形成 $\gamma-Al_2O_3$，這晶相具有 100～300 M^2/gm 的表面積及豐富的孔隙構造形式，因此最常被用爲觸媒的載體，也具有強烈酸性，是重要的固態酸。繼續升溫脫水經過 $\delta-Al_2O_3$（850～1050℃）及 $\theta-Al_2O_3$（1050～1150℃），之後失去所有的結晶水形成 $\alpha-Al_2O_3$

的金鋼石。

其他常用的工業載體是氧化鈦及氧化鋯。氧化鈦具有最高的折射率 2.7，因此廣用於白色塗料以反射白光。氧化鈦有二種晶相：金紅石（Rutile-TiO_2）與銳鈦礦（Anatase-TiO_2）。氧化鈦是由氧化鈦礦粉在流體化床內以氯氣及焦炭反應爲四氯化鈦，利用不同溫度的差異將不同氯化金屬鹽的固體分離，液態氯化鈦進一步蒸餾後，與氧氣反應成爲氧化鈦，過程中加入催化量的氧化鋁可得金紅石，否則形成銳鈦礦。氧化鈦的載體具有強烈的酸性可耐高溫，形成觸媒時常與金屬觸媒產生強烈的吸附力，稱爲金屬與載體的強烈作用現象（strong metal support interaction, SMSI），發生 SMSI 現象時金屬觸媒的吸附力及化學反應性會降低，但反應選擇性會加強。除了氧化鈦的載體之外，氧化鋁與氧化鈮爲載體的金屬觸媒，也會有這種現象產生。光觸媒用的載體使用氧化鈦的奈米管，其製法是銳鈦礦利用苛性鈉（10 M 濃度）於 130℃水熱處理（hydrothermal treatment）七十二小時，再以稀鹽酸中和後加熱十五小時，可得 10～20 nm 外徑而內徑 5～8 nm 的奈米管，長度約 1000 nm。

氧化鋯的製備以 SOL-GEL 方法將 $Zr(OC_3H_7)_4$ 於正丙醇與硝酸溶液混合，再加入更多的正丙醇及水攪拌混合進行水解成爲 $Zr(OH)_4$ 於室溫靜置二小時後，丙醇液於 383K 以減壓（3.4KPa）經三小時揮發去除，經過純氧氣鍛燒（773K）二小時形成氧化鋯（ZrO_2）。所得的氧化鋯之性質如表面積、孔隙度孔徑及粒徑受上述硝酸的用量、水的混合量、攪拌時間、鍛燒時間與溫度的不同而改變，這主要是微粒聚集成 GEL 的程度差異帶來的結果。以極端的狀況爲例子，不加硝酸，混合後不攪拌立刻水解沉澱，所得的氧化鋯幾乎沒有表面積及孔隙度。

4-6 沸石觸媒的製備

沸石是一種結晶性的氧化鋁與氧化矽複合體，具有一定的結晶形狀與結晶架構，具有強酸性及熱穩定度，形成良好的固態酸觸媒（請參閱第七章固體酸性觸媒），其特性是可透過其固定的孔徑來篩選大小合適的反應物或生成物來控制反應的選擇性，也可透過離子交換法將金屬植入晶體形成支撐型的金屬觸媒。近年來沸石觸媒的組成已不再侷限於氧化鋁與氧化矽，而增加其他氧化物如磷化物、硼化物、鉻化物等，而孔徑也由原先3～12 Å 左右擴大到 20～40 Å ，如 AlPO 及 MCM41 系列無鋁的中孔型沸石觸媒，由此更進一步發展爲奈米構造的沸石觸媒。

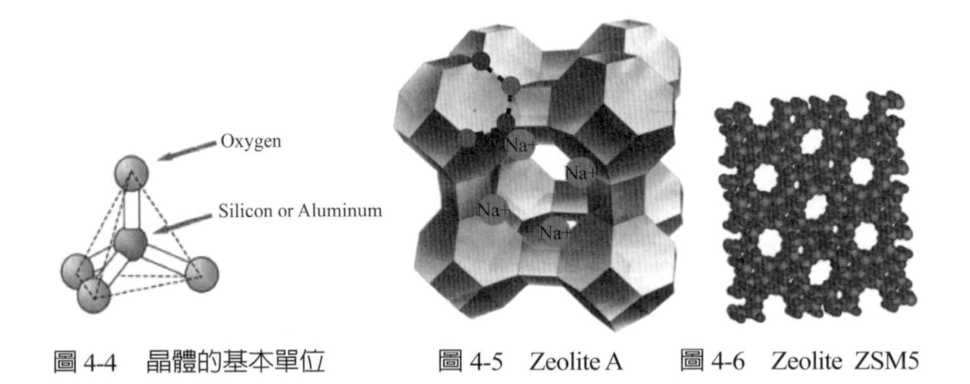

圖 4-4 晶體的基本單位　　圖 4-5 Zeolite A　　圖 4-6 Zeolite ZSM5

一般的矽鋁沸石是以四方體（tetrahedral）的 $(AlO_4)^{5-}$ 與 $(SiO_4)^{4-}$ 兩種基本單位配合平衡電荷差的陽離子模版（M^+）來組合，透過 SOL-GEL 方法將三種基本成分加以結晶形成成分爲 $M_{x/n}$ $[(AlO_2)x(SiO_2)y]$・wH_2O 的晶體。最後的晶體決定於所用基本成分的組成，如陽離子模版的種類、Si/Al 的比例、陽離子模版的下種時間，以及形成 GEL 的酸鹼度、時間及溫度。一般沸石或材料的孔徑分爲三級：小於 2 nm 的孔徑稱爲微孔級（microporous），2～50 nm 則稱爲中孔級（mesopore），大於 5 nm 的孔徑則稱為大孔或鉅空孔（macropore）。

普通所用的陽離子有第一與第二週期的 Li^+ 、Na^+ 、K^+ 、Ca^{2+} 、Mg^{2+} 離子，及有機化合物的四級胺鹽（H^+ NR_4^-）。Si/Al 的比例決定晶體的結構與形狀，陽離子的種類影響內部的孔徑，如 4A 沸石具有 Si/Al = 1.0 及 Na^+離子的模版所組合，其孔徑約為 4 Å，3A 沸石則以 K^+ 取代 Na^+ 離子（孔徑為 3 Å），Y 型沸石則有 Si/Al = 1.5～5.0，使用不同的陽離子模版以調節其孔徑，或透過離子交換以改變陽離子，特別是植入稀土元素以增進沸石觸媒的耐熱與耐酸鹼性。1970 年代莫比爾公司（Mobil Co.）更開發一種新的沸石觸媒稱為 ZSM5 沸石，其 Si/Al = 20～100，具良好的酸性及穩定度，所使用的陽離子以四級胺鹽為主，如 $NR_4^-H^+(R = n\text{-}C_3H_7, n\text{-}C_4H_9)$，其孔徑在 5.8 Å 附近，極適合於芳香烴的催化反應。其製法由三種離子溶液的準備開始，A 溶液由 62.2wt%H_2O 、28.9wt%SiO_2（由水玻璃膠體液配製）及 8.9wt%Na_2O 混合配製，B 溶液由 1.9wt%$Al(SO_4)_3$、$18H_2O$ 、4.6wt%H_2SO_4、93.5wt%H_2O 混合配製，C 溶液是四倍於硫酸鋁重量的正丁胺。先將 C 溶液加入 A 溶液混合，再加入 B 溶液混合直到均勻，之後於壓力鍋在 150℃加熱九十三小時，所得的 ZSM5 沸石其 Si/Al = 66。ZSM 系列的沸石觸媒，因其強酸性及熱穩定性，目前廣用於石化工業的固態酸催化反應，如甲醇脫水環化為苯，由於甲醇是由有機生質汽化、天然氣重組或煤炭汽化所合成的，這催化反應開闢一條由單碳化合物或有機生質到芳香烴的捷徑，後者是重要的石化原料，也是汽油的重要成分。

4-7　奈米觸媒的製備（奈米顆粒）

隨著奈米技術的進展，奈米材料的進展神速，奈米觸媒指的是具有奈米構造的觸媒，其形狀、表層、孔隙架構是經過預先的設計及控制所成的觸媒。透過這些預先設計的奈米構造所成的觸媒，其催化特性如選擇性及活性也可在事前「訂購」不再是等著瞧或做做看。載體雖是一大塊固體，但其組成顆粒可以透過奈米級的微粒來組合，因此其機械強度可加強，孔隙架構也可設計。更重要的是載體上的活性觸媒成分，已從單純的無機性金屬或金屬氧化物顆粒，把有機金屬分子透過接種法、蒸汽沉積法、溶膠－凝膠法沉積在載體上，形成複雜的三度空間的活性觸媒顆粒，利用立體阻力（steric hindrance）或晶體的缺陷角來影響反應物與觸媒的吸附作用及化學反應。

4-8 觸媒晶體形狀的控制

透過濃度與陰離子種類的變化，紅鐵礦（Hematite，Fe_2O_3）的晶型與晶相可受控制以合成所要的形狀及晶相。以三氯化鐵（$FeCl_3$）加鹼（NaOH）水解形成稀釋 $Fe(OH)_3$ 溶膠後，在不同的溫度靜置凝結爲 $Fe(OH)_3$ 凝膠，透過凝結階段的時間長短可導致不同大小的非正方形晶體（pseudocubic）顆粒的分散體。也可在 $Fe(OH)_3$ 凝膠狀態時加入不同量的磷酸二氫鈉（NaH_2PO_4），則原先的非正方形晶體，拉長爲橢圓型晶體（ellipsoidal）。同樣的，如果以硫酸鈉（Na_2SO_4）取代上述的磷酸鈉，則形狀變成針狀。以光觸媒常用的氧化鈦（銳鈦礦，anatase-TiO_2）爲例，利用乙醇胺（triethanol amine, TEOA）水解四異丙醇鈦（titanium(IV) isopropoxide, TIPO）爲標準的氧化鈦時，可加入不同濃度的胺來控制氧化鈦的晶體形狀，例如不同濃度的二乙烯三胺（diethylentriamine, DETA）可將橢圓晶體轉爲針狀晶體。

參考文獻

1. L.A. M. Hermans and J. W. Geus, "Homogeneous Precipitaiton by urea" in Preparation of Catalysts II, Ed by B. Delmon, P.A. Jacibs and G.Poncelet, p 131, Elsevier Scientific Publishing Co. Amsterdam, 1979 ISBN 0-444-42184-X
2. J.W. Geus, "Production and thermal pretreatment of supported catalysts" in Preparation of Catalysts III, Ed. By G.Poncelet, P Grange and P.A. Jacobs, p 1-34, Elsevier Scientific Publishing Co. Amsterdam, 1983 ISBN 0-444-42184-X
3. H. Sharper, et al., "Synthesis of methanation catalyst by deposition-precipitation" in Preparation of Catalyst III. P 301-310. Elsevier Scientific Publishing CO. Amsterdam, 1983.
4. David A. Ward and Edmond I. KO, "SOL-GEL Preparation of zirconium oxide", http://web.anl.gov/PCS/acsfuel/preprint%20archive/Files/40_2_ANAHEIM_04-95_0356.pdf]
5. 牟中原等，"Control of Morphology in Synthesizing Mesoporous Silica", http://www.ch.ntu.edu.tw/~cymou/paper2.htm
6. T. Sugimoto, A. Muramatsu et.al, "Syatematic control of size, shape and internal structure of monodisperse -Fe_2O_3 particles," Colloidal Surface A, Physicochem. Eng. Aspects 134,(1998) 265-279.
7. S.L. Scott, C. M. Curdden nad C. W. Jones, Ed. "Nanostructured Catalysts", Plenum Publishers, New York, USBN 0-306-47484-0, 2003.
8. C.H. Brown, "P-1 Nickel boride, A convenient highly active nickel hydrogenation catalyst", J. Org. Chem. 35 (1970) 1900.

9. C.H. Brown and V. K. Ahuja, "P-2 Nickel, A highly convenient new selective hydrogenation catalyst with great sensitivity to substrate structure", J. Org. Chem. 38 (1973) 2326.
10. 陳吟足，國立臺灣大學化工系博士論文，《硼化鎳觸媒的催化性質研究》，1985。
11. 齊君明，國立臺灣大學化工系碩士論文，《擔體對硼化鎳觸媒的效應研究》，1988。
12. M.H. Rei, L.L. Sheu and Y.Z. Chen, "Nickel boride catalysts in organic synthesis. I: A new ferromagnetic catalyst from the diborane reduction of nickel acetate", Appl. Catal. 23 (1986) 281.
13. B.J. Liaw, S.J. Chiang, C.H. Tsai, Y.Z. Chen, "Preparation and catalysis of polymer-stabilized NiB catalysts on hydrogenation of carbonyl and olefinic groups", Appl. Catal. A: Gen. 284 (2005) 239.
14. S.J. Chiang, B.J. Liaw, Y.Z. Chen, "Preparation of NiB nanoparticles in water-in-oil microemulsions and their catalysis during hydrogenation of carbonyl and olefinic groups", Appl. Catal. A: Gen. 319 (2007) 144.
15. S.J. Chiang, C.H. Yang, Y.Z. Chen, B.J. Liaw, "High-active catalyst of NiB/SiO2 for citral hydrogenation at low temperature", Appl. Catal. A: Gen. 326 (2007) 180.
16. Kozo Tanabe, "Solid Acids and Bases", Kodansha, Tokyo, 1970, p46 and p59.
17. T. Sugimoto, X Zhou and A. Muramatsu, "Synheisis of uniform anatase TiO2 nanoparticles by sol-gel method", J. Colloid and interface Sci., 259 (2003), 53-61.

進階閱讀

1. 尾崎萃等編著，《觸媒調製化學》，講談社，東京，1980
2. B. Delmon, P. Grange et. al., “Preparation of Catalysts Vol.-I to Vol-VII” 這系列的觸媒製備研討會報告論文集，由 1976～1998 每四年出版一集，報告近年來重要的觸媒製備方法及發展，論文集是荷蘭的出版商所出版，Elsevier Science Publishing Co. Amsterdam.。
3. H.C.Foley and E.E. Lowenthal, “Improving And Inventing Catalyst With Computers”, CHEMTEC, Aug.(1994) p-23.]。提供專家判斷與電腦設計的觸媒設計作法。

習題

1. 你要如何製備一種 4%CoO 、5%NiO 、3%MoO_3/SiO_2 的氧化觸媒？觸媒的顆粒是 3 mmOD 球型，表面積約 110M^2/gm。請說明你的製備方法設計理由。
2. 你受命製備一種觸媒，其規格目標如下，請說明你的製備計畫，細節及性能的鑑定。（A，B 兩種觸媒任選一種製備）

   A：25%NiO2%Ru/SiO_2; BET 面積約 150M^2/gr.

   B：35%CuO 40%ZnO 10%MgO 15%Al_2O_3

   反應器：不鏽鋼鋼管 30mmID×300mmL ，以電熱線加熱可自動控制昇溫的溫度速度。實驗室有蒸餾水、高壓氮氣與空氣。
3. There are 3 basic methods to prepare catalysts. List and explain the methods. Discuss their advantages and disadvantages.
4. 請詳細規劃你要如何製備 1%K2O 、24%NiO/-alumina?
5. 請以共沉法爲例敘述觸媒的製造步驟及各步驟的重點。

6. 某氨廠的原料氣中（CO, H_2）含有 1000 ppm 的 CO，想用 NiO/γ-Al_2O_3 去除，如何製備這觸媒？（d = 1/4"，SA = 50～70 m^2/gr，pore vol. = 0.25 cc/gr，Ni ; 20～22 wt%，T = 430℃，P = 20 atm）。

第五章 表徵特性檢測方法

觸媒的表徵特性（characteristics）檢測有許多目的，包含：①觸媒的成分和構成，用於觸媒的模仿、設計與專利申請；②吸附特性和孔洞結構，探討觸媒表面物理性質；③化學反應活性，研究催化活性；④活性成分的化學鍵結和氧化價數、原子和晶相結構、性能的研究；⑤觸媒的機械性能和使用壽命，用於商業交易的準則及工業操作。

學術上檢測表徵的目的在於反應機理的探討，進而瞭解觸媒的活性和產物選擇性，用以發展和改進觸媒。觸媒的表徵檢測技術和一般材料檢測技術是一樣的，有許多的儀器可用，本章只有包含最常用於觸媒的分析儀器，沒提到的儀器可以參考一般儀器教科書。

5-1 表面分析的基本原理

異相觸媒的反應都是在表面上發生，所以觸媒表面的物理化學性質和觸媒的活性表現息息相關，因此是觸媒材料的表面性質（surface）而非材質本身（bulk）決定了觸媒的催化本質。觸媒表徵檢測的重點就是材料表面物理化學特性分析。如圖 5-1 所示，使用儀器來研究表面的物理化學特性需要三要素，激發源（exciting source）、釋出訊號（outgoing signal）和適當的偵測器（detector）。

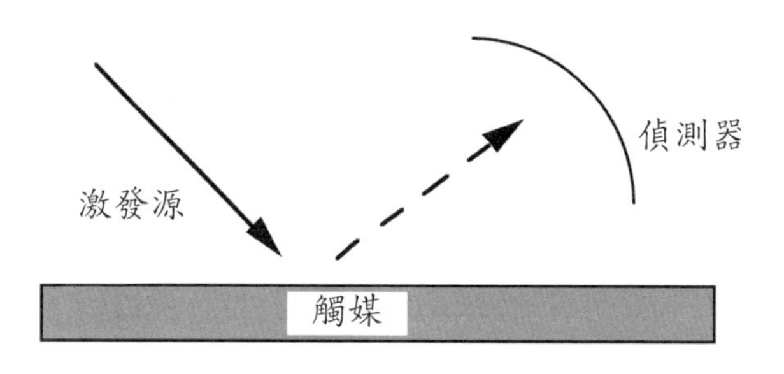

圖 5-1　表面分析示意圖

激發源可以是光子（或者光線）、電子、離子或中子，照射到觸媒材料表面後，會激發出特定的訊號。例如用電子轟擊材料表面後，材料表面的原子或分子會升到激發狀態，再回到穩態過程，就會釋放出能量，這種釋放的能量可以是光子（就是光線）、電子、離子或中子等。如有適當的偵測器可以測量這些信號，轉成電流或電壓之後再放大，傳送或過濾雜訊等處理，就可以得到有用的資訊圖譜。現今有許多的儀器，可以同時提供不同的激發源和收測不同種類的訊號，所以可獲得完整的觸媒表徵資訊。

圖 5-2 是電磁波頻譜圖，也可視爲光子或光線圖譜。理論上全頻譜的「光線」都可用於分析觸媒材料。其中紅外線（infrared）、紫外線（ultraviolet）、X 光線是最常見的儀器。表 5-1 以激發源和釋出訊號分類，綜合列出常用的分析儀器的英文名稱和其縮寫。

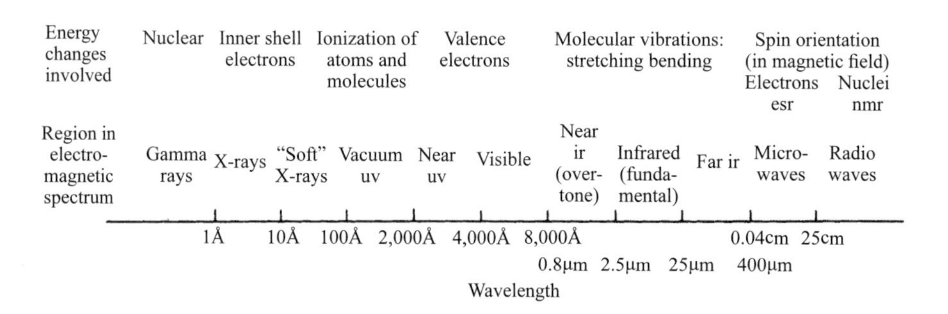

圖 5-2　電磁波頻譜示意圖（the wavelength is not linear）

表 5-1　觸媒特性檢測方法—以光子，電子，和離子激發源分類

Sources	Outgoing Signals		
	Photon	Electron	Ion
Photon	Nuclear Magnetic Resonance (NMR)	UV-induced photoelectron spectroscopy (UPS)	Laser microprobe mass Spectroscopy (LMMS)
	Electron-spin resonance (ESR)	X-ray induced photoelectron spectroscopy (XPS or ESCA), electron spectroscopy for chemical analysis	Photoelectron emission
	Fourier transform IR (FTIR)	X-ray induced photoelectron diffraction (XPD)	
	Raman spectroscopy (RS)		
	Mössbauer spectroscopy (Möss. S)		
	X-ray absorption (near-edge) spectroscopy (XANES)		
	Extended X-ray absorption fine structure (EXAFS)		
	X-ray fluorescence (XRF)		

（續上頁）

Sources	Outgoing Signals		
	Photon	Electron	Ion
	X-ray diffraction (XRD)		
	Ellipsometry		
	Optical microscopy		
	Surface plasmon microscopy		
electron	X-ray emission spectroscopy (XRE)	Low-energy electron diffraction (LEED)	
	Cathodoluminescence (CL)	Auger-electron spectroscopy(AES)	
		Scanning-Auger microscopy (SAM)	
		High-resolution electron-energy-loss spectroscopy (HREELS)	
		Electron-energy-loss spectroscopy (EELS)	
		Scanning electron microscopy (SEM)	
		Transmission electron microscopy (TEM)	
		Electron diffraction (ED)	

（續上頁）

Sources	Outgoing Signals		
	Photon	Electron	Ion
		High-resolution electron microscopy (HREM)	
		Scanning transmission electron microscopy (STEM)	
		Scanning tunneling microscopy (STM)	
Ion	Proton-induced X-ray emission (PIXE)		Ion-scattering spectroscopy (ISS)
	Position annihilation spectroscopy (PAS)		Secondary-ion mass spectroscopy(SIMS)
			Ion-microprobe microanalysis (IMM)
			Rutherford back-scattering (RBS)

5-2　紅外線光譜

紅外線光譜是觸媒研究最常用的分析儀器，測量觸媒對紅外線的吸收波長，可以獲得在觸媒表面吸附的分子狀態或是鍵結情形，推測表面反應中間體和反應機理。現代發展的儀器技術，可以在反應進行的條件下，同時測量表面分子動態變化情形，稱爲原位紅外線光譜（in situ IR spectroscopy），在觸媒反應的研究非常有價值。

紅外線光譜使用波數（wavenumber, cm^{-1}）爲單位，依據式 5-1 計算波數就是波長的倒數，由式 5-2 和式 5-3 的計算可以理解，光速是爲常數，波數正比於頻率，頻率再乘以普郎克常數（h）就是能量，因此波數可視爲光子的能量，波數愈大代表能量愈高。紅外線光譜的範圍是 400～4000 cm^{-1}，正好就是碳氫氧分子轉動、伸展和振動的能量範圍，所以最適合偵測化合物和其官能基。

$$\text{wave number } (cm^{-1}) = 1/\text{wave length } (\lambda) \tag{5-1}$$

$$\text{light speed (constant)} = \text{frequency } (\nu) \cdot \text{wave length } (\lambda) \tag{5-2}$$

$$\text{energy} = h \cdot \nu \qquad (h: \text{Planck constant}) \tag{5-3}$$

紅外線光譜的原理，可以簡單用一個分子內的原子振動和彈簧的振動做類比，如圖 5-3 所示，彈簧所掛的重物好比一個原子的重量，彈簧的彈性係數好比鍵結強度（鍵結能量），彈簧的振動頻率是重物的質量及彈性係數的函數，圖 5-4 顯示分子的振動可包含三種，對稱、彎曲和非對稱。所以紅外光的振動頻率透露一個分子內的鍵結構資訊。

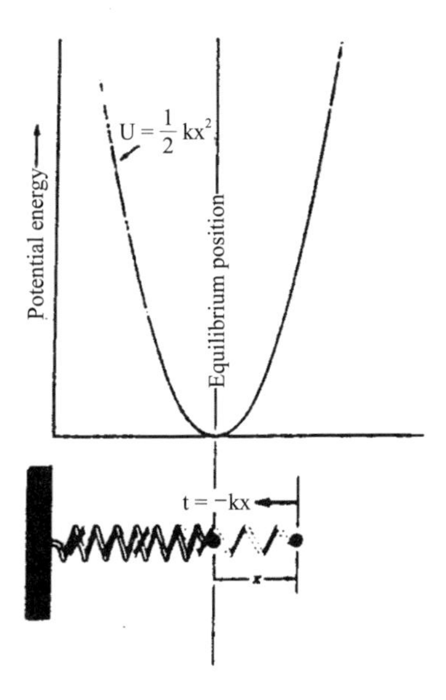

圖 5-3　能量 v.s. 彈簧移動

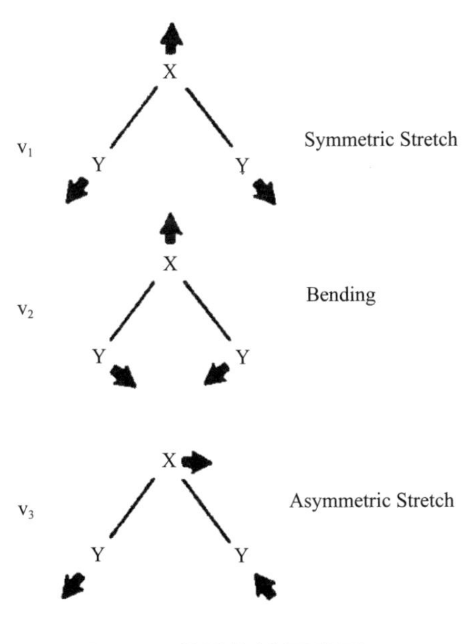

圖 5-4　分子伸縮示意圖

依據式 5-4，彈簧振動頻率和彈性係數（k）的開平方成正比，也和質量（m）的開平方成反比。如上段所述，紅外線的波數就類似頻率，由此可以瞭解，分子內的原子振動頻率和原子量與鍵結有關，當紅外線的頻率和分子的振動頻率相符合時，與分子共振，紅外線就被吸收，因此紅外線吸收圖譜其實就是分子的振動頻率，進而推理特定化合物分子鍵結的資訊。

$$v = \frac{1}{2}\pi\sqrt{\frac{k}{m}} \tag{5-4}$$

舉個例子說明，表 5-2 列出 ZnO 的紅外線吸收波數，圖 5-5 是 ZnO 的紅外線吸收圖譜，分別顯示觸媒表面的 Zn-H 和 OH 的吸收，當氫原子（H）用氘（D）取代時，Zn-H(Zn-D) 和 O-H(O-D) 的化學鍵是一樣的，因此鍵結強度保持不變，但原子量（H→D）增加一倍，振動頻率會降低，而且和原子量的開平方成反比（依據式 5-4）。所以我們可以觀察到波數比值，正好是分子量（H/D = 2）開平方的比值。

表 5-2　ZnO 的紅外線吸收波數

	H 波數	D 波數	（H/D）	$\sqrt{mH/mD}$
Zn-H	1705	1225	1.392	1.403
O-H	3490	2585	1.35	1.374

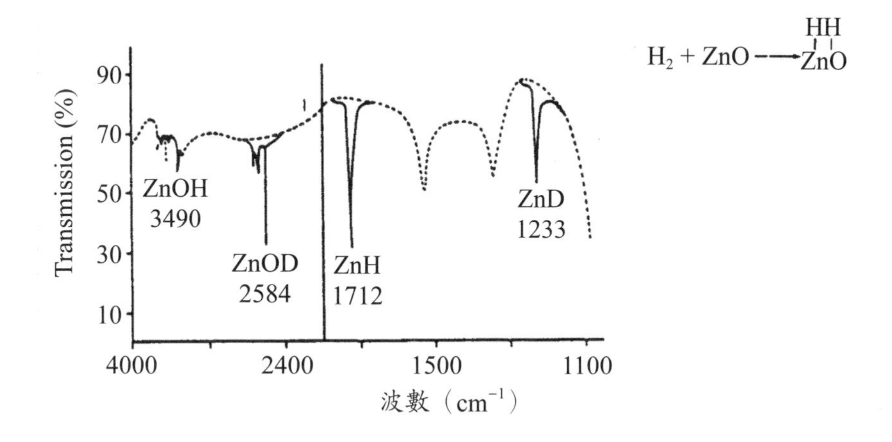

圖 5-5　ZnO 紅外線吸收圖譜（Tamaru, 1978）

使用紅外線在觸媒的測量，如圖 5-6 (a) 和 (b) 所示，分為穿透和反射兩種，但是觸媒是固體通常是不透明，可將觸媒粉末壓成薄片可用穿透式測量，如無法壓成薄片就用反射式測量，不過反射的紅外線通常會四面八方的散射，所以訊號強度較低，必須使用高感度的偵測器。另一方法如圖 5-6(c) 所示，可用狹窄全反射（attenuated total reflection, ATR）技術，將觸媒粉末置於 ZnSe 晶體上面，IR 由下方入射，增加全反射次數來提高測量觸媒的吸收量，就可以增加吸收訊號的強度。

一氧化碳（CO）是紅外線光譜應用最被常用的分子，因為 CO 有很強的紅外光吸收訊號。測量時 CO 先化學吸附在觸媒表面，再觀察其吸收波數的偏移，可以得到觸媒表面的表徵資訊。CO 的紅外光的吸收波數範圍在 1600～2100 cm^{-1} 之間，圖 5-7 展示四種 CO 吸附形態，分別是線型、橋型、三角和四角型，CO 在觸媒表面，當 C 和表面金屬活性基鍵接的愈多，CO 鍵就愈弱，因此紅外光的吸收波數就愈小，例如線型在 2000～2150 cm^{-1}，而三角型降低到 1800～1920 cm^{-1}。

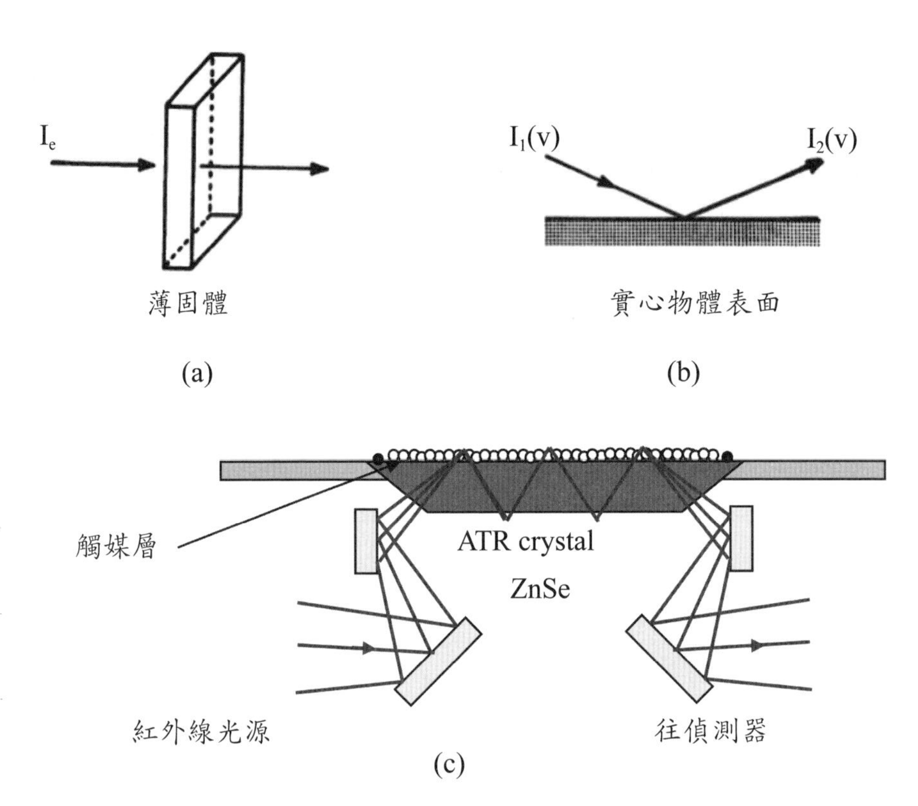

圖 5-6　紅外線操作 (a) 穿透式 (b) 反射式 (c) 狹窄全反射式

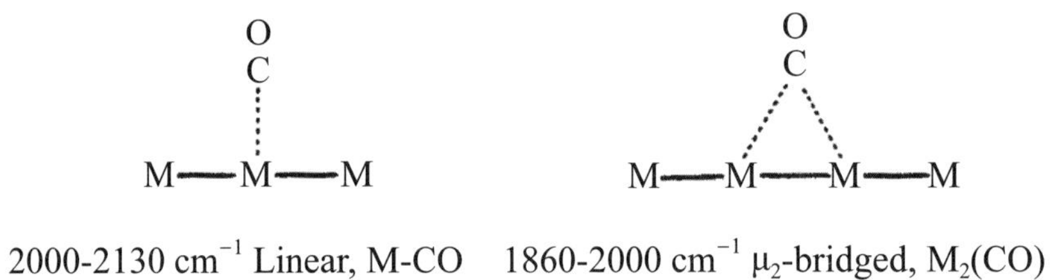

圖 5-7　在金屬上 CO 分子化學吸附的模式（Thomas &Thomas 1997）

其他碳氫化合物也是紅外光譜常用的偵測分子，圖 5-8 是乙烯分子在 Pt 或 Pd 觸媒表面的不同的化學吸附形態，由吸收的紅外光波數偏移，代表 C-C 鍵結力的變化，可以推定乙烯分子在觸媒表面是何種化學吸附形態，由此可以推測反應時分子動態的變化。

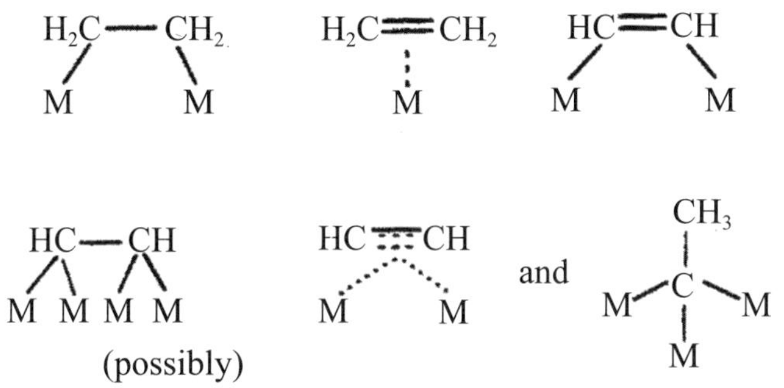

圖 5-8　乙烯在氧化物支撐的 Pt 或 Pd 的吸附種類 (Thomas &Thomas 1997)

5-3　紫外光－可見光譜

紫外光－可見光譜（UV-Vis）的波長範圍是 200～800 nm ，其中紫外光的波長在 200～380 nm ，400～600 nm 是可見光，600～800 nm 是近紅外線。這個波長範圍的光子能量可以激發原子外層電子的變遷，對分子而言，可以改變原子之間化學鍵的「電子雲」內電子的變遷。一般粉體、薄膜和溶液都可以測量 UV-Vis 吸收光譜，對於固體粉末觸媒，不容易用穿透法測量吸收圖譜，一般都測量散射的反射光，再運用 Kubelka-Munk 理論（K-M theory）估算出固體樣品的吸收強度。同時爲了解決固態樣品過度散射，是利用積分球（integrating sphere）量測樣品的反射率（reflectance），即假設一無限厚度固態樣品穿透度爲零（zero transmission），針對其反射光強度（diffusely reflected flux）與入射光強度之比值而得，通常樣品厚度約大於 3 mm 即可達此要求，在量測時應該將粉體研磨成 50 μm 以下均勻的粒徑。在實際量測樣品時，須同時量測一個幾近完全反射（100% reflectance）的標準樣品，通常以 $BaSO_4$ 的反射強度當標準基準線值，眞正量測到的反射是樣品與標準物質的比值。

例如圖 5-9 是三種光觸媒的 UV-Vis 吸收圖譜，Y 軸是 K-M 計算的吸收強度，其中 P25 二氧化鈦約在 380 nm 以上有吸收，表示電子吸收光能後，從二氧化鈦的價帶（valance band）躍升到導帶（conduction band）。在有摻雜 Cu 或 Ag 原子的二氧化鈦，由於價帶結構發生變化，能隙值（bandgap）降低因此吸收能量會降低，所以可以觀察到 UV-Vis 吸收向長波長偏移。UV-Vis 吸收圖譜也可以估算能隙值，由吸收峰起始曲線最大斜率處（反曲點），延伸所形成的傾斜直線與 X 軸（M-K 吸收 = 0）基線相交點決定的光波長，可以計算出該材料的能隙值。

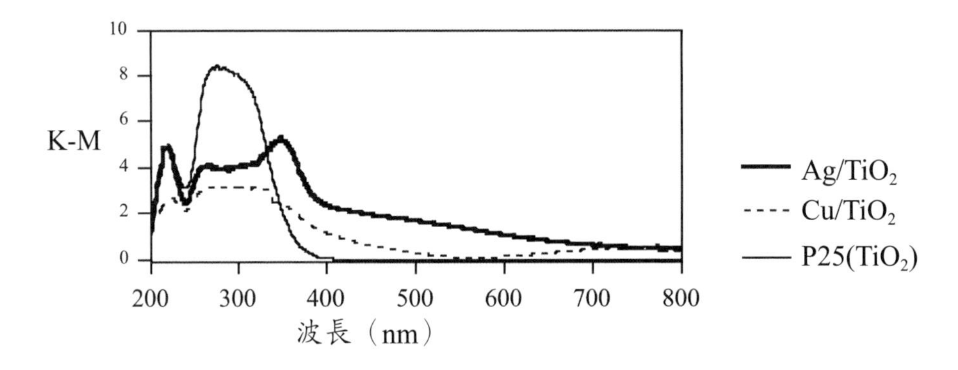

圖 5-9 TiO_2 觸媒紫外線 - 可見光吸收圖譜

5-4　X 光繞射圖譜

X 光繞射圖譜（X-ray Diffraction, XRD）普遍用於分析結晶材料，可以辨別是何種晶相、觸媒的活性和表面晶格排列有關聯，因此瞭解觸媒材料的晶相很重要，所以 XRD 是常用的觸媒檢測工具。依據 Bragg 的繞射公式（式 5-5），當入射光進入結晶材料在層間反射出來時，光波行程（BC + BD）如果正好差一個波長的整數倍，就會產生建設性干涉。圖 5-10 所示，在完美的結晶格中，如果某 X 光波長（λ）在適當的角度（θ）入射，每層反射出來正好差一個波長的整數倍，就會出現加強性的繞射峰，由 Bragg 的公式可知，當已知入射角度和波長，可以計算晶格面之間的距離（d）。

Bragg Law: $m\lambda = 2\ d \sin\theta$　(5-5)

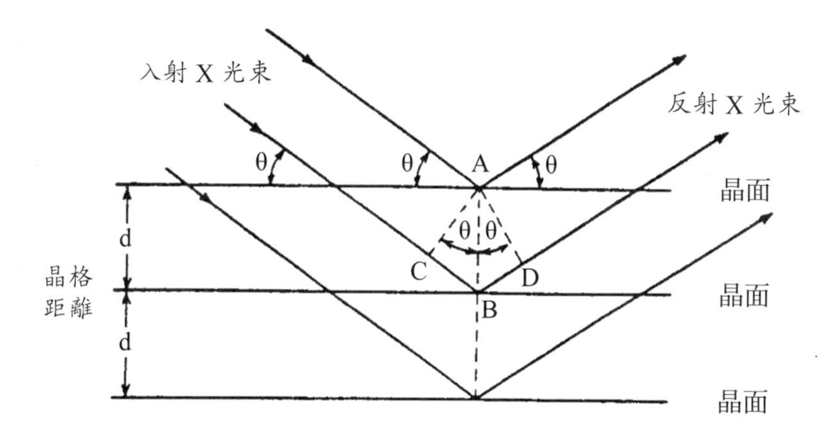

圖 5-10　多層晶面上 X 光的繞射現象（Willard et al. 1974）

每一種材料的結晶格結構都不一樣，晶格面之間的距離當然不同。因此 X 光繞射峰圖譜就好像指紋一樣，可由圖譜來辨識哪一種材料，而且不限純物質，混合物也可以辨識。例如圖 5-11 是顯示用於氨合成反應的磁鐵礦觸媒，含有 Fe_3O_4、$FeAl_2O_4$、$FeAlO_3$、CaO 和 $K_2Fe_{22}O_{34}$ 的成分。現代的儀器都有連接電腦的 X 光繞射峰圖譜資料庫，例如 Joint committee on Powder Diffraction Standard（JCPDS），可以直接比對找出相對應的物質。

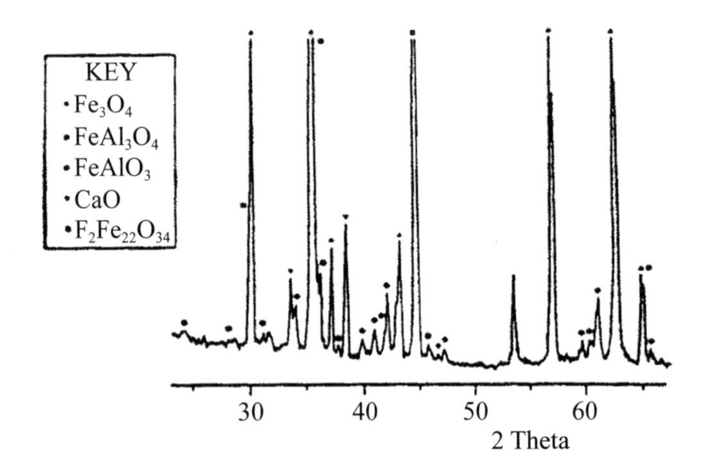

圖 5-11 加強型 Magnetite 氨合成觸媒的 X 光繞射圖譜（Rayment, Nature 1988）

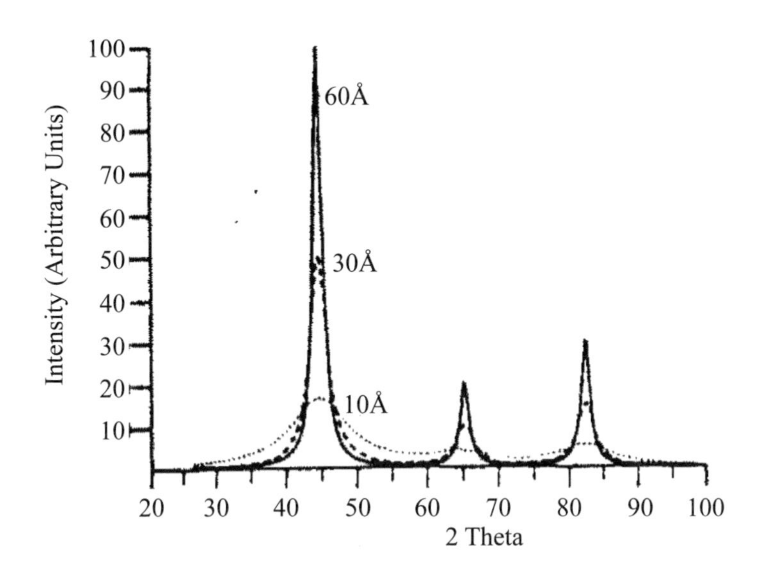

圖 5-12　微小 α 氧化鐵晶粒計算出的 X 光繞射圖譜（Thomas & Thomas, 1997）

X 光繞射還有一個現象，有較長範圍的晶格（晶粒大），就能顯出清析的繞射峰，所以當同一種材料測量時，如圖 5-12 顯示，晶粒愈大在 X 光繞射會有高窄的繞射峰，反之愈小的晶粒會出現愈低廣的繞射峰，這是因爲當晶粒小於 100 nm 時會有不完整的 X 光干涉所致，所以可以用繞射峰的寬度來計算晶粒的大小，由圖譜繞射峰的半高寬（β）和所在的入射角位置（2θ），已知 X 光波長（λ），帶入式 5-6 就可算出晶粒的平均粒徑。K 值和儀器有關，可用一個標準已知晶粒大小的結晶物校正求得。

$$\text{particle size} = \frac{K\lambda}{\beta\cos\theta}$$

Where K is constant　(5-6)

5-5 X 光電子能譜儀

X 光電子能譜儀（X-ray photoelectron spectroscopy, XPS）是一種表面分析的儀器，可測得元素種類和其化學價數，通常只能偵測從表面深度1～2 nm ，最深不超過 10 nm。所以 X 光電子能譜儀非常適用於觸媒表面的表徵檢測，因爲異相催化反應就只發生在觸媒的表面，表面的元素化學價態和催化活性極有關聯。

X 光電子的發生原理展示在圖 5-13，當高能量的 X 光照射物質表面時，原子內層的電子會被激發游離出來，這種電子稱爲光電子（photoelectron），它的動能（E_k）可以用式 5-7 的關係式估算，在式 5-7 中，E_B 是內層電子的束縛能（binding energy），將入射 X 光的能量（hν）減去束縛能，就是電子獲得的動能（E_k）。內層電子被激發游離出來後，外層電子就會掉入空缺的位置，會放出多餘的能量，如果以光子的形式釋放，就稱爲 X 光螢光效應（X-ray fluorescence）。釋放出的能量可能再激發游離外層的電子，這個出來的電子稱爲歐捷電子（Auger electron），歐捷電子和光電子不同，其動能和入射能量高低無關，所以當入射 X 光改變波長時，有觀察到某些電子的能量不會變化，那就是歐捷電子。不同原子各有不同的歐捷電子動能，可用於分辨原子物種。

$$E_k = h\nu - E_B \tag{5-7}$$

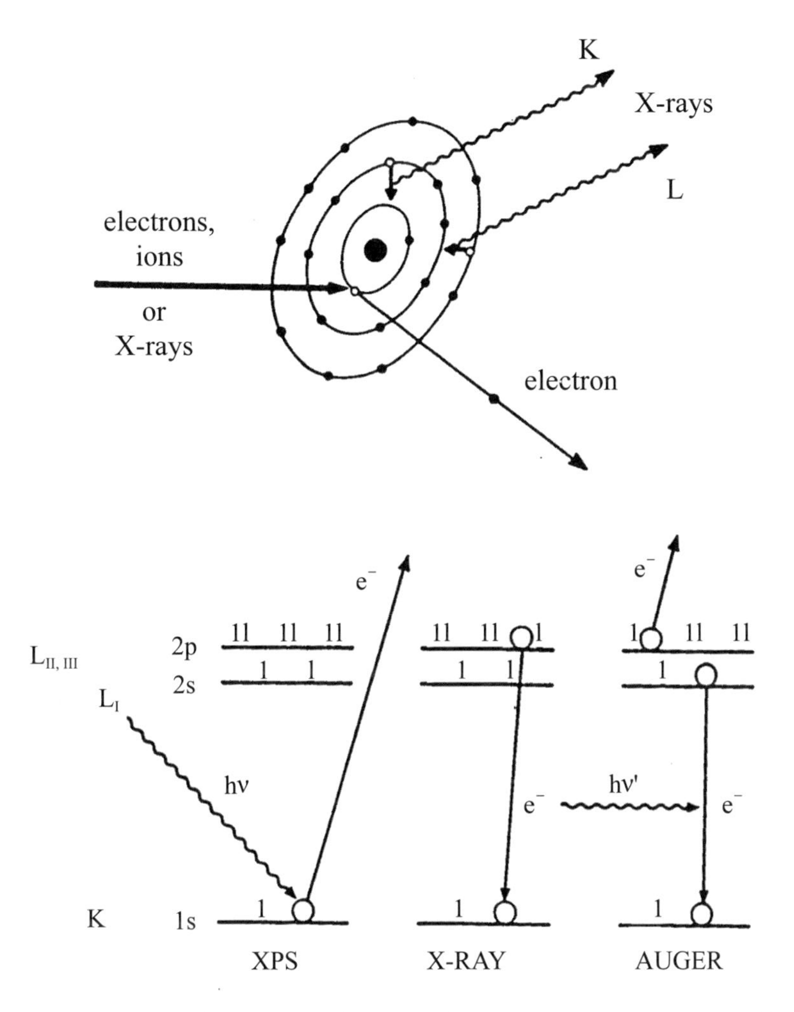

圖 5-13　光電放射和歐捷程序能階示意圖（Thomas & Thomas 1997）

X 光電子能譜儀的測量方法展示在圖 5-14，從材料表面釋出的光電子，經由篩選電鏡（retading lens）加速和過率通過半圓球的管道（β-spectrometer）到達偵測器，由於電子移動時受電場影響會偏轉，在給定的電場強度之下，只有特定動能（或速度）的電子可以偏轉，正好到達偵測器，如改變電場就可以篩選不同動能的電子，反之，電子動能也可由

β-spectrometer 電場計算出，所以連續改變電場強度就可以偵測不同動能的電子，偵測器可以計數獲得光電子的數量。

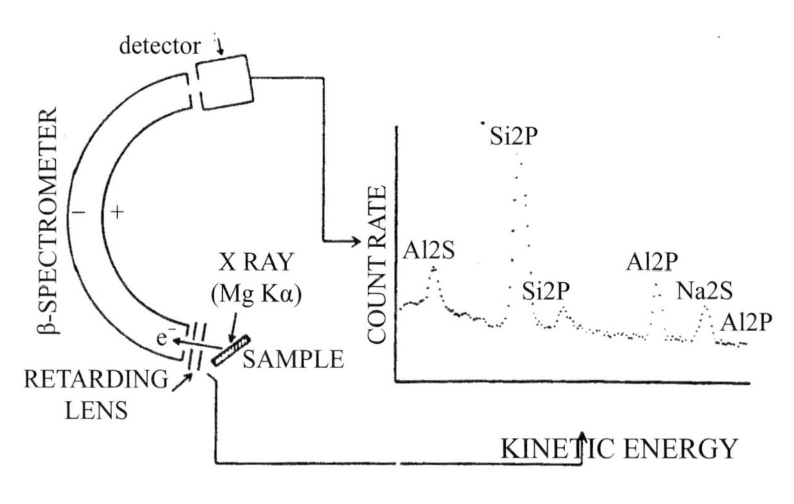

圖 5-14 X- 光光電子儀器圖譜示意圖

電子的動能和內層電子的束縛能有如圖 5-15 所示的平行關系，事實上只相差照射的 X 光能量，X 光的光源須是單色光（monochromatic X-ray），通常有 Mg-K 1253.6 eV 和 Al-K 1486.6 eV 兩種可選，平移所使用的 X 光能量就可以從動能圖譜轉換得束縛能圖譜，由束縛能就可推斷是哪一種元素。原始的圖譜在底部有逐漸升高的二次電子背景值（圖 5-15 右上部），通常儀器可以設定自動扣除，得到水平的 X 軸，讓束縛能峰比較容易觀察。

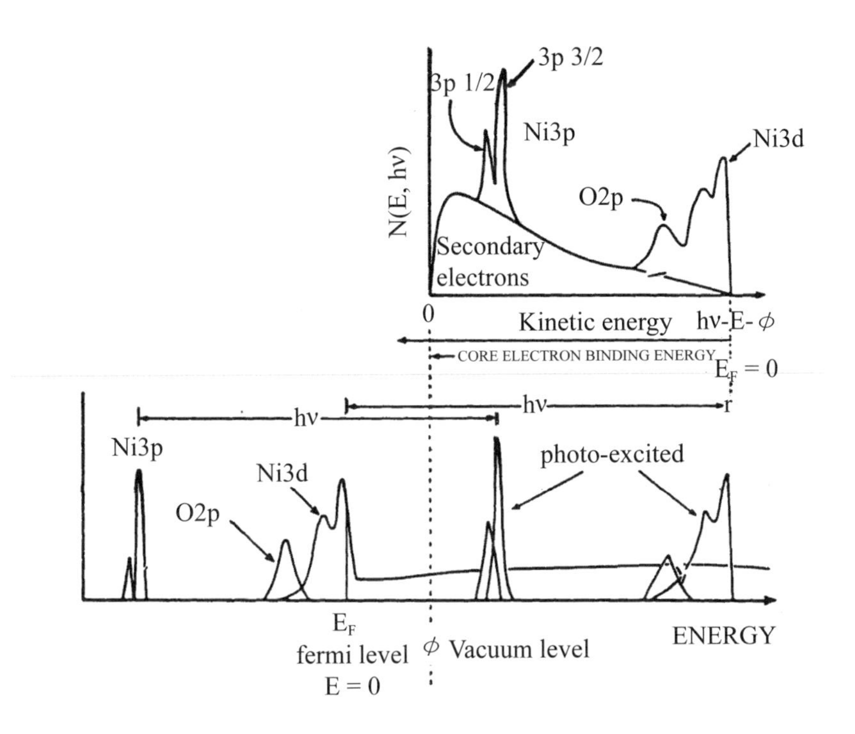

圖 5-15　測量的電子動能和核心電子束縛能的直接關聯圖

X 光電子能譜舊稱電子能譜元素分析（electron spectroscopy for chemical analysis, ESCA），因為內層核心電子的束縛能是一個元素的特徵，可用於樣品表面元素的分析辨別。一個元素的離子狀態會使束縛能有正或負偏移，在正離子狀態，電子是負電不易脫離原子，所以會使束縛能變大（正偏移），在負離子狀態，電子是負電容易脫離原子，會使束縛能變小（負偏移），稱為化學位移（chemical shift）。因此元素的化學價態（chemical status）可藉由觀察化學位移得知。而觸媒表面的化學價態是影響活性的重要因素，這個資訊在催化反應非常重要。如圖 5-16 所示，觸媒表面的 RuO_2 和 RuO_3 成分，在製備溫度變化時會有不同的變化，經觀察 X 光電子能譜，比較化學位移 Ru 3d，可發現升高溫度會使 RuO_3 降低，同樣地，

O 1s 也發現有相同的趨勢。在 X 光電子能譜除了 1s 電子軌域是單一峰之外，其他 p 、d 和 f 電子軌域因爲是非對稱，所以都是呈現雙峰。另外藉由波峰下的面積也可以推算樣品表面各別元素的相對含量。

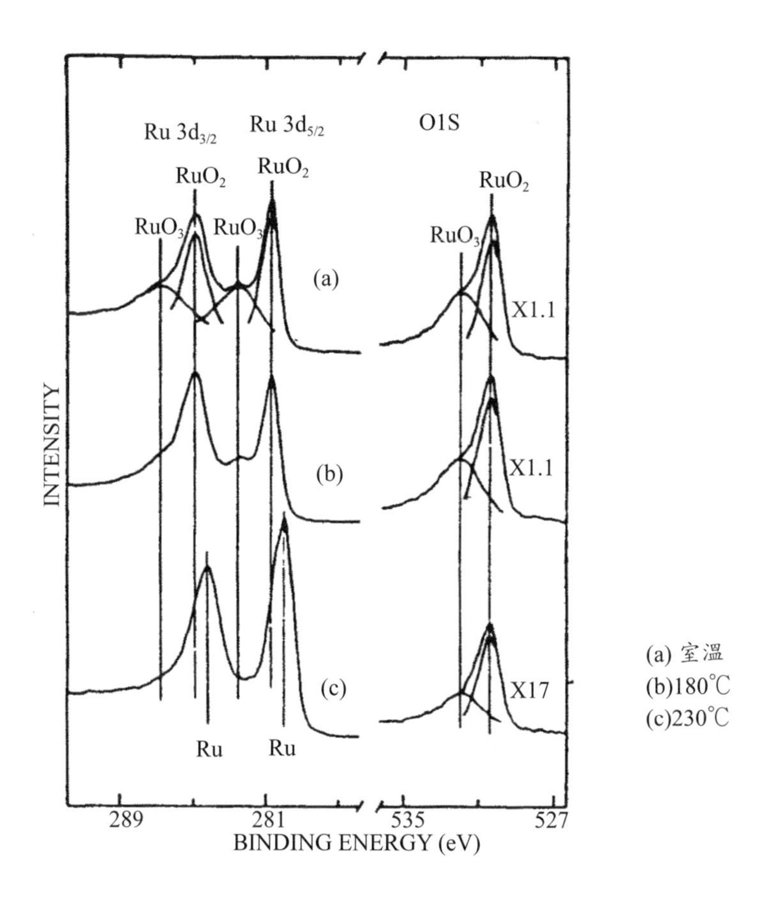

圖 5-16 RuO_2 的 XPS 圖譜隨溫度變化（Thomas & Thomas, 1997）

5-6　歐捷電子能譜

基本上歐捷電子能譜（Auger electron spectroscopy）的測量，是以 1-10 keV 電子束打到樣品的表面，可達樣品深度約 1 μm，如圖 5-13 右邊所示，內層電子（Ex）被擊出後形成空缺，較外層的電子（Ey）掉下來填補，其釋放出的能量，有機會再將更外層的電子（Ez）擊出，這個電子稱為歐捷電子（Auger electron）。歐捷電子的動能可由式 5-8 計算，主要是原子內不同電子軌域層的能階差，歐捷電子的產生因為是經過三道步驟，其特點是和入射電子束的能量無關，改變入射電子能量並不會影響歐捷電子圖譜的位置，所有可以從其他光電子分辨出來。

$$Ea = Ez + Ey - Ex \tag{5-8}$$

每一種元素原子都其特定動能的歐捷電子，當測量的能譜範圍從 0～2 keV 時，歐捷電子的能峰可用來辨識何種元素，除了氫和氦。圖 5-17 是週期表一系列輕元素的歐捷電子能譜圖，因為歐捷電子的信號強度較低，所以一般將能譜峰微分後呈現比較容易看清楚其所在的動能位置。

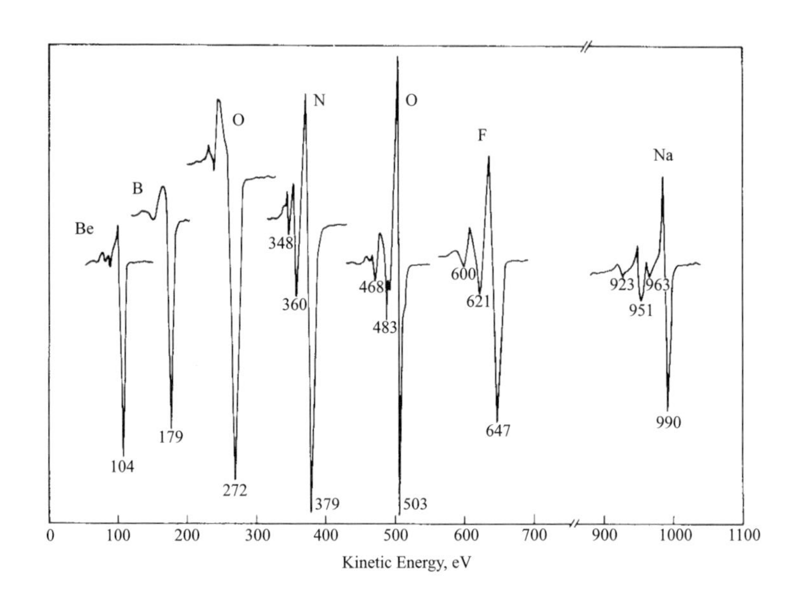

圖 5-17　輕元素在歐捷光譜中有不同分佈的特性峰值（Briggs and Seah, 1996）

5-7　熱分析

一、熱重分析（thermogravity analysis, TGA）

觸媒在製備的過程，會有許多加熱程序，例如高溫煅燒，可將觸媒雜質脫除並可以形成穩定的晶相，因此熱重分析也是觸媒的常用檢測技術。將材料加熱過程中，重量會發生變化，觀察重量變化和溫度的關係，可獲得材料的許多特性資訊。圖 5-18 是熱重分析儀（thermogravimetric analysis, TGA）的示意圖，將樣品置入加熱爐，記錄升高溫度的速度和微量天平樣品的重量變化，做成圖就是 TGA 圖。如圖 5-19 是上半部是 $CaCO_3$ 的 TGA 實驗，顯示樣品升高到 100～200℃有重量減少，代表水的蒸發，當升到約 800～850℃時，有顯著的重量損失，表示 $CaCO_3$ 分解逸出 CO_2，剩下 CaO 的重量。

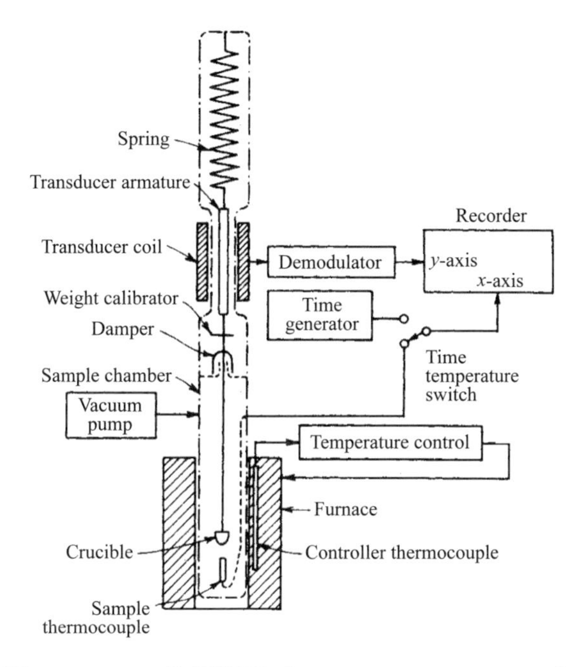

圖 5-18　TGA 的模組圖（Willard et al., 1974, p.500）

二、微分熱差分析與微分掃描熱卡計

通常微分熱差分析（differential thermal analysis, DTA）與微分掃描熱卡（differential scanning calorimetry, DSC）計可以分開或一起測量，微分熱差分析裝置如圖 5-20(a) 所示，將待測樣品和參考樣品置入加熱爐中升高溫度，參考樣品是在所測的溫度範圍內不會變化的物質例如 α-Al_2O_3，會隨著爐溫直線一致升溫，但待測樣品升溫時會有變化，而發生和參考樣品的溫度差，DTA 圖會顯示發生溫差時的溫度。微分掃描熱卡裝置如圖 5-20(b) 所示，和 DTA 一樣將待測樣品和參考樣品置入加熱爐中升高溫度，當待測樣品升溫時會有變化，DSC 會自動加減熱量補償和參考樣品的溫差，DSC 圖會顯示加減熱量的數值和溫度的關係。如圖 5-19 下半部所示 DTA 的結果，在約 100～200℃有吸熱峰，代表水的蒸發吸熱（endothermic），在 800～850℃時有很大的吸熱峰，表示 $CaCO_3$ 分解反應是吸熱反應，DSC 和 DTA 的結果是一致的。

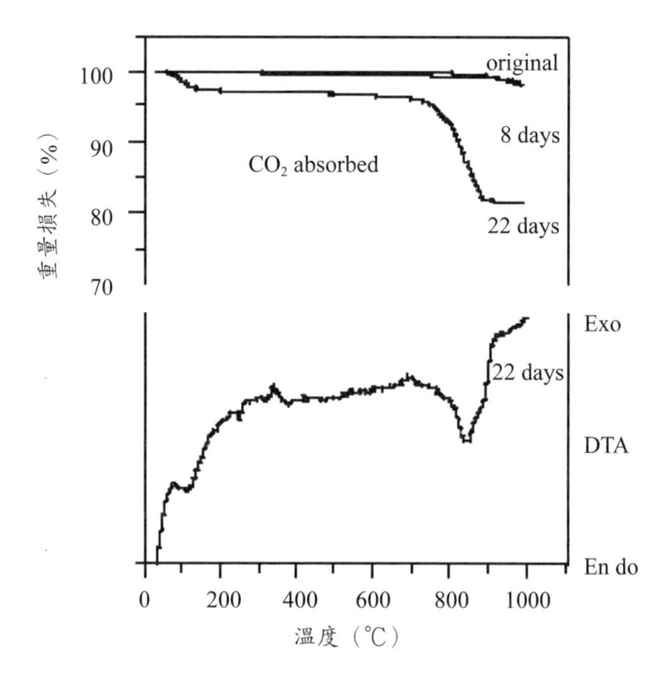

圖 5-19 Wollastonite 吸收 CO_2 之後的 TGA 和 DTA 分析圖

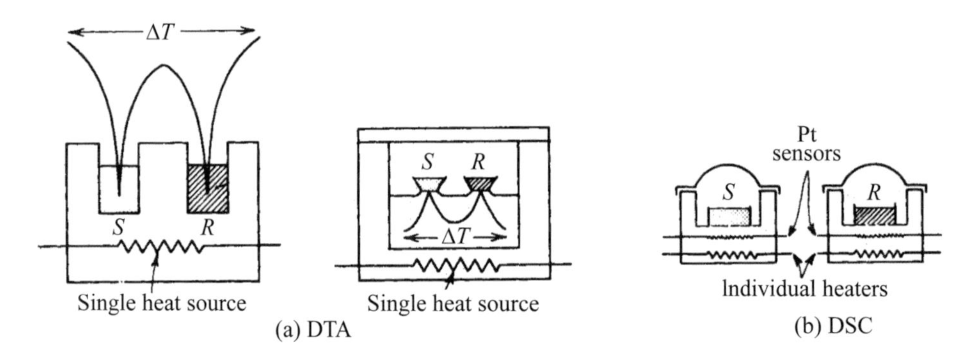

圖 5-20 溫度感測器在不同的 (a) DTA and (b) DSC 的位置擺設（Willard et al. 1974, p. 498）

參考文獻

1. H. H. Willard, L. L. Merritt, Jr., J. A. Dean, Instrumental Methods of Analysis, 5th edition, D. Van Nostrand Co., 1974（已有 6th edition）
2. J. C. Vickerman, Surface Analysis, The Principal Technique, John Wiley & Sons, New York, 1997.
3. D. J. O'Connor, B. A. Sexton, R. St. C. Smart, Surface Analysis Methods in Materials Science, Springer-Verlag, Berlin 1992.
4. D. Briggs and M. P. Seah, Practical Surface Analysis, Vol. 1 Auger and X-ray Photoelectron Spectroscopy, 2nd edition, John Wiley & Sons, New York 1983.

進階閱讀

1. 辛勤主編，《催化研究中的原位技術》，北京大學出版社，1993（中研院化學所，簡淑華；臺大化學系，鄭淑芬；清大化學系，趙桂蓉；化工所，朱小蓉；中油煉製中心圖書室；中技社，雷敏宏等各有一本。）
2. Francis Delannay, CHARACTERIZATION OF HETEROGENEOUS CATALYSTS, Marcel Dekker, Inc. New York, 1984.
3. Anderson and M. Boudart, CATALYSIS, Springer-Verlag, Berlin, 1984, Vol. 5, Chapt. 3 and 4 for Infrared and X-Ray tech.
4. Robert B. Anderson and P.T. Dawson, EXPERIMENTAL METHODS IN CATALYTIC RESEARCH. VOL. I, II, AND III, Academic Press, New York, 1968, 1974, and 1976.（黎明書局翻版，值得收集的參考書）
5. J.M. Thomas, W.J. Thomas, HETEROGENEOUS CATALYSIS,VCH, Weinheim, Germany, 1997, Chapt. 3 for a comprehensive summery of re-

cent instruments in the surface properties characterization..

6. Guido Busca, Catal. Today, 41, (3-4), 191-206. Spectroscopic characterization of acid properties.
7. Giovanni Perego, 41, (3-4), 251-259, Characterization of heterogeneous catalysts by X-ray diffraction techniques.
8. P. Betancourt et al, Appl. Catal. 170, (2), (15-JUN-1998), 307-314, Ru/alumina catalysts are characterized using TPR,XPS, H_2 and CO chemisorptions, and hydrotreating reactions of cyclohexene.

習題

1. ①簡要說明 X-ray photoelectron spectroscopy 的原理。②什麼是 chemical shift?
2. XPS 可以提供那些物體表面的特性資料？
3. 紅外線（IR）吸收光譜，在觸媒方面的應用，列舉常見的三種官能基（functional groups）。
4. 國科會的貴重儀器中心有下列儀器：

   (a) FTIR (b) ESCA or XPS (c) SEM (d) TEM (e) TGA (f) XRD (g) mercury porosimeter (h) ESR or EPR (i) NMR (j) DTA。

   如何使用這些儀器得到下列資料？

   ①結晶結構，②金屬氧化價，③孔徑分布，④吸附量，⑤金屬成分。

第六章 金屬觸媒與表徵觸媒結構

金屬爲活性成分的觸媒在氫氣相關的反應（如加氫或氫取代反應）、氧化反應（如選擇性的氧化反應、焚化反應）及一氧化碳的利用反應（如羥化反應）扮演重要的角色。金屬在觸媒的組成上，有以純金屬原子的結合體如雷尼觸媒，或分散在載體表面以載體式的金屬觸媒存在，介於兩者之間的是硼化金屬，如硼化鎳或硼化鈷，由金屬的原子體結合硼原子而形成，硼原子在上述構造中扮演類似載體的角色。載體支撐的金屬觸媒具有較優異的穩定度及接觸面積，也具有較爲經濟的製造成本。另一項特性是，由於金屬與載體相互間的作用力及金屬與金屬間的相互作用，結合數個金屬集體形成金屬團簇，其大小與上述兩類的相對作用力有關，並與其組成及構造有關，這種作用力造成支撐式金屬觸媒表層構造的特性。

6-1 載體支撐的金屬觸媒

爲降低金屬的用量，將金屬微粒分散在大面積的載體，擴大觸媒金屬本身的表面積以增加對反應物的吸附能力及促進反應。另一方面透過金屬晶粒與載體間的相互作用，以增強金屬晶粒的安定度，降低因金屬表面擴散運動，由小顆粒凝結爲大顆粒金屬而導致表面積降低的損失。因此製備這類觸媒的幾項關鍵因素爲：①如何縮小金屬晶體的粒徑，大幅分散金屬晶粒以增加觸媒金屬的表面積；②如何選擇適當的載體來提供適當的相互作用力，以穩固分散後觸媒金屬與載體間的作用鍵，不能太強也不能太弱；③如何讓金屬晶粒盡量分布在載體表層以減少載體內層的金屬百分比，盡量在表層形成有用的晶體構造。

6-2 金屬觸媒的氫化反應與氫化觸媒

氫化反應是支撐式金屬觸媒的一大應用領域，常用的觸媒金屬有鉑、鈀、銠、鐵、鈷、鎳、銅等。在這一節將介紹最早被商業化的觸媒反應，包括食油的氫化（1903年起）、石化產品及能源領域頗重要的甲烷化反應，具有啓示作用的雷尼觸媒與奈米材料合成法的硼化金屬觸媒。

一、食油的氫化（hydrogenation of cooking oil）

常用的食用油是由脂肪酸與甘油形成三酯類的化合物，所有的食油脂肪酸都是由十二到十八個碳的直鏈分子結構所構成，不同來源的差異在碳鏈的長度或碳數及分子結構中烯烴的數目。大部分由動物脂肪層所萃取的油脂不含烯烴，是由直鏈型的飽和烴基所組成，其熔點在室溫以上以固態存在，一般稱爲脂。由植物壓榨或萃取的植物油如花生油、芝麻油、葵花油等，其脂肪酸的碳鏈含有一到三個烯烴，其熔點在室溫以下而以液態存在，稱爲油。進入二十世紀後，由於飽和食用油被認爲會帶來膽固醇的增加引起血管的硬化，因此動物型飽和食用油逐漸被不飽和的植物性油所取代。植物性的不飽和油，因其多重的烯烴，存放時，容易被氧化產生油汙味及變色，而在油炸高溫下更容易被氧化成爲過氧化物或環氧化物，具有致癌的性質，引起消費者的顧忌。

1901年，法國的化學家保羅撒巴捨（Paul Sabatier）成功地完成開發鎳觸媒於有機物的氫化反應，並獲得德國的專利，之後1904年，德國人威廉諾曼（W. Normann）將這觸媒應用在食用油的加氫反應並獲得英國專利，以製造飽和油脂作爲肥皂的原料油。1909年美國的寶橋公司（Procter & Gamble Co.）購得這專利以生產半飽和油脂，商名「Cresco」（目前仍在市場），廣用於油炸之用，該公司爲獨占市場，意圖限制鎳觸媒於食用油氫化的應用，但1915年被法庭宣布無效。因此從1915年以後美國食用油的氫化製程蓬勃發展，將多重烯烴的植物性油，加氫將部分的烯烴氫化留下一個烯烴於分子鏈，以增進穩定度及存放期限，避免變質或形成過氧化物或環氧化合物。

油脂氫化所用的觸媒含高含量的鎳觸媒，如雷尼觸媒或 20～25%Ni/SiO_2 的載體式金屬觸媒，壓力在 1～6 大氣壓及 120～190℃的反應溫度，大部分仍以攪拌式批次反應的方式進行，近年來固定床或固液反應塔（slurry reactor）逐漸被接受。在這反應條件下，較活躍的烯烴，如共軛式的烯烴先被氫化，-C8 = C9-C10 = C11- 的二個共軛烯烴在反應時，加入第一個氫原子後進行異構化將烯烴位移到 -C9 = C10-，再加入第二個氫原子於 C10，留下單一烯烴於 -C9 = C10-，留存的這烯烴常發生異構化形成順式油脂（cis-fat）與反式油脂（trans-fat）的烯烴食用油。反式烯烴的氫化速度比順式烯烴緩慢，因此殘留的單一烯烴會有不少的反式油脂成分。由於反式油脂在天然油脂極爲稀少（起初以爲天然油脂只有順式而不含反式油脂），因此首先被認爲反式油脂不天然，對人體不適合，不能食用。但隨著分析技術與設備的進步，天然油脂也被發現含有反式烯烴，反式油脂不天然的論說，不再成爲問題。因此最近的研究集中在反式的油脂有增加血液膽固醇及破壞高密度脂肪（HDL）的趨勢，並開始在食品標籤強迫標示反式油脂的含量（但這不表示已經定案，食用氫化油脂的生理及安全問題爭論，六十、七十年來從沒有停止過），因此反式油脂被積極抑制，鼓勵盡量少吃反式油脂。避開食品管理的不確定性及政治意識的爭論，觸媒界應快速動手開發選擇性的油脂的氫化觸媒以減少烯烴在氫化過程的異構化產生反式油脂，並改善加氫觸媒以一氧化碳或磷化物穩定化的鈀、鉑或鈷的有機金屬觸媒，以降低或抑制反式油脂的形成。

$$CH_3(CH_2)_2CH = CH(CH_2)_2CH = CH\text{-}CH = CH(CH_2)_6COOH + 2H_2 \longrightarrow$$
$$\text{cis, trans-}CH_3(CH_2)_7CH = CH(CH_2)_7COOH \qquad (6\text{-}1)$$

飽和式的氫化採用較低的反應溫度（120～130℃）、較高的反應壓力（3～4 大氣壓），及較快的攪拌速度來進行，觸媒的用量約為 0.1% 的原料用量。選擇式的部分氫化則使用較高的溫度（180℃）、較低的壓力（1～1.5 大氣壓）、攪拌速度較慢，讓氫氣由上層逐漸擴散到底層來進行反應，觸媒用量也在 0.1% 的油進料量。

二、一氧化碳的甲烷化反應（氫化反應）

一氧化碳的氫化轉為甲烷及蒸汽，是甲烷蒸汽重組反應的逆反應。這反應廣用於氨的製程、氫氣的純化及由煤炭或生質材質汽化生產替代天然氣的製程（SNG, substituted natural gas）。所使用鎳觸媒（Ni/Al_2O_3）是工業上這製程最普遍的甲烷化反應觸媒，但反應目的在不同的製程應用，觸媒設計及反應條件則完全不同。

$$CO + 3H_2 \longrightarrow CH_4 + H_2O \quad \Delta H^o = -206.2KJ/mol(298K) \tag{6-2}$$

$$CO_2 + 4H_2 \longrightarrow CH_4 + 2H_2O \quad \Delta H^o = -165.0KJ/mol(298K) \tag{6-3}$$

氨的製程與氫氣純化目的的甲烷化反應屬於低溫高壓的同類型，目的在於盡量將進料中的一氧化碳轉為甲烷，使產品中的一氧化碳低於 10 ppm 或甚至於 1 ppm 以下，以免影響下游的應用。甲烷化反應在這類製程的目的在於去除一氧化碳對下游氨合成，或氫化製程不至於受一氧化碳的毒化而降低反應效率，縮短觸媒的壽命或甚至於形成劇毒性的羰化金屬如羰化鐵或羰化鎳。在下游的氨合成或氫化反應，少量的一氧化碳會快速造成鐵觸媒或氫化反應的鎳觸媒中毒而失去效率。

在替代天然氣的製程，甲烷化反應使用在合成氣內將高濃度一氧化碳轉為甲烷，以提昇整體替代甲烷產品的熱值，並減輕單位熱值輸送的能耗。另外一項重要目的是利用放熱性甲烷化反應熱，透過高溫反應利用高溫反應熱以生產高壓的蒸汽轉爲電能。

在第一類微量一氧化碳的去除反應所使用的鎳觸媒以高表面積爲重點，反應溫度在 250～350℃間，氫化壓力在 4～20 大氣壓，重點在盡量去除氫氣中的一氧化碳，使出口產品的一氧化碳及二氧化碳降低到 1～10 ppm ，減少下游氨合成的鐵觸媒受一氧化碳的毒化。氨合成的製程不只受一氧化碳對鐵觸媒的毒化，更受二氧化碳與氨的相互反應產生固態的碳酸銨化合物（NH_4COONH_2）造成管路的堵塞與壓縮機葉片的損害，甚至於造成材質的應力腐蝕，因此二種氧化碳必須清除，以減少其破壞性。

在第二類的甲烷化反應，其原料是重油或煤炭汽化所得的合成氣（$H_2 + CO_{1,2}$），其熱值不高只有約 11716 KJ/M^3（以 $0.5H_2 + 0.5CO$ 計算），而甲烷的熱值則高達 35720 KJ/M^3。輸送氣態燃料是以壓縮機透過管線輸送到用戶，用戶付費是以所收到燃料的熱值計算，單位體積的熱值愈高輸送的成本愈低。因此將上述合成氣甲烷化成爲甲烷，可節省輸送成本並賣到較高的價位。由於甲烷化反應是放熱反應，所釋放的熱值透過高壓蒸汽的生產及透平機（turbine）產電用來推動壓縮機的電能，可另節省約 20% 的輸送能源。因此 SNG 廠的甲烷化反應操作在較高的溫度（300～450℃）。300℃的飽和蒸汽壓爲 86 大氣壓，而 370℃的蒸汽壓則爲 210 大氣壓，多出的蒸汽壓力可增產不少的電量，發電後的高溫蒸汽尚可用於補充工廠的熱能需求如原料的預熱。

觸媒在反應時是以金屬鎳分散在載體，載體有氧化鋁與氧化鎂及少量鋁酸鈣（水泥）。鍛燒後的氧化鎳必須能在約 300℃還原爲金屬鎳，金屬鎳的晶體以維持在 10 nm 以下爲宜，以確保金屬鎳在載體的高分散度達成大的表面積，以獲得較活躍的觸媒活性。爲避免鎳晶體受熱而成長失去分散度及表面積，使用鎳（Ni^{2+} = 6.9 nm；Mg^{2+} = 6.5 nm）與鎂鹽的混合可形成氧化鎳與氧化鎂的固態溶液（solid solution），還原後可保持晶粒的細小，鎳單獨時其晶粒快速成長，400℃後晶粒成長超越 10 nm ，500℃時則已長為 30 nm 的晶體，但如果氧化鎳與氧化鎂是以 6：4 組合時，550℃以下晶體都可維持在 10 nm 以下，確保高度的分散度及表面積。高溫甲烷化反應的鎳觸媒的設計重點不在高表面積及高反應性，而在高溫穩定度，甲烷化反應觸媒甚至設計耐 700℃的操作條件，一般的使用壽命約在五至十年。

如上所述，氧化鎳的活化為金屬鎳，必須避免高溫還原以避免晶體的快速成長。

$$NiO + H_2 \longrightarrow Ni + H_2O \quad \Delta H_{298K} = +2.6KJ/mol \tag{6-4}$$

$$NiO + CO \longrightarrow Ni + CO_2 \quad \Delta H_{298K} = -30.3KJ/mol \tag{6-5}$$

這兩款還原反應的反應熱雖然不劇烈，溫度不致於過度升高，但假如還原氣體中含有氧化碳，所產生的甲烷化反應熱，則會引起溫度的快速上昇使鎳晶體的成長超過預期，必須設法控制氧化碳的濃度於 1% 以下，並以惰性氣體沖淡降低反應熱的影響。

雷尼觸媒的歷史在第一章而其製備在第四章已詳細介紹，雷尼式的金屬觸媒如雷尼鎳、雷尼鈷或雷尼銅在工業上都有其重要的應用角色。最早被開發的雷尼鎳主要的用途在沙拉油的飽和氫化，以製造耐氧化的油炸用油，近年來，在苯環的飽和氫化製程也使用雷尼鎳或雷尼鈷觸媒，這兩類製程都牽涉到多個烯烴鍵的加氫飽和，這類反應釋放大量的反應熱，透過液態反應的模式，利用沸騰把反應熱吸收掉並維持溫度的均勻，反應溫度的選擇由反應壓力及溶液相對沸點求得。

工業上由苯（Benzene, bp = 80.0℃）氫化生產環己烷（Cyclohexane, bp = 80.1℃）做為環己醇與環己酮的原料，以固定床使用 NiO/Al_2O_3 的異態觸媒於 250℃和 30～35 大氣壓下進行加氫反應（LHSV = 3～4 hr^{-1}），由於環己烷的純度規格需高達 99.9%，因此高反應壓力必須維持以消除微量的致癌性苯分子，必要時降低溫度以避免氫的取代反應（hydrogenolysis）產生低價值的低烷烴副產物。這反應的反應熱相當高（−206.2 KJ/mol），因此固定溫度的維持需靠大量的冷卻，所取走的反應熱可用來生產高溫蒸汽做為工廠的加熱或汽電共生用途。另一種製程則以雷尼鎳在第一步驟於 200℃及 15 大氣壓下進行苯的連續進料加氫反應，第一反應器可用單槽或數槽進行液態攪拌反應，大部分的環己烷及少量苯（1～2%）透過沸騰分離進入第二步驟的高溫固定鎳觸媒床，將殘留的苯氫化完成所要的規格。第一步驟的反應溫度選擇是配合第二反應器所要的溫度，第一步驟放熱反應的熱量當著第二步驟高溫反應預熱所要的熱能，當著原料的預熱進入第二反應器，利用所釋放的反應熱提昇到約 250℃完成氫化反應。

在苯胺（Aniline, bp = 184.1℃）氫化合成環己胺（cyclohexylamine, bp = 134℃）時，由於環己胺會繼續反應產生市場銷路較低的雙環己胺（dicyclohexyl amine, bp = 256℃[d]），如果使用固定床觸媒，溫度及副產物的形成都不容易控制。因此以雷尼鈷或雷尼鎳於苯胺原料液中進行加氫反應，視所用觸媒的反應性，在 5～10 大氣壓的氫氣壓力下，於其相對壓力的環己胺沸點進行氫化。由於環己胺的沸點低於原料苯胺，環己胺迅速被蒸發離開反應器，原料苯胺仍保持連續補充以維持液位，反應溶液得保持高濃度的液態苯胺與觸媒繼續進行氫化。蒸餾純化環己胺所要的熱能可透過氫化的反應熱供應，省下不少的純化能量，也避免環己胺留在液態與觸媒及氫氣接觸形成雙環己胺，可避免形成過量的雙環己胺。

三、一氧化碳氧化的金觸媒

黃金是一種穩定的金屬，由於其抗氧化的能力，在大氣中長期保持光澤而不變質，更可在金礦開採直接獲得金屬黃金不需另以化學方法煉製，因此我們的老祖宗不念化學也可直接從礦沙淘金，加上低熔點容易加工，自古以來黃金就是一種高貴的裝飾品材料，也因此在化學反應的性能一直不受期待，但奈米技術的出現改變了黃金爲觸媒的功能。奈米的金觸媒被發現於 0～120℃低溫可選擇性地氧化一氧化碳，奈米金觸媒更被發現可用於碳氫化合物的氧化、醇的合成及水煤氣的轉移反應（water gas shift reaction, WGSR）、丙烯的環氧化（epoxidation）。1989 年日本大阪府國立研究所的春田正毅博士發表一篇短文報告奈米黃金在 2.5～5 nm 間微粒成爲親水性，也可吸附碳氫化合物的分子，並具有極爲活躍的一氧化碳氧化性，在室溫甚至於零下可將一氧化碳與空氣反應氧化爲二氧化碳，這揭開學術界的淘金熱，報告論文蜂擁而出，1990 年有關黃金的觸媒論文不到一百篇，但 2003 年黃金觸媒相關的論文已近九百篇。

經過這幾年深入的研究，大致已瞭解黃金觸媒的奈米顆粒必須在 2.5～5 nm 間最爲有效，一般的含浸沉積法製備的觸媒，於鍛燒時常帶來晶粒粒徑的成長而失去活性，一般以沉浸法（DP）製備的黃金觸媒較爲活躍，共沉法略差。黃金晶粒與載體間相互的作用力是必須的，載體以據有 OH 及可還原的金屬氧化物如 Fe_2O_3、NiO 、Co_2O_3、$M(OH)_2$、$Ba(OH)_2$、CuO 、ZnO 、TiO_2、ZrO 、La_2O_3 較好，而陶瓷載體如 Al_2O_3、SiO_2 則較差。氧化時，黃金原子以正一價 Au^+ 或正三價 Au^{3+} 較爲活躍，零價的金屬黃金原子不是活躍的觸媒，英國的 C.C. Bond 與 D.T. Thomson 則認爲以 Au^0 與 AuOH 的結合爲最活躍的觸媒複合體。

Au/TiO_2 的黃金觸媒，雖在低溫對一氧化碳的氧化甚爲活躍與選擇，但進料中的水份對觸媒活性敏感，室溫氧化時進料中含有 200 ppm 水份其活性遠不如進料中水份是 0.1 ppm 的活性。這種高水份進料引起的觸媒鈍化一部分來自水份在觸媒內部毛細孔的冷凝爲液體水層。由於溫度不高，這種毛細管的冷凝水可能造成不同作者對這類觸媒活性不一致的一項原因。

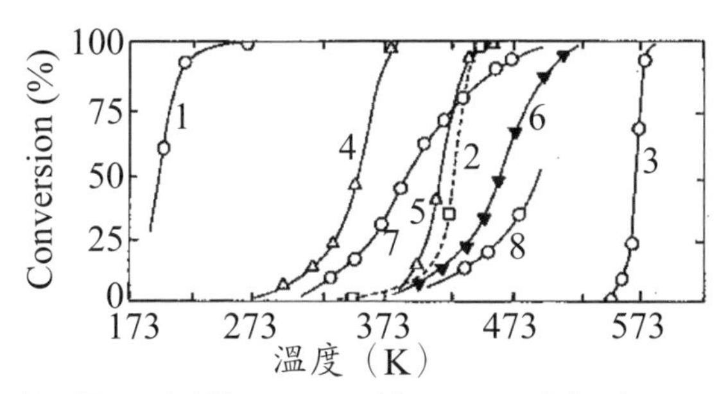

1 $Au/\alpha\text{-}Fe_2O_3$ (Au/Fe = 1:19), prepared by coprecipitation
2 0.5 wt% $Pd/\gamma\text{-}Al_2O_3$, prepared by impregnation
3 gold fine powder
4 Co_3O_4, ex-carbonate
5 NiO
6 $\alpha\text{-}Fe_2O_3$
7 5wt% $Au/\alpha Fe_2O_3$, prepared by impregnation
8 5wt% $Au/\gamma\text{-}Al_2O_3$, prepared by impregnation
(M Haruta et al J. Catal., 1989, 115,301)

圖 6-1　不同製備方法對奈米黃金觸媒的一氧化碳氧化

6-3　羥化反應

一般的羥化反應（carbonylation reaction）指的是一氧化碳與鹵化物（Halides）反應水解或氫化成爲多一個碳的羧類化合物。與此類似的是 OXO 製程（OXO process），是一氧化碳與烯烴的反應並在氫氣存在下進一步也成爲多一個碳原子的醇類化合物。前者以甲醇快速與氫化碘反應轉爲甲基碘，再與一氧化碳生成 CH_3COI，水解形成醋酸，釋放氫化碘繼續使用。同樣的，氯化苯與一氧化碳反應成爲苯甲酸。所用的觸媒是均相的三氯化銠與一氧化碳所形成的錯化物，在適當的一氧化碳壓力（10～30 大氣壓）與 150～250℃於大量的產物（如醋酸）或原料（氯化苯）中形成均相的溶液反應而成。

OXO 製程產物以一氧化碳與丙烯反應形成丁醛再進一步受氫氣

還原爲丁醇，早期德國的 Ruhrchemie 公司所用的觸媒是八羥化二鈷（$Co_2(CO)_8$），在反應條件下與氫氣形成四羥氫化鈷（$HCo(CO)_4$），在 200～300 大氣壓下形成正丁醛與異丁醛兩種產物，以 60～70% 比 30～40% 的成分同時產出，氫化後成爲正丁醇與異丁醇，工業上正丁醇的市場較有價值。

之後，Shell 公司發現以三苯化磷（$P(C_6H_5)_3$）爲促進劑，可把壓力降到 70～90 大氣壓，並將正丁醇與異丁醇的比例提高到 70～90/10～30，以減少低價副產品異丁醇的生產。而在銠觸媒（$HRh(CO)_4(PR)_3$）普遍後，反應壓力大幅降到 15～20 大氣壓，溫度在 100～150℃，而正丁醇與異丁醇的比例更提昇到 70/1～95/1。這是目前工業上合成正丁醇最普遍的方法。但銠觸媒對內部烯烴（Internal olefin 如 2- 己烯）不太反應，並會把末端烯烴異構化爲內部烯烴而停止，造成末端烯烴的浪費，因此長鏈烯烴的羥化反應大都仍以上述的鈷觸媒催化劑型，以避免末端烯烴異構化到內部烯烴造成的損失。

6-4 金屬晶粒的分散

金屬晶粒愈小所能提供的表面積愈大，因此如何在製備時將金屬晶粒的粒徑縮小，可提昇金屬觸媒的分散度。分散度（degree of dispersion or extent of dispersion）是指存在表層可進行吸附（如氫氣吸附）的金屬除以全部觸媒中金屬的總量，不在表層或無法進行吸附的金屬晶體，是因爲在觸媒內部被載體包圍或其周圍孔道的孔徑太小，氣體分子無法擴散進入進行吸附，因此這兩部分的金屬晶粒是無用或浪費的晶體，必須盡量減少以避免浪費。觸媒晶體與反應物分子的吸附也受粒徑的影響，粒徑大於 3 nm 時，晶體對反應物分子如氫氣、氧氣或一氧化碳的吸附熱（heat of adsorption, KJ/mol）受晶粒的影響。以白金金屬觸媒爲例，氫氣的吸附熱對大晶粒比小晶粒的 Pt 觸媒，約下降一半，對氧氣的吸附，則由 286 降爲 211 KJ/mol。

觸媒的金屬晶體在 3 nm 時，觸媒的分散度約在 50% ，粒徑增加到 5 nm 時分散度降爲 30% ，因此必須將觸媒金屬的粒徑控制在 3 nm 以下才能獲得較好的分散度，大於 5 nm 的晶粒其分散度會大幅下降造成損失。

除了觸媒晶粒的大小直接影響表面積與體積比而改變表層的總面積，晶粒的形狀也影響表層原子裸露與隱藏的比例，而影響化學吸附的能力，晶體的邊緣、角落與缺陷部分的原子較容易與反應物接觸，從而進行化學吸附及催化反應，因此多面體或多邊角的晶體比圓球或正方體會有較活躍的催化性質。近年來隨著奈米觸媒的進展，透過 SOL-GEL 、金屬鹽濃度、特殊鹽類離子及結晶溫度的調整，可控制晶體的形狀，在第四章已略有介紹。

6-5　金屬觸媒成分與載體的相互作用

一般的金屬觸媒製備時大都以金屬氧化物的狀態存在於載體上，白金或黃金觸媒則直接以金屬狀態存在，在氧化物狀態下，透過氧原子的鍵結將金屬與載體結合在一起。使用前還原爲金屬狀態時，金屬與載體間的相互作用鍵的強度大減，分散的金屬原子在高溫擴散而互相結合形成多原子的金屬團簇（metal cluster），團簇的結合程度和金屬與載體間的相互作用力及金屬間的相互作用力有關。團簇的金屬活性也同時受團簇組成的原子結合程度有關，一般小團簇的金屬催化活性比大團簇的活性活躍。由於金屬間的相互作用鍵相當強烈，製備小團簇金屬觸媒常需要依賴一些特殊有機化合物在製備過程間優先與金屬原子結合，將組成原子間的作用力隔離，之後再於緩和條件下分解這些有機化合物，但維持原有組成金屬原子間的距離，讓金屬原子沉積在載體表層，由載體與金屬間的作用力來穩定金屬觸媒於載體表層，而不再快速結合爲緊密的金屬團簇。

金屬與載體間的鍵合力與金屬及載體的性質有關，由於大部分的觸媒載體是金屬氧化物如氧化鋁或氧化鈦，氧原子對兩者的結合力扮演重要的角色，較易與氧結合的金屬，或在氧氣存在下加熱，金屬較容易與載體的氧原子相互作用而穩定下來。金屬與載體之間的結合鍵是凡德瓦式的結合鍵（van der Waal bonding），不會強到阻礙金屬的化學吸附能，但一些較強酸性的載體如氧化鋁、氧化鈦或氧化鈮會與金屬形成強力金屬與載體的作用力（SMSI, strong metal support interaction），使金屬的化學吸附能力降低。除非於較高溫的鍛燒下（> 500℃），金屬與載體間形成特殊的強力金屬與載體的作用鍵，進一步導致金屬原子與載體形成化學鍵的金屬爲陽離子的金屬鹽。在金屬陽離子狀態下，金屬原子不再據有化學吸附或一般的觸媒功能。

如上所述，金屬與載體間的相互作用力與金屬及載體的性質有關，金屬與碳質載體的作用力高於與金屬氧化物的載體，甲醇脫水的銀觸媒晶體與石墨載體的作用力會高達 92 KJ/mol ，晶體中每一原子所有的作用力，隨晶體中原子數目的增加而降低。

6-6 雙金屬團簇或多金屬團簇

在一般金屬狀態下，兩種互不相融合的金屬，當其顆粒小到奈米階段時，常會變成可均勻互融的混合體，如同合金相互融合的成分，雖然這兩種金屬在大顆粒或大量時並不能以合金存在，只能以異相的兩種金屬分開存在。但形成奈米粒徑後，其成分可相互融合，這種奈米顆粒形成的合金團簇雖可相互均勻混合，但受各自的金屬與載體間相互作用力的差異影響，這兩種金屬在團簇的構造位置會有不一樣的分布，不會形成完全均勻分布的混合體。金屬的總組合比例，與金屬在觸媒組合的構造

（morphology）不一定有相同的關係。具有較低的蒸發熱或昇華熱的金屬（較容易揮發爲氣體的金屬）會盡量分布在觸媒的表面，雖然在組合比例上，這金屬可能是少數的金屬。組合爲團簇後，表面張力的內聚力較強的金屬，傾向於聚集在核心內部，而與載體有較強作用力的金屬則傾向於圍繞在外圈。同樣的，觸媒所處的氣體氣氛與團簇中成分金屬相互作用力的差異，也會影響金屬的分布。與氣體的作用力或化學吸附較強的金屬會聚集在團簇的外圍，以銅鎳金屬的團簇爲例，在氧氣或空氣的氣氛中，由於銅原子與氧的吸附力較強，銅原子會分布在團簇的外圍而鎳原子則聚集在核心部分。鎳也許在這金屬觸媒的組成上爲多數金屬，但暴露在氧化氣氛後，兩種金屬的分布會改變，由銅原子占居表層，但如果改用氫氣爲氣氛氣體，因爲銅原子對氫氣的吸附不強，則鎳原子成爲表層的主要成分。同樣的，Ni/Ag 、Ni/Au 的團簇觸媒，鎳原子將是表層的主要成分。在一氧化碳氣氛下，Pd/Ni 、Pd/Cu 與 Pd/Ag 觸媒，表層的主成分將是鈀金屬。不過 Pd/Au 則會有較複雜的狀況，因爲金原子與一氧化碳的相互作用力受金的粒徑影響而有不同，鈀原子則不受影響，因此兩者的分布將會受奈米金粒徑的不同而不同。上述金屬分配的構造特性，在多種金屬的團簇構造上也有同樣的現象。

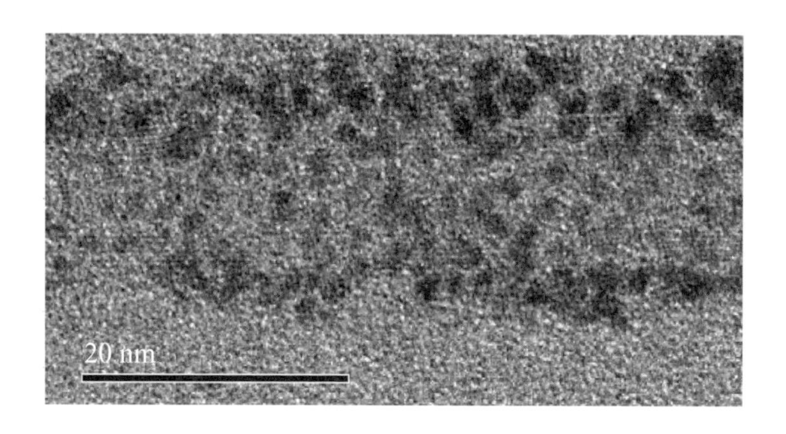

圖 6-2　多層奈米碳管上（$[N(PPh_3)_2]_2[Os_{18}Pd_3(\mu6\text{-}C)_2(CO)_{42}]$）團簇的電子顯微鏡圖

6-7　金屬活性與團簇構造對催化反應的敏感性

有一些催化反應，例如烯烴加氫的氫化反應，或是烷化物如乙烷的氫取代反應或氫裂解反應（hydrogenolysis or hydro-cracking reaction），兩種反應均可在鎳觸媒（Ni/Al_2O_3）的催化下於氫氣壓力下進行，但其速度或轉化率受鎳金屬的分散度的差異而變化，兩種反應的優先性會有不同的敏感度。如果逐漸降低鎳金屬在氧化鋁載體上的濃度以提高其分散度，加氫反應的速度或轉化率會維持不變，但氫裂解反應的速度會下降，在使用極爲分散的鎳觸媒時，氫裂解的反應幾乎停頓不進行。

美國埃森油公司（Exxon Oil Co）的固德博士（J. Gould）在探討 C6～C8 烷烴化合物的催化重組反應時（catalytic reforming reaction），爲降低白金觸媒金屬的燒結（sintering），並改善其形成芳香烴（苯化合物）的選擇性，加入鎢或 Re 金屬來降低烷烴原料被裂解成爲利用價值較低的甲烷、乙烷等低分子量的烷烴化合物產品。

$$CH_3(CH_2)_{4\sim6}CH_3 + H_2 \longrightarrow C_6H_5(CH_3)_{0\sim2} + C_6H_6 + CH_4 + CH_3CH_3$$

$T = 450\text{-}500℃$，$P = 2\text{-}5atm$，Pt、W/Al_2O_3 或 Pt、Re/Al_2O_3 (6-6)

$$CH_2 = CH_2 + CH_3CH_3 + H_2 \longrightarrow CH_3CH_3 + CH_4$$

$T = 450\text{-}500℃$，$P = 2\text{-}5atm$，Ni、Cu /Al_2O_3 (6-7)

他進一步利用乙烯的氫化與乙烷的裂解來模擬上述高分子量烷烴的重組反應。在使用雙金屬觸媒時，如銅與鎳在氧化鋁或氧化矽的觸媒（Ni、Cu/Al_2O_3 或 Ni、Cu/SiO_2），改變銅的濃度或銅／鎳的用量比，兩種反應的優先性也同樣變化，Cu/Ni 的比值增加，氫裂解的優先度下降，如果鎳金屬的濃度或用量維持不變的話，加氫反應的速度則維持不變。銅金屬在這兩種反應的條件下，毫無作用，既不幫助加氫反應，也不幫助裂解反應，但與鎳金屬同時存在時，銅原子在觸媒表層的存在，把鎳金屬沖散使鎳金屬無法結群排出其應有的團簇構造來催化裂解反應，因此銅的成分愈多，鎳金屬的團簇愈受沖散，無法結成應有的有效團簇構造，使裂解反應的速度降低。顯然的，加氫反應唯鎳金屬是問，不需特殊的鎳構造就能進行，因此不受銅金屬的干擾。裂解反應則需要特殊的鎳金屬觸媒構造，這構造被銅金屬沖散或抑制，其反應速度下降，基於這認識，氫裂解屬於對觸媒的分散度與構造敏感的反應（structure sensitive reaction），而加氫反應則被歸類爲對觸媒的分散度與構造不敏感的反應（structure insensitive reaction）。後者也包括脫氫反應，甚至於蒸汽重組反應，但這點尚未完全確定。

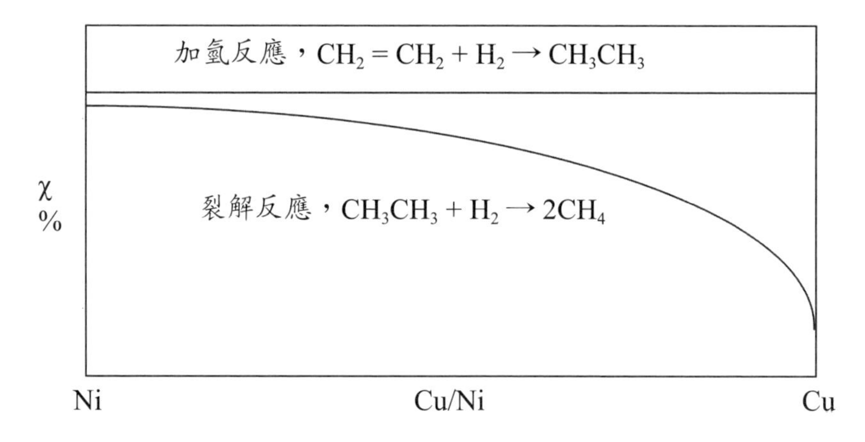

圖 6-3　銅含量在鎳銅觸媒對乙烯與乙烷的加氫反應及氫裂反應的影響

6-8　團簇晶粒的增大機制：觸媒晶粒在觸媒表層的滑動、凝結與活性衰退

團簇中的金屬原子與其周圍的晶粒相互作用形成鍵結維持一個平衡的位置，由升溫所承受的額外熱能會引起金屬原子的表面運動，而導致改變這平衡作用及構造。當溫度升高到超過融點三分之一的許蒂希溫度（Hüttig temperature，$T_H = T_M/3$）時，奈米晶粒在高溫所承受的熱能會打破原先的平衡鍵結，帶動原子在其平衡位置的激烈擾動，如果溫度繼續升高，超過融點的一半，即所謂的達曼溫度（Tammen temperature，$T_T = T_M/2$），這時所承受的大量熱能會由其原有的平衡位置滑動，改變位置而位移，這類擾動屬於表面擴散，與其周圍晶粒及載體仍保持部分斷裂及部分重新鍵結，相互牽涉不能自由飄動，以曲折（zig-zag）方式移動，與膠體內微粒的布郎式滑動（Brownian movement）型態類似。表層滑動中的晶粒互碰而結合成爲較大面積的晶粒，但仍維持二維式的結合構造，如繼續承受較大量的熱能時，爲降低表面能量而由二維構造變成三維構造以降低其表面積，

最後形成三維的球狀構造的晶粒如圖 6-4 所示。

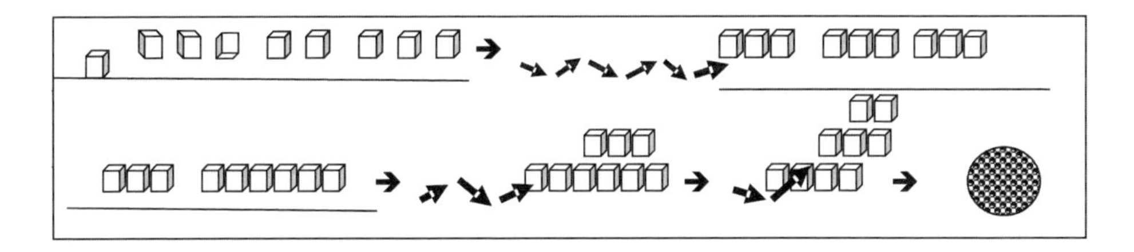

圖 6-4　觸媒晶粒於表層的滑動與凝結

原先分散的微晶粒受升溫帶來的熱能，突破原先平衡狀態的鍵結力量而滑動，由微晶粒而形成大晶粒的團簇，過程中原先所有的晶粒表面積逐漸減少，其化學吸附所要的表面積因減少而損失進一步催化反應的能力，最後損失觸媒的催化力，這現象常見於因高溫所帶來的觸媒老化現象。因此在觸媒製備的鍛燒或操作過程的升溫都必須注意所用觸媒金屬或載體的達曼及許蒂希溫度對觸媒活性的限制，低融點金屬如金（T_M = 1337.2K）、銀（T_M = 1234.8K）、銅（T_M = 1410.2K）所形成的觸媒，其長期操作的反應溫度必須避免超過其相對的 T_H ，短期操作時間仍應以其相對的 T_T 爲限。

6-9　觸媒表層的積碳現象及積碳的構造種類

有機化合物在高於 300℃進行催化反應時，觸媒的酸性常導致脫水形成烯烴化合物，並進一步於觸媒表層形成高碳聚合物，稱爲積碳（coking），這類積碳屬於非晶型。除外，在金屬觸媒催化的反應，連續的脫氫形成極爲活躍的碳原子單體，這些碳原子相互結合形成苯環型的聚合物，具有結晶構造的特性，並進一步形成碳管（carbon tube）。在天然氣蒸汽重組反應時，鎳觸媒晶粒下成長的碳管（圖 6-5），碳管一端與鎳晶粒接合，另一端則與氧化鋁載體連接，繼續吸附甲烷進行脫氫直到形成碳原子，與原先的碳管結合延長其長度，直到受衝擊或震動而斷裂。在未斷裂前碳管與鎳觸媒維持活性，另一方面與水分解所生成的氧原子結合形成一氧化碳，經脫附步驟而離開觸媒結構成爲氣態一氧化碳產品，或繼續與氧原子結合形成二氧化碳。碳管受氣流的衝擊或觸媒的震動而折斷，脫離鎳觸媒，不再具有催化性，形成所謂碳鬍鬚（carbon whisker）。活性碳原子除了來自碳氫化合物的脫氫反應之外，一氧化碳在 400℃左右受鎳等過渡金屬的催化而分解爲碳原子（dent carbon）及氧原子，這反應可視爲布度瓦反應（Boudouard reaction）的逆反應。

$$C + CO_2 \longrightarrow 2CO \tag{6-8}$$

$$CO + \text{Ni-catalyst} \longrightarrow [C] + [O] \xrightarrow{CO} CO_2 \tag{6-9}$$

$$nCH_4 + Ni/\alpha\text{-}Al_2O_3 \longrightarrow C_nNi^*/\alpha\text{-}Al_2O_3\text{（載體上的碳鬍鬚或奈米碳管）} + 2nH_2 \tag{6-10}$$

$$C_nNi^*/\alpha\text{-}Al_2O_3 + [O]Al_2O_3^* \longrightarrow CO + C_{(n-1)}Ni^*/\alpha\text{-}Al_2O_3 \tag{6-11}$$

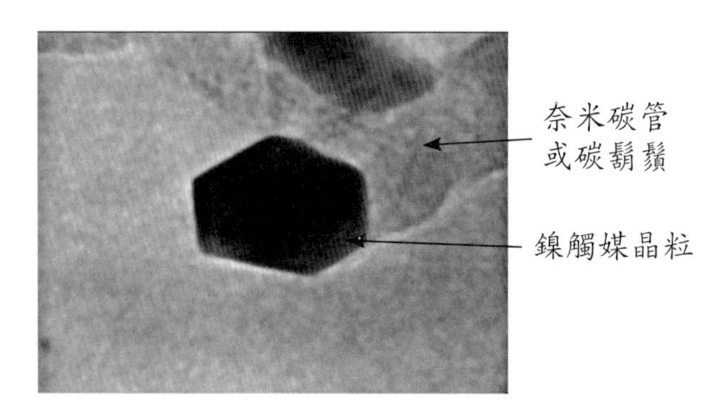

圖 6-5　天然氣（甲烷）蒸汽重組過程鎳觸媒晶粒與碳奈米管
（from H. Topsoe Ltd）

碳管的形成也可透過電弧的放電，將石墨蒸發爲碳原子單體，碳原子單體相互碰撞後結合形成穩定形狀的碳聚合物，如奈米碳管或 60 碳原子結合的橄欖球外觀的富勒烯（Fullerene）聚合物。

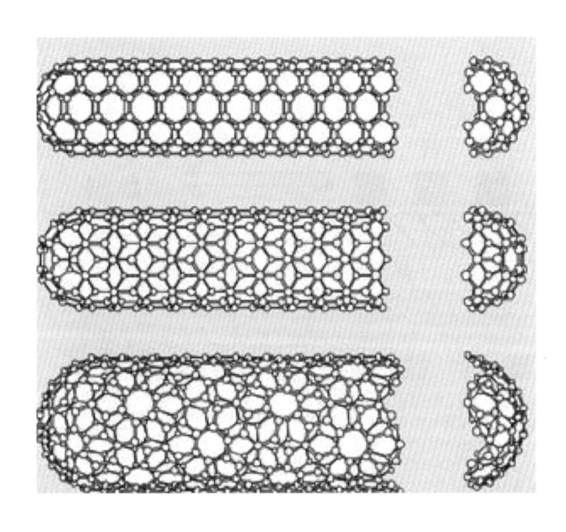

圖 6-6　奈米碳管

6-10　氫原子在觸媒表層的溢散

黃色的氧化鎢（WO_3）和氫氣無作用，但如果在氧化鎢上有金屬觸媒如金屬鎢或鎳的微粒，則變爲藍色的 H_xWO_3。這現象被解釋爲氫氣先被金屬觸媒吸附爲原子後，擴散到氧化鎢反應成爲藍色的氫化物，因氧化鎢本身並不吸附氫氣，沒有金屬鎢或鎳的存在，氧化鎢單獨也不會被還原。

氫分子被金屬觸媒化學吸附後形成原子狀態，與金屬形成金屬氫化物的構造被化學吸附在金屬觸媒活性體的氫原子，有時會擴散到金屬周圍的載體並受載體吸附，並進一步在載體上進行表層的擴散到新的載體吸附體上，因此原先一個金屬原子所吸附的一個氫原子被疏散到載體並寄存在載體上，使原先一個金屬原子一個氫原子的吸附量，增加到多個氫原子被吸附，大幅增加金屬觸媒的化學吸附能力，這種透過金屬觸媒進行化學吸附再寄存到載體的擴散現象稱爲氫原子的溢散（hydrogen spillover），沒有金屬觸媒化學吸附的引領，載體本身是無法進行化學吸附的。氫原子的溢散在異相觸媒是相當普遍的。

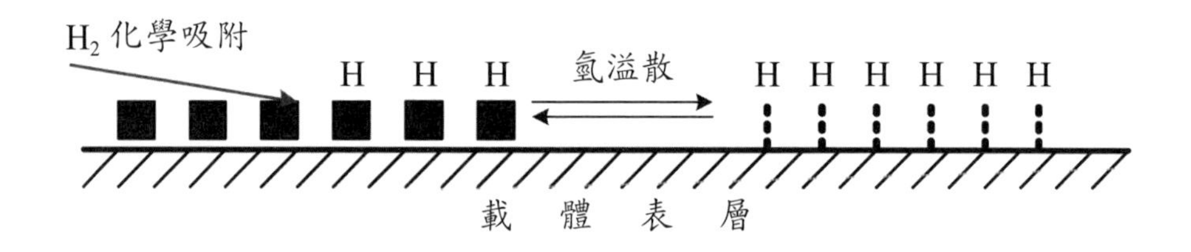

圖 6-7 氫原子在金屬觸媒的溢散現象

如上所述，氫溢散常導致化學吸附的量遠超過觸媒表層金屬原子可吸附的氫原子量，因爲有一部分的氫原子被疏散到載體寄存。這部分被寄存在載體的氫原子，也可逆溢散回去金屬原子回復原先的化學吸附進行觸媒反應，也可進一步由化學吸附變成物理吸附而脫附。透過吸附量的增加，金屬觸媒進行氫化的能力增加，超過原先觸媒金屬的預期。

在天然氣或甲醇的重組反應時，其轉化率常受熱力學在其反應溫度的平衡常數所控制而無法提升。但透過鈀膜與觸媒的接觸，轉化率常可提昇超過該溫度所容許的平衡轉化率。傳統的解釋是因爲氫氣透過鈀膜滲透離開反應系統，降低平衡常數公式中氫氣的分壓（P_{H_2}），這使得原料的分壓 P_{CH_4} 或 P_{CH_3OH} 必須降低來維持平衡常數的數值，因此轉化率提昇。

$$CH_4 + 2H_2O \longleftrightarrow CO_2 + 4H_2 \qquad K = (P_{CO_2})(P_{H_2})^4/(P_{CH_4})(P_{H_2O})^2 \qquad (6\text{-}12)$$

$$CH_3OH + H_2O \longrightarrow CO_2 + 3H_2 \qquad K = (P_{CO_2})(P_{H_2})^3/(P_{CH_3OH})(P_{H_2O}) \qquad (6\text{-}13)$$

這個傳統的解釋被長庚大學與碧氫科技公司的專家所挑戰，他們認爲，蒸汽重組反應初生的氫原子仍被金屬鎳或金屬銅吸附尚未脫附爲氫分子時，先行溢散到載體，並進一步溢流到鈀膜表面直接被吸附，而滲透到鈀膜的低壓面而脫附離開反應系統。這主張來自於他們發現在動力學控制的條件下，鈀膜的使用讓正向的重組反應速度增加二倍以上，因此轉化率的提昇是正向反應速度提昇的結果，不是氫氣分壓降低的結果。他們的理由是蒸汽重組反應初生的氫原子，可直接溢散到載體並在原子狀態溢流到鈀膜，直接化學吸附再把原子進行鈀膜內部的滲透運動，能階上是平行的不需有太大的活化步驟，可直接進行。反過來，傳統的分壓論說，初生的氫原子必須先行由金屬活性體的化學吸附狀態脫附，經過物理吸附才能脫附成爲氫分子，氫分子擴散到鈀膜表面進行化學吸附爲氫原子，才能在鈀膜內部滲透，每一步驟都要有能階的活化才能進行。

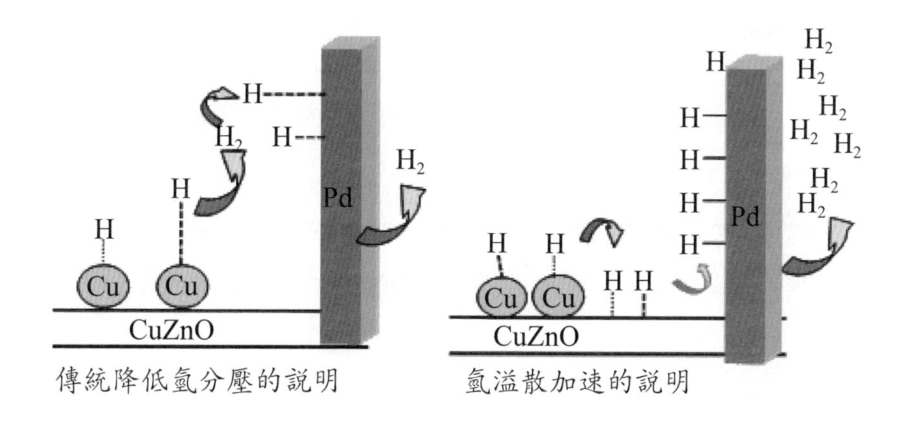

圖 6-8　傳統降低氫分壓與氫溢散加速在鈀膜／甲純蒸汽重組反應的步驟

參考文獻

1. M. Haruta, N. Yamada, T. Kobayashi and S, Iijima, J. Catal., 115 (1989)301.
2. C. C. Bond “Supported Metal Catalysts: Some unsolved Problem”, Chem. Soc. Rev., 28(1991) 441-475.
3. B. Lewis, Surface Sci., 21(1970), 273, 289
4. Y.Xion, B.J. Wiley and Y. Xia, “Nanocrystals with Unconventional Shapes” Angew Chemise Intern;. Ed.,46 (2007), 7157-7159.
5. C. Burda et.al. “Chemistry and Properties of Nanocraystals of Different Shapes”, Chem. Rev. 105(2005) 1025-1102.
6. M.H. Rei, “A decade's study and development of palladium membrane in Taiwan”, J. Taiwan Inst. Chem Eng. 40(2009), 238-245.

習題

1. A_xB_y/Support 的金屬觸媒，有哪些因素會影響其表面金屬晶體的分布？
2. 什麼是 Tammann temperature 、Huttig temperature？其重要性如何？
3. 影響載體上金屬觸媒，例如 NiCu/alumina 、Ni 與 Cu 分布的因素有哪些？

第七章　固體酸性觸媒

固體酸（solid acid）的概念是來自碳氫化合物和無機酸，例如硫酸或氫氟酸等，會催化一些反應如裂解（cracking），而某些觸媒固體，如氧化鋁或沸石也有相似的效果，因此稱爲固體酸。而且這些裂解觸媒可以鹼液滴定（titration），如果固體酸吸附鹼性氮化合物或無機鹼時也會失去催化的活性。固體酸的酸基（acid site）可能是 Brönsted 型，亦即是質子提供者（proton donor），可能是 Lewis 型，亦即是電子對接受者（electron pair acceptor）。在一個酸催化反應與液體酸比較，使用固體酸的好處有：①具有高活性和選擇性（selectivity）；②固體酸不會腐蝕反應器和管線；③可以再生重覆使用；④反應物及產物容易與固體酸分離；⑤處置廢固體酸比廢酸液容易。

7-1　石油化學工業主要的酸催化反應

許多化工廠的反應都需要使用酸觸媒來轉化碳氫化合物，提升其價值，例如汽油經重組異構化可以增加辛烷值（octane number），售價可以提高。以下歸納化學工業常用的酸催化反應。

1. 裂解（cracking）

$$C_7H_{15}\cdot C_{15}H_{30}\cdot C_7H_{15} \longrightarrow C_7H_{16} + C_6H_{12}{:}CH_2 + C_{14}H_{28}{:}CH_2 \qquad (7\text{-}1)$$

heavy oil　　　　　　　　gasoline

2. 加氫裂解（hydrocracking）

$$C_7H_{15}\cdot C_{15}H_{30}\cdot C_7H_{15} + H_2 \longrightarrow C_7H_{16} + C_7H_{16} + C_{15}H_{32} \qquad (7\text{-}2)$$

heavy oil　　　　　　　　gasoline

3. 重組（reforming）

$$CH_3CH_2CH_2CH_2CH_2CH_2CH_3 \longrightarrow \langle\bigcirc\rangle CH_3 + 4H_2 \qquad (7\text{-}3)$$

4. 異構化（isomerization）

```
                                      C
                                      |
C—C—C—C          ——→            C—C—                 (7-4)
straight                        branched
```

5. 氫化／脫氫（hydrogenation/dehydrogenation）

```
   C                                      C
   |                                      |
C—C—C=C—C   + H2   ——→            C—C—C—C—C          (7-5)
   |     |                                |     |
   C     C                                C     C
```

6. 烷化（alkylation）

```
          C                          C
          |                          |
C=C+C—C—C          ——→              C—C—C—C          (7-6)
                                     |
                                     C
```

一、酸催化的反應

酸催化是酸和碳氫化合物形成碳離子（carbonium ion），為爭取電子（electrophilic）的反應。碳陽離子（carbcation, positive charge）的基本型態是 C- C^+- C，碳陽離子的穩定度（stability）會根據碳的位置而不同，分為三級，tertiary form 最穩定，依序如下：

```
     R1              R1              H              H
R2—C+     >    R2—C+     >    R2—C+     >    H—C+        (7-7)
     |               |               |              |
     R3              H               H              H
     |               |               |              |
     3               2               1
   tertiary        secondary       primary
```

Brönsted acid: -C = C- + H : Z → -C - C^{+}- + 　: Z (e.g H_2SO_4)　(7-8)

Lewis acid: -C- C- + Z → - C - C^{+} + H- : Z (e.g. $AlCl_3$)　(7-9)

不論是Brönsted acid或Lewis acid都可以和碳氫化合物形成碳陽離子，一旦形成碳陽離子會發生以下的反應。

1. 從烷類化合物（alkane）移除氫離子，例如脫氫反應（dehydrogenation），丁烷脫氫成丁烯。

2. 重整分子鍵成爲更穩定的tertiary碳陽離子，例如異構化反應（isomerization），正丁烷異構成異丁烷。

3. 和負離子或其他鹼性分子結合，例如水合反應（hydration），水可視爲鹼性分子。

4. 加上一烯烴（alkene）形成更大的分子，例如dimerization。

5. 烷化（alkylation）芳香烴環（aromatic ring），例如苯烷化成甲苯或二甲苯。

6. 從烷烴（alkane）擷取（abstract）氫離子（hydride ion, H^-），例如氫化反應。

7. 在第二個碳鍵斷開（-scission）形成兩個碳陽離子。

綜合以上的反應可以總結爲所有的碳陽離子反應都是在促成帶正電荷的碳離子形成一對電子，以滿足外圍成爲八隅體。

二、鹼催化的反應

鹼催化是鹼和碳氫化合物爭取質子的反應（nucleophilic）而形成碳陰離子（carbanion），例如雙鍵移動（double-bond migration），1-butene轉成cis-2-butene或trans-2-butene，碳陰離子（negative charge）的基本型態是C┄C^-┄C，可以催化下列的雙鍵移動反應。

$$B^{-}M^{+} + RCH_2CH = CH_2 \longrightarrow B^{-}H^{+} + [RC\text{-}HCH = CH_2]^{-}M^{+} \quad (7\text{-}10)$$

(Brönsted base, M alkali metal)

$$[RC\text{-}HCH = CH_2]^{-}M^{+} \longleftrightarrow [RCH = CHCH_2]^{-}M^{+} \quad (7\text{-}11)$$

$$[RCH = CHCH_2]^{-}M^{+} + RCH_2CH = CH_2 \longrightarrow$$

$$RCH = CHCH_3 + [RC\text{-}HCH = CH_2]^{-}M^{+} \quad (7\text{-}12)$$

鹼催化另一個反應是 Aldol condensation，在弱鹼的情況下，兩個 aldehyde 或 ketone 的分子會結合成 -hydroxyaldehyde 或 -hydroxylketone。

$$-\underset{H}{\overset{|}{C}}-\underset{O}{\overset{}{\underset{\|}{C}}}- + B \longleftrightarrow -\overset{|}{C}\overset{\cdots}{=}\underset{O}{\underset{\vdots}{C}}- + H{:}B \quad (7\text{-}13)$$

(aldehydes or ketones)

$$2\ CH3\text{-}\overset{H}{\overset{|}{H C}} = O \xrightarrow{OH^{-}} CH3\text{-}\underset{HO}{\underset{|}{\overset{H}{\overset{|}{C}}}}\text{-}\underset{H}{\underset{|}{\overset{H}{\overset{|}{C}}}}\text{-}\underset{H}{\underset{|}{\overset{H}{\overset{|}{C}}}} = O(Aldol) \xrightarrow{dehydration} 2\text{-Butenal} \quad (7\text{-}14)$$

三、自由基（free radical）反應

free radical 反應和酸鹼催化無關，也是常見的有機反應，通常是由鹵素化合物起始。

$$C\text{-}C\text{-}H + X \rightarrow H\text{-}X + R\cdot \qquad X = Cl, Br$$

Polymerization of alkenes, e.g. n C = C → -(C-C)n- (7-15)

7-2　固體酸

一、固體酸的來源

固體酸的酸根來源是源自在氧化物的電荷不平衡，如下式所示，Si 是正四價而 Al 是正三價，兩種元素周圍都是四個負二價的氧，為維持整個結構電荷的平衡，在 Al 附近必需有一個正電來中和。如果此正電是 H^+，則可視為 Brönsted acid，即是質子的提供者（proton donor），如果經加熱脫除水分子則轉成 Lewis acid，即成為電子對的接受者（electron pair acceptor），不論如何均成為一個酸基。

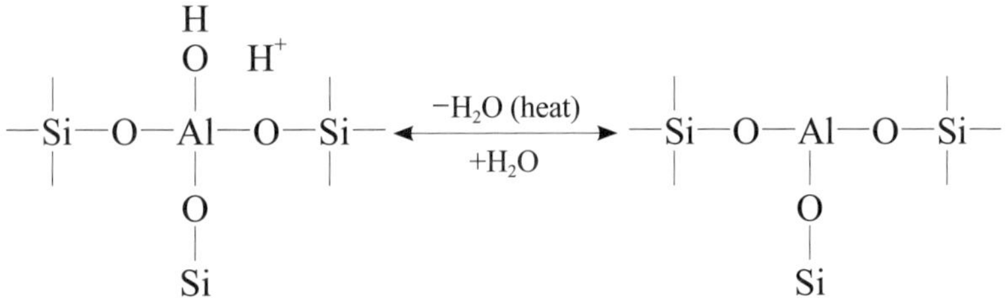

$$-\underset{|}{\overset{|}{Si}}-O-\underset{\underset{\underset{Si}{|}}{\underset{O}{|}}}{\overset{\overset{\overset{H}{O}\ H^+}{|}}{Al}}-O-\underset{|}{\overset{|}{Si}}- \underset{+H_2O}{\overset{-H_2O\ (heat)}{\longleftrightarrow}} -\underset{|}{\overset{|}{Si}}-O-\underset{\underset{\underset{Si}{|}}{\underset{O}{|}}}{Al}-O-\underset{|}{\overset{|}{Si}}- \quad (7\text{-}16)$$

二、固體酸的強度與濃度

固體酸強度的定義概念和水溶液中 pH 值不一樣，酸強度並不和酸的濃度成正比的關係。酸強度和酸數量是分開的兩種概念，酸強度是用比較指示劑（indicator）的 pKa 數值顯示，通常用 Hammett acid function 表示：

$$H_0 = pK_a + \log\frac{[B]}{[BH^+]} \quad \text{Brönsted acidic strength} \quad (7\text{-}17)$$

$$H_0 = pK_a + \log\frac{[B]}{[A:B]} \quad \text{Lewis acidic strength} \quad (7\text{-}18)$$

其中 K_a 是指示劑的酸解離平衡常數（equilibrium constant of dissociation），$pK_a = -\log K_a$，[B] 和 $[BH^+]$ 分別是鹼的濃度及其共軛酸

（conjugated acid）的濃度，[A:B] 是 Lewis 鹼性 B 吸附的產物濃度。

Brönsted acidic strength　　　　Lewis acidic strength　　(7-19)

$$BH \rightarrow H^+ + B^- \qquad\qquad A + :B \rightarrow A:B$$

$$K_a = \frac{[H^+][B]}{[HB]} \qquad\qquad K_a = \frac{[A][B]}{[A:B]}$$

(dissociation)

$$\log K_a = \log [H^+] + \log \frac{[B]}{[HB]} \qquad\qquad \log K_a = \log [A] + \log \frac{[B]}{[A:B]}$$

$$-\log [H^+] = -\log K_a + \log \frac{[B]}{[HB]} \qquad\qquad -\log [A] = -\log K_a + \log \frac{[B]}{[A:B]}$$

$$H_0 \qquad pK_a \qquad\qquad H_0 \qquad pK_a$$

測量酸強度與濃度的方法：

1. 指示劑法

固體酸粉末加入非極性溶液如苯或異辛烷，滴入適當的指示劑，常用的指示劑如表 7-1 所列，以比指示劑更強的鹼去滴定，例如式 7-20、7-21 所示，選用 $H_0 < 3.3$ 的 p-dimethyllaminoazobenzene 當指示劑，通常是使用 n-butylamine 去滴定，先加入的指示劑吸附在酸基（A）呈現紅色，在到達滴定終點前，固體酸基只要比 $H_0 = 3.3$ 強的均會先和 n-butylamine 結合，當達滴定終點後，和酸基結合的指示劑會被 n-butylamine 取代而釋放出，恢復呈黃色的形式。因此固體酸基只要是比 $H_0 = 3.3$ 強的全部均可被滴定出數量，選用不同強度的指示劑即可分別滴定出不同酸強度的酸基數量，酸基數量以 mole/g 表示每克固體酸所含有酸基莫耳數。以指示劑法測得的酸基數量包含 Brönsted 和 Lewis acids。實驗測量時，特別要注意必須排除水氣，因為固體酸基會受水氣的影響，通常是在手套箱中以 N_2 排除水氣後進行滴定測量。滴定終點的判斷通常很慢，等待時間從數小時到數天都有可能。

$$\langle\bigcirc\rangle\text{-N-N=-}\langle\bigcirc\rangle\text{-N(CH}_3)_2 + \text{A} \longleftrightarrow \langle\bigcirc\rangle\text{-}\underset{|\atop \text{A}}{\text{N}}\text{-N=}\langle\quad\rangle\text{=N(CH}_3)_2 \qquad (7\text{-}20)$$

yellow form of indicator　solid acid　　　red form of indicator

$$\langle\bigcirc\rangle\text{-}\underset{|\atop \text{A}}{\text{N}}\text{-N-}\langle\quad\rangle\text{= N + (CH}_3)_2 + \text{C}_4\text{H}_9\text{NH}_2 \longleftrightarrow \langle\bigcirc\rangle\text{-N=N-}\langle\bigcirc\rangle\text{-N(CH}_3)_2 + \text{C}_4\text{H}_9\text{NH}_2\cdot\text{A}$$

n-butylamine　　　n-butylamine adsorbed on acid site

(7-21)

表 7-1　測量酸強度的鹼性指示劑

Indicators	Color		pK_a[a]	$[H_2SO_4]$[b]/%
	Base-form	Acid-form		
Neutral red	yellow	red	+6.8	8×10^{-8}
Methyl red	yellow	red	+4.8	—
Phenylazonaphthylamine	yellow	red	+4.0	5×10^{-5}
p-Dimethylaminoazobenzene	yellow	red	+3.3	3×10^{-4}
2-Amino-5-azotoluene	yellow	red	+2.0	5×10^{-3}
Benzeneazodiphenylamine	yellow	purple	+1.5	2×10^{-2}
Crystal violet	blue	yellow	+0.8	0.1
p-Nitrobenzeneazo-(p'-nitro-dephenylamine)	orange	purple	+0.43	—
Dicinnamalacetone	yellow	red	−3.0	48
Benzalacetophenone	colorless	yellow	−5.6	71
Anthraquinone	colorless	yellow	−8.2	90
2, 4, 6-Trinitroaniline	colorless	yellow	−10.10	98
p-Nitrotoluene	colorless	yellow	−11.35	[c]
m-Nitrotoluene	colorless	yellow	−11.99	[c]
p-Nitrofluorobenzene	colorless	yellow	−12.44	[c]

（續上頁）

Indicators	Color		pK_a[a]	$[H_2SO_4]$[b]/%
	Base-form	Acid-form		
p-Nitrochlorobenzene	colorless	yellow	−12.70	c
m-Nitrochlorobenzene	colorless	yellow	−13.16	c
2,4-Dinitrotoluene	colorless	yellow	−13.75	c
2,4-Dinitrofluorobenzene	colorless	yellow	−14.52	c
1, 3, 5-Trinitrotoluene	colorless	yellow	−16.04	c

[a] pK_a of the conjugate acid, BH^+, of indicator, B, (= pK_{BH^+})

[b] wt. percent of H_2SO_4 in sulfuric acid solution which has the acid strength corresponding to the respective pK_a.

[c] The indicator is liquid at room temperature and the acid strength corresponding to the indicator is higher than the acid strength of 100 percent H_2SO_4. (Tanabe, 1970)

2. 鹼性氣體吸附脫除法

NH_3、Triethylamine 或 pyridine 先吸附在固體酸表面後，再以程溫規劃升溫脫除（TPD, temperature programmed desorption），以脫除溫度的高低判斷固體酸的強度，脫除峰的面積計算酸基的數量。也可使用 TGA（thermogravimetry analysis）或 DSC（differential scanning calorimetry）測量升溫時的重量變化或脫除熱量的變化，本方法的好處是測量的溫度可能接近觸媒反應時的溫度，較能代表觸媒實際使用時的特性，而非如指示劑法在室溫下測量的結果，但是鹼性氣體吸脫除法無法有明確的酸強度數值，因此只能在相同實驗條件下作相對的比較。

要分辨 Brönsted 和 Lewis 酸基，利用 NH_3 或 pyridine 吸附在固體酸上，使用紅外線光譜（見第五章表徵特性檢測方法）可以觀察不同的頻率位置以分辨 Brönsted 或 Lewis acidity。如式 7-22 和表 7-2 所示，有三個 IR 的吸收峰可顯示 coordinately bonded pyridine 代表是 Lewis acid ，有一個 IR

吸收峰可顯示是 pyridinium ion 代表是 Brönsted acid。

N(pyridine ring) | Solid-O ⊖⊕ HN(pyridine ring) | ☰Al : N(pyridine ring)

pyridine molecule | pyridinium ion on Brönsted acid | coordinately bounded pyridine on Lewis acid

(7-22)

表 7-2 Pyridine 在固體酸吸附的紅外吸收帶 1400-1700 cm^{-1} 範圍

Hydrogen bonded pyridine	Coordinately bonded pyridine	Pyridinium ion
1,400-1,447(vs)	1,447-1,460(vs)	1,485-1,500(vs)
1,485-1,490(w)	1,488-1,503(v)	1,540(s)
1,580-1,600(s)	～1,580(v)	～1,620(s)
	1,600-1,633(s)	～1,640(s)

*Band intensities: vs—very strong; s—strong; w—weak; v—variable.
(Ref : Tanabe, 1981)

三、影響固體酸的因素

固體材料的種類、成分和晶相均會影響固體酸的強度和數量，如圖 7-1 所示，Al_2O_3-SiO_2 成分組成有變化時，即呈現不同的酸數量強度，圖 7-1 中 a 線代表總酸量在 Ho ≦ 1.5，由指示劑滴定法測得，b 線代表 Lewis 酸的數量，c 線是 a 線扣除 b 線的結果，也就是總酸數量減掉 Lewis 酸量得到的 Brönsted 酸量，d 線代表 Brönsted acid 是由 ammonium acetate 離子交換測量得到，e 點是純 Al_2O_3 的 gel，是由 chlorotriphenylmethane 吸附量得到，由圖 7-1 可看出 c 線和 d 線都代表 Brönsted 酸量，其趨勢是相同的，但也可以知道不同的測量酸方法會有不同的酸數量結果，只能作相對比較。

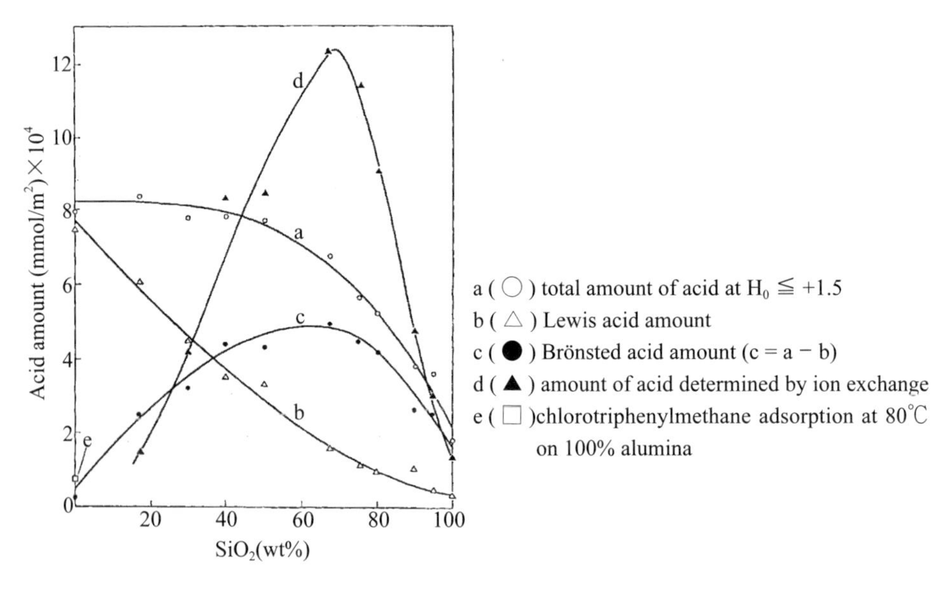

圖 7-1　Al_2O_3-SiO_2 的酸基變化 vs. SiO_2 的成分

（tanabe, 1981）

煅燒溫度或水份含量（例如 OH 基數量）也是影響固體酸的重要因素之一，如圖 7-2 所顯示，氧化鋁的煅燒溫度會影響含 OH 量及晶型，在 200～1000℃之間氧化鋁可以從 transition phase（例如 gamma 、theta 、eta 等，450～500℃）轉成最穩定但表面積最小的 alpha 氧化鋁（1000℃），其中酸基如圖 7-2 所顯示有很大的變化。圖 7-2 亦顯示不同酸強度的指示劑滴定出的酸數量，隨著指示劑的 Ho 增加而增加，因為弱酸的指示劑（H_0 ≦ 3.3）可以滴定出從弱到強的總酸基數量。

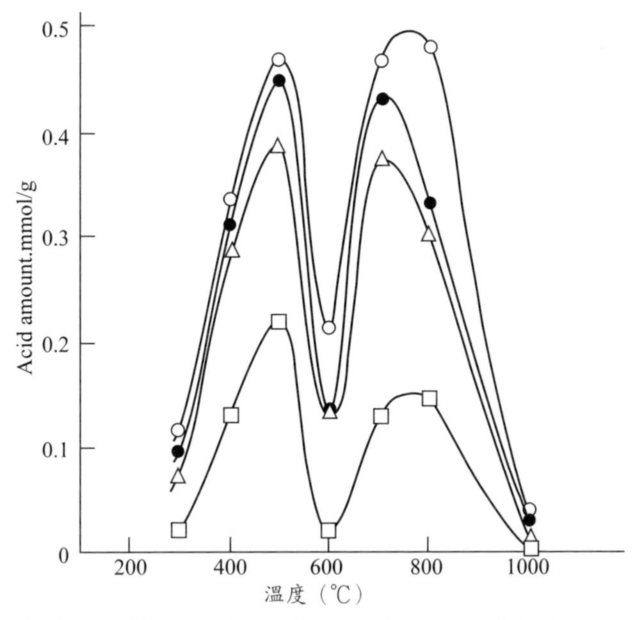

Amount of acid on Al_2O_3 at various acid strengths versus calcination temperature: acid strength $H_0 \leq 3.3$(○), $H_0 \leq 1.5$(●), $H_0 \leq -3.0$(△), and $H_0 \leq -5.6$(□).X-ray analysis: 450-500℃, η-Al_2O_3 (low crystallinity); 600℃, η-Al_2O_3 (high crystallinity); 800℃, η-Al_2O_3 + θ-Al_2O_3; 1000℃, α-Al_2O_3.(Ito et al. in Tanabe 1970, p.46)

圖 7-2 Al_2O_3 酸數量 vs. 煅燒溫度變化圖（Satterfield, p. 219）

固體酸的強度和數量也會受到交換鹼性離子中和的影響，在圖 7-3 所示，合成 Y 型沸石經由 Ca 和 La 離子交換後其酸的強度和數量均會產生變化。原本 HY 沸石具有較多強的酸，在經過鹼性離子交換後，強度和數量均下降，其中 La 又比 Ca 減少更多的酸基。

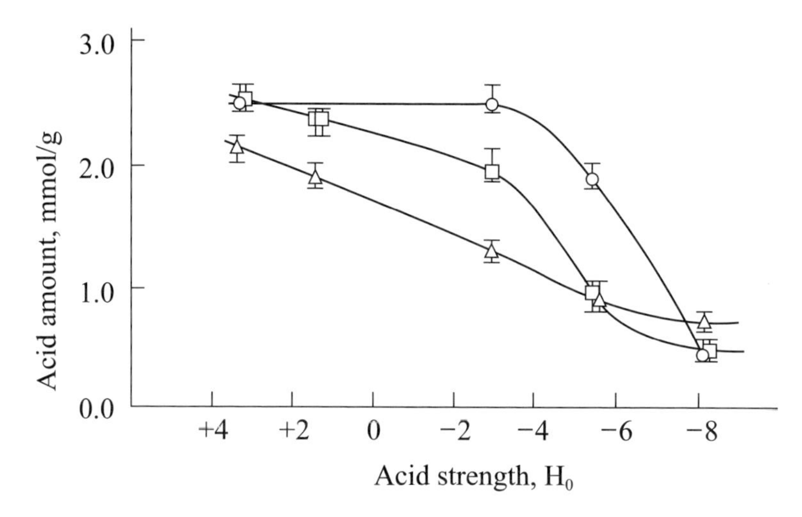

Acid amount versus acid strength for synthetic Y zeolite, and for two cation-exchanged catalysts: the synthetic Y zeolite (H^+)(○), calcium cation-exchanged[Ca(II)(□)], and lanthanum cation-exchanged [La(III)(△)].(Ukihashi et al. in Tanabe 1970, p. 75)

圖 7-3　經鹼性離子交換後對 Y 沸石酸強度的影響（Satterfield, p. 219）

四、反應與固體酸強度的關係

由於酸基的酸強度會催化碳陽離子反應生成不同的產物，通常選擇 1-butene 的異構化反應的程度可以呈現固體酸的強弱，其產物依酸強度有 cis-2-butene、trans-2-butene、isobutane、CH_4 和 C_3H_6 等。

表 7-3 列出許多酸催化反應所需要的酸強度，按照酸強度（以指示劑 H_o）由上向下排列，醇類的脫水（dehydration）需要的酸強度最弱，而 paraffins 的裂解需要最強的酸才能催化。

表 7-3　引發所選的反應需要最低的酸強度（Satterfield, p. 221）

H_0	Reactions
$< +4$	Dehydration of alcohol
$< +0.82$	Cis-trans isomerization of olefins
< -6.63	Double-bond migration, Alkylation of aromatics
	Isomerization of alkylaromatics,
	Transalkylation of alkylaromatics
< -11.5	Cracking of alkylaromatics
< -11.63	Skeletal isomerization
< -16.0	Cracking of paraffins

表 7-4 是反應的變化與酸強度的相關結果，將固體酸觸媒 silica-alumina 以 pyridine 吸附的方式逐漸將酸基由強至弱掩蓋住，其所能催化的反應會發生變化。表 7-4 最右邊的分子結構異構化（skeletal isomerization）需要最強的酸催化，因此一但有 pyridine 掩蓋住，此反應轉化率立即降爲零，在最左邊的丁醇脫水（dehydration）是只需弱酸催化，即使酸基大部分已被 pyridine 掩蓋住，仍能維持高轉化率，其他酸催化反應如 cracking、double bond migration 則如表 7-4 依酸強度減弱依序降低轉化率。

表 7-4 催化活性受到被弱化酸強度的 silica-alumina 的影響（Tanabe, 1970）

Amount of adsorbed pyridine (mmol/g)		Reaction				
		Dehydration	Cracking (A)	Double-bone migration and trans-cis isomerization	Cracking (B)	Skeletal isomerization
		tert-butanol to butenes	Diisobutylene to butenes and others	n-butenes to its equilibrium position	Dealkylation of tert-butyl-benzene	isobutylene to n-butenes
0	Exceedingly strong acid sites exist	Reaction products from these compounds were very similar, mainly i-C_4, i-C_4', i-C_5, C_3' and other C_4				
0.053	Moderately strong acid sites and weak acid sites	100%	100%	100%	1%	trace
0.106		100	100	100	trace	0
0.149		100	22	1～10	trace	0
0.289	Weak acid sites only	100	trace	trace	0	0
0.415		100	trace	trace	0	0
0.531		12	0	0	0	0

i-C_4：iso-saturated hydrocarbons (carbon number: 4)
i-C_4'：isoolefins (carbon number: 4)
i-C_5：iso-saturated hydrocarbons (carbon number: 5)
C_3'：n-olefins (carbon number: 3)
C_4：n-saturated hydrocarbons (carbon number: 4)
Tanabe(1970)

雖然同是固體酸，Brönsted 或 Lewis 酸可以催化不同的反應，圖 7-4 顯示異丁烷分解（isobutane decomposition）的活性隨著 Lewis 酸量的增加而升高。圖 7-5 所示爲鄰二甲苯（o-xylene）異構化的反應活性和 Brönsted 酸量呈線性增加的關係，圖 7-5 也顯示高溫（425℃）處理過的酸觸媒酸強度會下降，導至活性也下降。基本上 Lewis acid 是電子對的接受者，因此可將飽和的碳氫化合物（saturated hydrocarbons），如 isobutane 的一個氫負離子（H$^-$）轉移至 Lewis acid，所以 isobutane 形成碳陽離子中間體。Brönsted acid 是質子（H$^+$）提供者，可將質子轉移至非飽和的碳氫化合物（unsaturated hydrocarbons），例如 o-xylene 形成碳陽離子中間體。

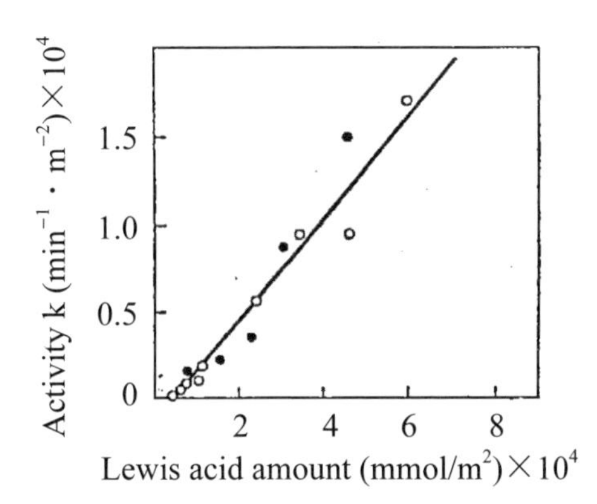

(●) alumina fraction prepared from aluminium isopropoxide
(○) from aluminium nitrate

圖 7-4　異丁烷分解 vs. Lewis 酸度（SiO_2-Al_2O_3）

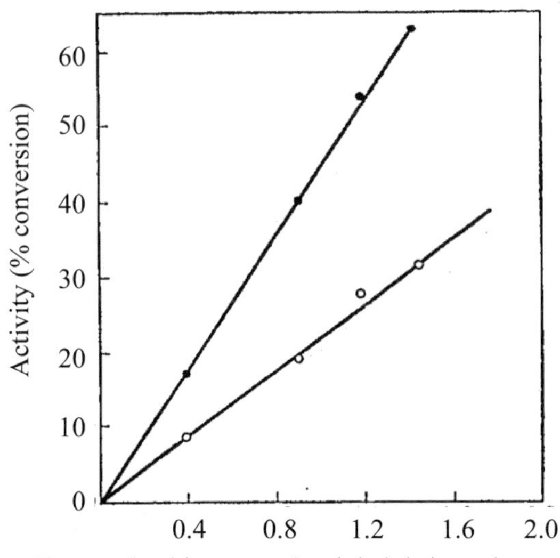

Brönsted acid amount (peak height/sample mass)
(●) heat-treated at 50℃, (○) 425℃

圖 7-5　鄰二甲苯異構化 vs. Brönsted 酸度（SiO_2-Al_2O_3）

$$\mathrm{RCH_3CH_3} + \underset{\mathrm{O}}{\overset{\mathrm{O}}{\mathrm{A}}}\!-\!\mathrm{O}- \longrightarrow (\mathrm{RCH_2CH_3})^+\text{-}\mathrm{H}^-:\ -\underset{\mathrm{O}}{\overset{\mathrm{O}}{\mathrm{A}}}\!-\!\mathrm{O}- \quad (7\text{-}23)$$

saturated hydrocarbon by Lewis acid

$$\mathrm{RCH=CH_2} + \mathrm{H^+}\underset{\mathrm{O}}{\overset{\mathrm{O}}{\mathrm{A}^-}}\!-\!\mathrm{O}- \longrightarrow (\mathrm{RCH_2CH_3})^+\!-\!\underset{\mathrm{O}}{\overset{\mathrm{O}}{\mathrm{A}}}\!-\!\mathrm{O}- \quad (7\text{-}24)$$

unsaturated hydrocarbon by Brönsted acid

固體酸的老化（aging）失活通常是由於結碳（coking）引起，在結碳的過程中酸性強的活性基會先結碳，而後隨著反應時間進行酸性弱的活性基也逐漸被結碳掩蓋住，因爲酸強度隨著結碳而減弱，因此會顯現在反應產物的選擇率上。圖 7-6 是在 HY 沸石觸媒進行 1-butene 反應，分子結構異構化（skeletal isomerization）需要強酸基，雙鍵異構化（double-bond isomerization）只需弱酸基，由圖可看出隨著時間結碳增加，強酸基先被掩蓋所以形成異丁烷（isobutane）的分子結構異構化，反應速率逐漸下降，但是形成反式丁二烯（cis-2-butene）的雙鍵異構化反應速率則不受影響反而相對增加。

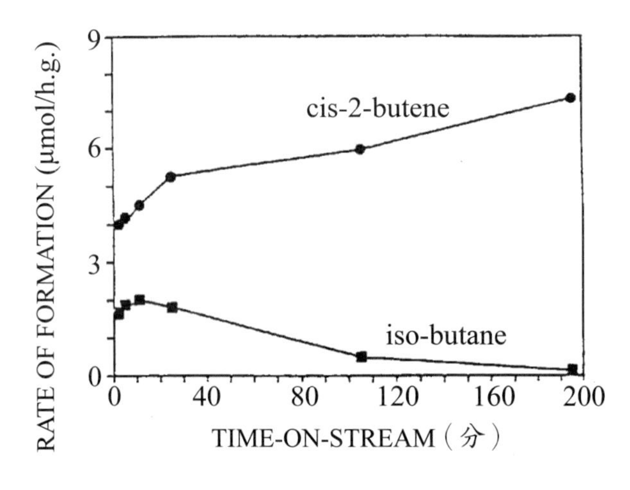

圖 7-6 HY 沸石催化 1- 丁烯反應（Wu, 1988）

7-3　超強固體酸

所謂超強固體酸（super solid acid）是以酸指示劑爲指標，凡酸強度大於 100% 硫酸者（$H_o < -11.94$），均可稱爲超強固體酸，具有比一般固體酸特別的催化特性，例如下式將最惰性的甲烷轉成碳陽離子。

$$CH_4 \xrightleftharpoons{H^+} \left[H_3C\cdots\begin{matrix} H \\ \\ H \end{matrix} \right]^+ \longleftrightarrow \left[H_3C\cdots\begin{matrix} H \\ \vdots \\ H \end{matrix} \right]^+ \longrightarrow H_3C^+ + H_2 \quad (7\text{-}25)$$

圖 7-7 右邊列出一系列固體酸及強度，同時左邊列出相對應的液體酸。硫酸化（sulfated）的氧化鋯（SO_4^{2-}/ZrO_2）是目前已知最強的固體酸，可在室溫下將丁烷（n-butane）異構化爲異丁烷（isobutane）。圖 7-8 是比較超強固體酸在醯化（acylation）的產率，可見 SO_4^{2-}/ZrO_2 的酸強度比濃硫酸高出許多。不過通常超強固體酸因爲酸基太強，因此在反應中會很快由於結碳而失活。Misono 和 Okuhara（1993）研究指出在超強固體酸負載 Pt，進行分子結構異構化（skeletal isomerization）和芳香烴烷化（aromatics alkylation），在有氫氣的環境中可以有效延緩失活維持觸媒壽命。

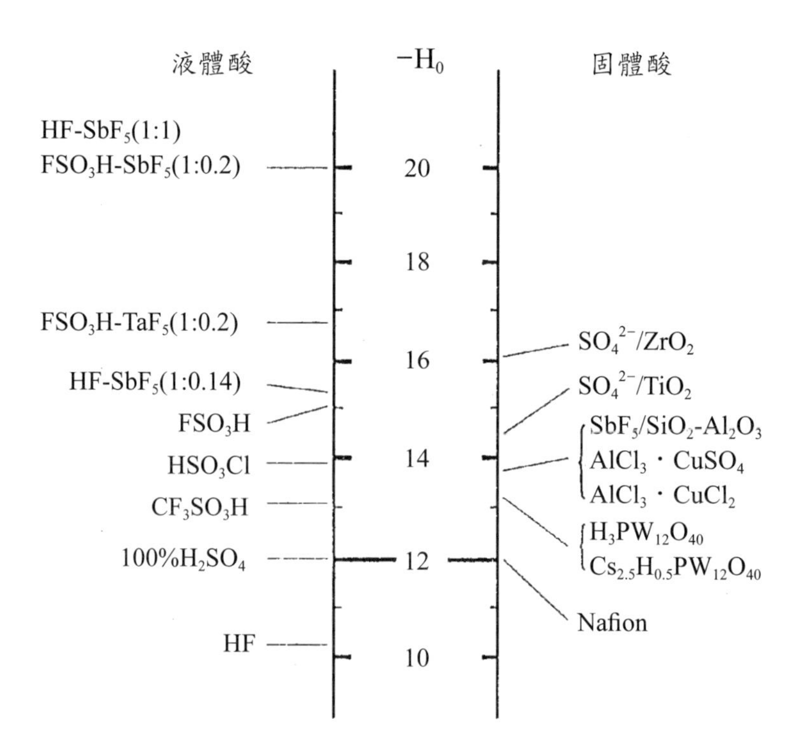

圖 7-7 固體酸和液體酸的尺度圖（注意圖中間的數值是以 $-H_0$ 表示）

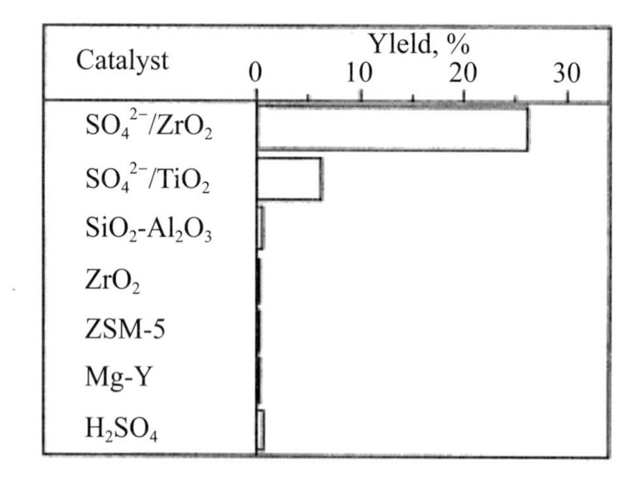

圖 7-8 超強固體酸在醯化的產率（Misono and Okuhara, 1993）

7-4　分子篩

分子篩（molecular sieve）是具有固定孔洞結構的物質，範圍相當廣泛，例如碳分子篩、AlPO（alumina phosphate）、SAPO（silica alumina phosphate）、MCM 系列等，傳統上如果是只含矽鋁氧化物組成統稱爲沸石（zeolite）。

一、沸石

天然沸石早在 1756 年就被發現，「Zeolite」在希臘文的意思是「to boil」和「stone」(ëboiling stonesí)。如圖 7-9 所示，是由矽鋁氧化物的四面體所組成的結晶物，矽或鋁在位於中間四邊接四個氧，化學式可寫成 $[M_{x/n}[(AlO_2)_x(SiO_2)_y] \cdot mH_2O$（n：金屬 M 的價數，m：結晶水莫耳數），是含水的 aluminosilicate ，Si/Al 比值有一定的範圍，在世界有許多礦源生產天然沸石，目前商用沸石大部分是人工合成的。

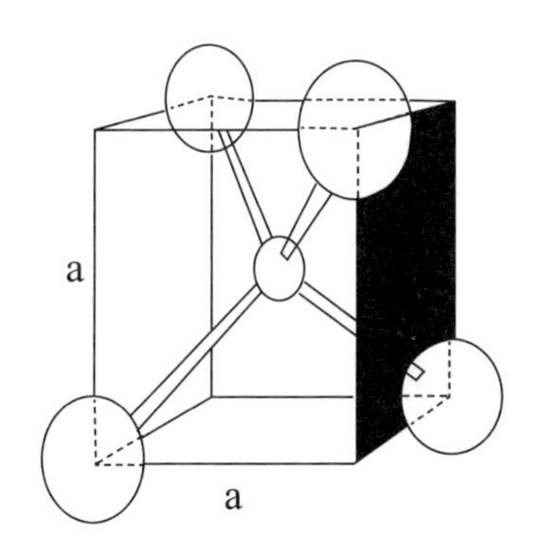

圖 7-9　沸石基本結構四面體（Breck, p. 30, 1974）

組成沸石的基本結構是由矽鋁氧化物四面體（圖 7-9）組成，爲了方便分類其骨架（framework），又可由次級結構（secondary building unit,

SBU）組合而成。經研究歸類共有十六種 SBU，圖 7-10 所示爲 SBU 的結構圖，任何一種沸石均可由這些 SBU 組合而成。圖 7-11 所示爲沸石的立體結構，例如 A 型沸石是由 4、8、4-4 和 6-2 四個 SUB 組成（圖 7-11(b)），Y 型沸石是由 4、6、6-6 和 6-2 四個 SUB 組成（圖 7-11(c)）。

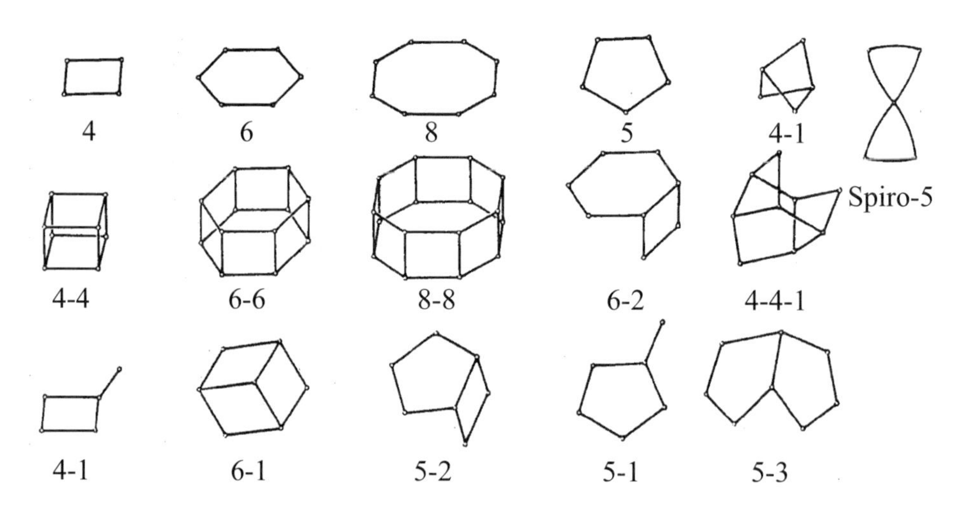

圖 7-10　沸石的 SBU 結構圖（Meier and Olson, 1992）

在命名方面，IUPAC（international union of pure and applied chemistry）統一以三個字母爲沸石命名，例如過去 X 或 Y 型沸石稱爲 Faujasite 改爲 FAU，A 型改爲 LTA，ZSM-5 沸石改爲 MFI，Mordenite 改爲 MOR，VPI-5 改爲 VFI 等等。

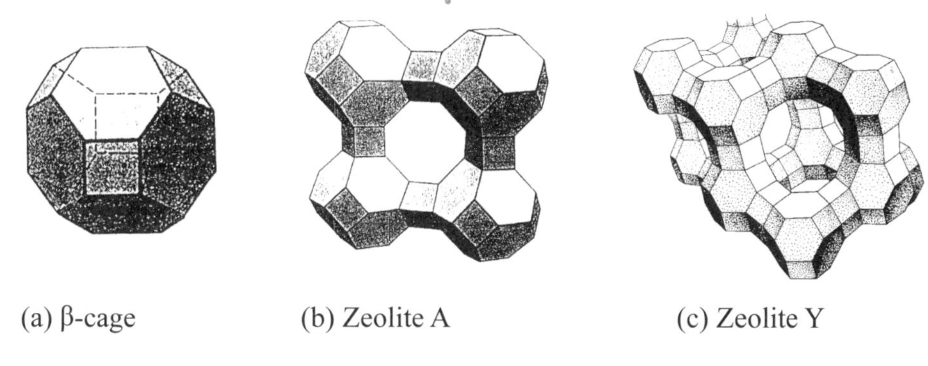

(a) β-cage (b) Zeolite A (c) Zeolite Y

圖 7-11 沸石的立體結構（Breck, 1974）

二、沸石性質檢測

沸石是具有固定孔洞的結晶材料，其性質檢測（characterization）可由不同的儀器測量，再拼圖出完整的結構。通常經由 AA（atomic adsorption）元素分析可得元素比例的化學式，由 XRD（X-ray diffraction）圖譜可以計算得知晶格距離，由氣體吸附量得知空隙率，以不同大小的分子吸附可以估計孔洞開口的尺寸，固態 NMR（nuclear magnetic resonance spectroscopy）測得 ^{29}Si 和 ^{27}Al MAS（magic-angle-spinning，54.7°）的圖譜，可用以判斷 Si 和 Al 在沸石中的周邊結構原子和 Si/Al 比值。Xe 在孔洞吸附的 NMR 圖譜，可用以測得孔洞周邊的結構應變化，綜合上述的資訊就可以畫出沸石的立體結構。現代高解析 TEM（transmission electronic microscopy）已可直接觀察沸石的孔洞結構，證實過去推導出各種沸石的結構是正確的。

三、合成沸石

人工合成沸石通常是用水熱法（hydrothermal process）在高壓釜內（autoclave）製備，矽鋁前驅物的成分、溫度、壓力和時間是合成沸石種類的重要參數，過程中可以加入適當的有機分子模板（template）以形成特殊的結構，完成後在空氣中煅燒除去有機分子模板即完成。例如

ZSM-5 是使用 tetra-alkylammonim cation（TMA）當 template 合成。初次合成的沸石通常是 Na^+ 離子的形式，再用離子交換法作成其他形式，例如使用 NH_4^+ 交換 Na^+ 再經煅燒可合成 H 形式沸石。

四、吸附、擴散及離子交換特性

沸石孔洞具有吸附特性，影響吸附特性的因素有溫度、孔洞大小和被吸附分子的尺寸等。探測氣體分子（probe molecule）的吸附通常用來測量沸石孔洞開口的大小，如圖 7-12 所顯示，不同大小的探測氣體分子具有不同的分子動力直徑（kinetic diameter），可在不同孔洞開口的沸石吸附，由於溫度高時由於氣體分子伸縮範圍較大，所以有可能進入較小開口，在圖上以虛線表示。分子篩的孔洞大小通常和其所含的陽離子大小有關，例如 [3A, KA] A 型沸石是含 K 離子，[4A, NaA] A 型沸石是含 Na 離子，[5A, CaA] A 型沸石是含 Ca 離子，在圖 7-12 顯示有不同開口，可以吸附不同尺寸的分子。

沸石的比表面積通常在 500～800 m^2/g ，絕大部分歸因於內部微孔洞，外部表面積只占少於 1%。爲了降低擴散阻力，沸石的粒徑通常在 1 μm 以下。擴散現象在沸石相當複雜，如圖 7-13 所示，因爲氣體分子的尺寸只略小於孔徑，孔洞內的擴散稱爲 restricted diffusion 或 configuration diffusion ，擴散係數（diffusivity）的變化範圍很大，在 10^{-6}～$10^{-12}cm^2/sec$ 之間。擴散活化能大於 knudsen diffusion 和 bulk diffusion ，大致而言擴散係數愈小，活化能愈高。圖 7-14 顯示 ZSM-5 使用有機分子擴散現象以及溫度在擴散係數的效應，不同大小的有機分子呈現不同等級的擴散係數，2-methylbutane（2MB）分子最小，所以擴散係數最大，分子增大至 2,2 dimethylbutane（2, 2DMB）時擴散係數最小。隨著溫度的上升，擴散係數則呈 Arrhenius 式指數上升。沸石在 500℃仍可保持熱穩定性，有些可以在鹼性或酸性的環境下仍可保持穩定性，在幅射的情況下仍可保持穩定性，可以應用在吸附幅射陽離子。

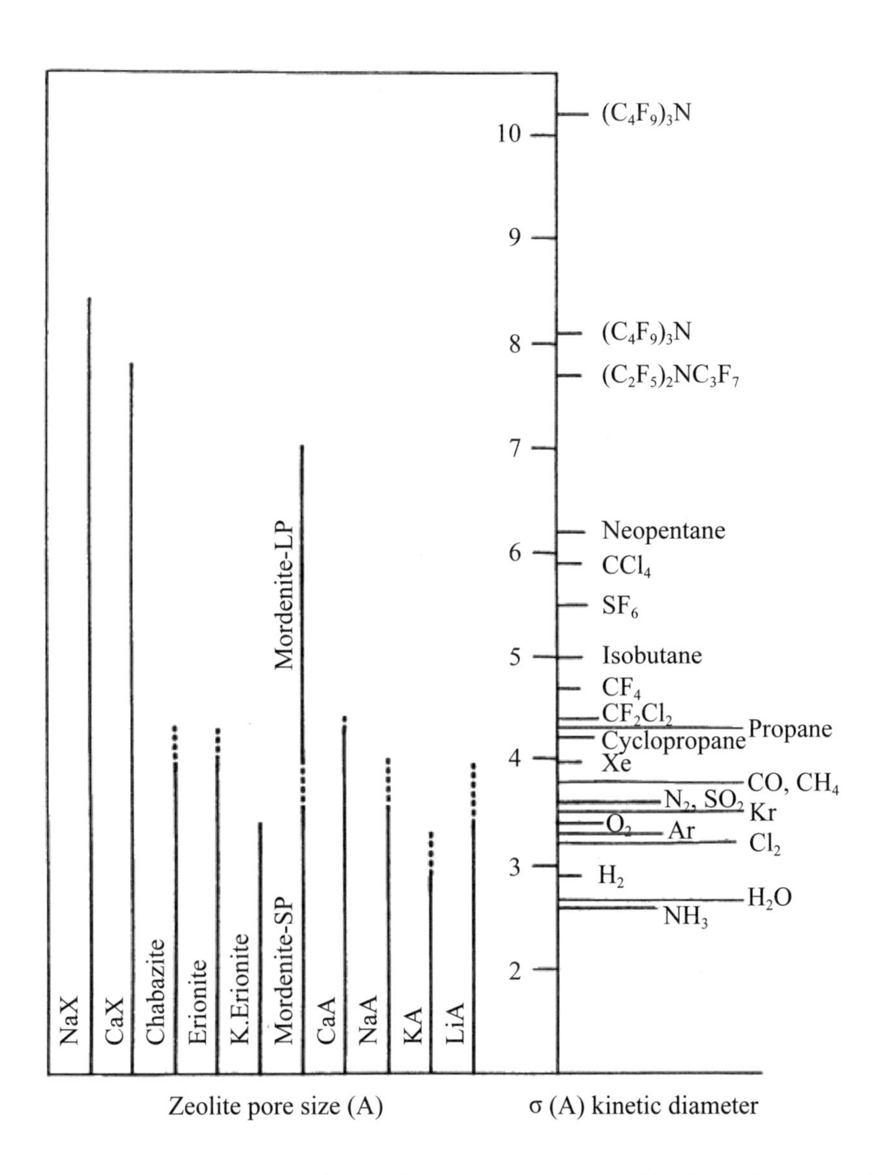

圖 7-12 多種沸石其不同有效孔徑和吸附分子的平衡吸附關係圖（77-420 K）（Breck, 1974）

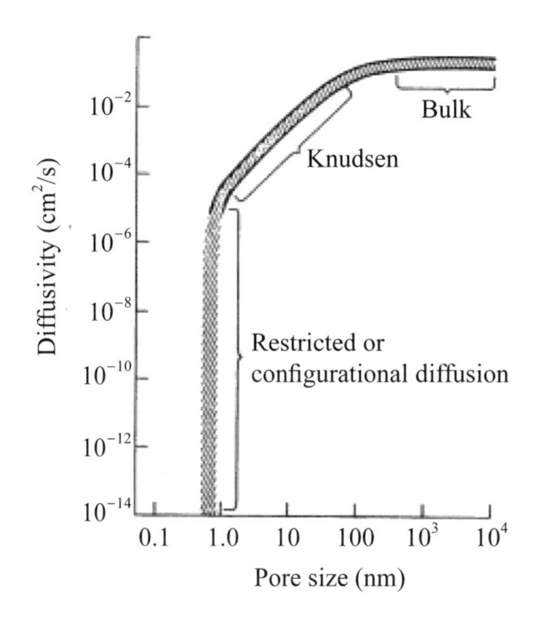

圖 7-13 孔徑對擴散係數的影響（Weisz, 1973）

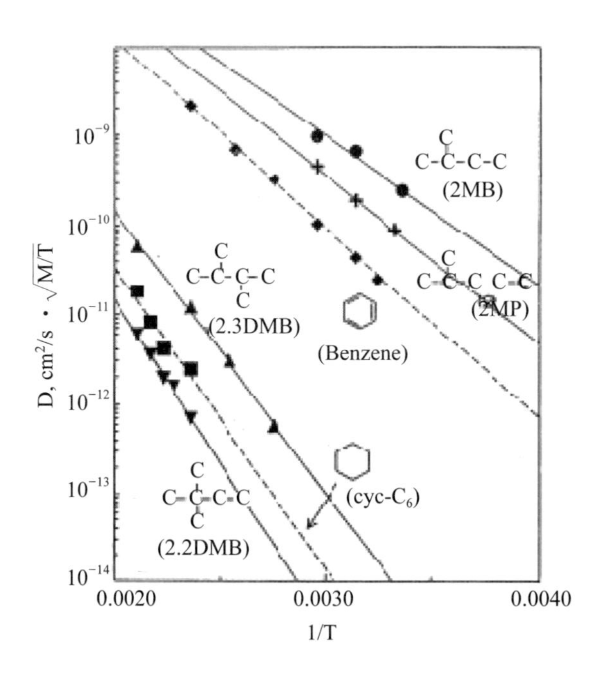

圖 7-14 碳氫分子和溫度在 ZSM-5 對擴散係數的影響（Xiao, 1990）

五、催化反應

沸石的催化活性來源可分兩方面，孔洞內的靜電力場和酸性基。藉由以下的簡單計算，可以瞭解沸石孔洞內的強大靜電力場大約在 10^9 volt/m，分子在此強大電場作用下，將會變形，對於催化反應活性是不可忽略的因素，不過這個因素不容易實驗證明。

Field strength estimation,

For example, Y zeolite, -cage diameter ≈ 12Å, i.e. r ≈ 6Å = 6×10^{-10}m,

$$\text{Point charge } \frac{Q}{4\pi\varepsilon r^2} = \frac{1.6\times 10^{-19}}{4\pi(8.85\times 10^{-12})(6\times 10^{-10})^2} = 4\times 10^9 \text{ volt/m.} \quad (7\text{-}26)$$

沸石的酸性基來自平衡 Al^{3+} 電荷的 H^+（Brönsted acidity）或脫水形成電子對接受者（Lewis acidity），可以使有機分子轉成碳陽離子，催化有機物異構化式或脫氫等反應，在 7-1 節已有敘述。另一類分子篩如 AlPO-4、SAPO-5 等非單純 Si/Al 氧化物分子篩，由於酸性低所以在有機物的催化活性也低，目前尚無工業應用的實例。

對於支撐式金屬沸石觸媒，沸石可以提供很大的表面積，因此能獲得很高的金屬分散度（dispersion），同時金屬因為分散在孔洞內，比較不易因為高溫金屬粒移動（migration）而燒結（sintering）成大顆粒。製備支撐式金屬沸石觸媒的方法，通常是利用沸石具有離子交換性，使用貴金屬鹽在水溶液中與沸石進行離子交換，不過此法負載貴金屬量有限。也可以在沸石水熱合成同時將貴金屬鹽加入，此法針對小孔洞沸石，如對 A zeolite 特別有效，因為 A-zeolite 孔口小通常無法以離子法負載貴金屬，例如合成 RuNaA 和 RuCaA。

沸石的催化反應最具特色的是 shape selectivity，有下列三種方式達成：①反應物選擇性，只有比孔洞開口小的反應物可以進入；②產物選擇性，生成的產物只有比孔洞開口小的可以出來；③反應中間體選擇性（restricted transition-state selectivity），只能在孔洞內有限空間容納得下的反應中間體才會發生，如果反應中間體比孔洞大，則無法形成但是此現象很難被研究證實。

沸石的 shape selectivity 可以反應時用指標（index）顯示，例如 constraint index（C.I.）是以 50：50 比例的 n-hexane 和 3-methylpentane 當進料，用其裂解速率比值表示。表 7-5 顯示不同孔洞開口的沸石，對於具有相同分子量的 n-hexane 和 3-methylpentane 裂解速率有不同的反應結果。Mordenite 和 Y zeolite 的孔洞開口較大，3-methylpentane 可以進入，所以和 n-hexane 差不多，反之 Erionite 孔洞開口小只允許直鏈 n-hexane 進入，所以 n-hexane 的裂解速率比 3-methylpentane 大很多，ZSM-5 則居中。由於有機分子在高溫時振動大，所以 kinetic diameter 範圍變化較大，因此沸石 shape selectivity 在溫度高時會降低，如表 7-5 顯示 ZSM-5 在 290℃、315℃和 510℃，n-hexane 和 3-methylpentane 裂解速率比值隨溫度升高而下降。本指標是說明反應物選擇性。

表 7-5　不同沸石具有不同裂解速度（315°C）

Zeolites	Pore diameter opening (A)	Ratio of cracking rates n-hexane/3-methylpentane
Mordenite, zeoliye Y	Y: 7.4X7.4 Mordenite: 6.7X7.0	0.4～0.6
ZSM-5	5.5 X 5.6	8.3
Erionite	3.6 X 5.2	38
ZSM-5 at 290°C	-	11
ZMS-5 at 510°C	-	1

另一種指標是 spaciousness index（S. I.），是用氫裂解（hydrocracking）C-10 的有機物，例如 butyl cyclohexane 等，以產物 isobutane 和 n-butane 的比值當指標。本指標是說明產物選擇性。

工業上利用沸石 shape selectivity 有下列實例。工業上對 p-xylene 的需求大，m-xylene 較少用途。圖 7-15 是 xylene 的異構化，由於 p-xylene 分子動力直徑（kinotic diameter）比 o-xylene 和 m-xylene 小，利用修飾後的沸石孔洞，經異構化可以獲得比熱力學平衡值高的 p-xylene。2,6 dialkylnaphthalene（2,6 DAN）是特用化學品，由 naphthalene 和異丙醇反應，會有多種異構物產生，圖 7-16 表示利用沸石的 shape selectivity 也可提高 2,6 DAN 的選擇率。

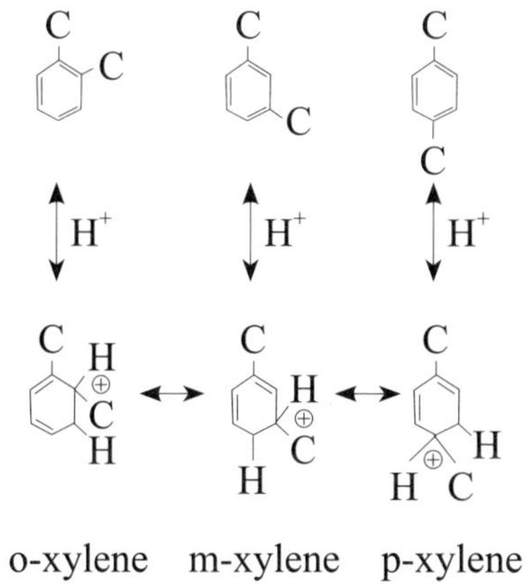

o-xylene　m-xylene　p-xylene

圖 7-15　酸催化二甲苯異構化

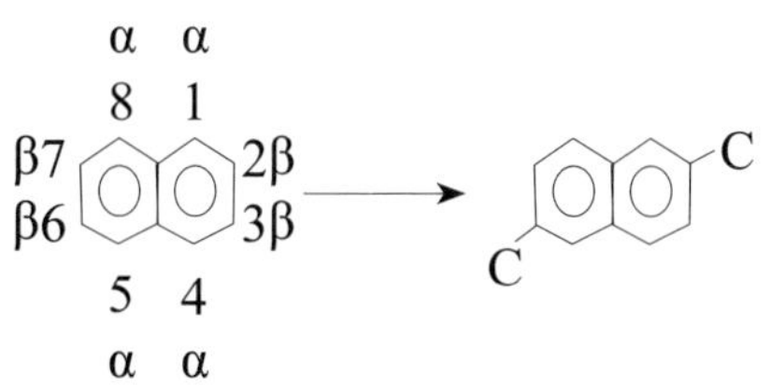

圖 7-16　萘烷化形成 2.6 dialkylnaphthalene (2,6 DAN)

六、未來的發展

沸石或分子篩的研發一日千里，大致有三個方向：①中孔洞（meso pore）材料的合成與應用，比傳統沸石孔洞大（> 2nm），例如 MCM-41；②傳統沸石成分的 Al_2O_3 以 PO_4 或 BO_4 置換，合成另類性質的分子篩；③將過渡金屬在合成時，加在沸石內，製備高分散度觸媒。

參考文獻

1. Herman Pines, " The Chemistry of Catalytic Hydrocarbons Conversions," Academic Press, New York, 1981, Chapter 1 and 2
2. Kozo Tanabe, " Solid Acids and Bases - Their Catalytic Properties." Academic Press, New York, 1970, Chapter 2 and 4
3. P.-Y. Chen and S.-J. Chu, " The Application of Solid acid and base Catalysts on Organic Synthesis (II) - The Character of Solid Acid and Base Catalyst," Catalysis and Processes, vol. 2(2), p. 10-23 (1993)
4. Donald W. Breck, " Zeolite Molecular Sieves, Structure, Chemistry and Use," Robert E. Krieger Publishing Company, Malabar, Florida USA 1984
5. W. M. Meier and D. H. Olson, "Atlas of Zeolite Structure Types," 3rd revised edition, Butterworth-Heinemann, London 1992
6. 朱小蓉，沸石專輯，《觸媒與製程》，Vol. 3. No.4 1994

習題

1. ①說明固體酸的好處。②說明 Bronsted acid 和 Lewis acid 的定義。
2. 使用分子篩為觸媒具有 shape selectivity 的功能，請描述其三種機理。
3. 說明 Brönsted 和 Lewis acids 的定義，以固體酸為觸媒，請列出 Brönsted acidity 所能催化的兩種反應。

第八章 工業上的觸媒應用

觸媒具有兩項基本特性：化學吸附與活化能的降低，這兩種特性被廣泛使用於工業上的催化製程。選擇性的吸附性質被應用在材料工業或電子加工業、生態的維護及能源的開發，特別是工業氣體的分離與純化及汙染或毒性氣體的偵測。活化能的降低加速催化反應的速度或降低反應溫度，則發揮在許多化學工業的催化反應以合成新的化合物，新的藥品或改變化合物的構造以調整其性質。

8-1 吸附性質的應用：分離及純化、偵測器

如第二章所述，觸媒的吸附分為物理與化學吸附兩種，前者是普遍性但不具選擇性，在具體的應用上價值不大，因此工業上觸媒的物理吸附性質沒有特定的應用實例。化學吸附具有高度的選擇性，在化合物的性質或構造辨識及分離純化，具有廣泛的應用潛力與實例。

當特殊氣體分子擴散到偵測氣的觸媒表層如 SnO_2 半導體觸媒，並被偵測器上的觸媒吸附，產生電子的相互作用而產生特定的電壓與電流，引起電子偵測器的反應而提出偵測的信號如警鈴或警燈。半導體型的觸媒偵測器以氧化錫（SnO_2）為主，利用氧化錫與吸附體（偵測氣體原子）產生錫原子氧化狀態的變化，因而引其導電度的變化，透過另一電極的標準導電度及惠斯登電橋（Wheatstone bridge）的控制，而呈現電子訊號及警告。在可燃性氣體的偵測，一般使用白金或鈀的奈米顆粒的觸媒，利用白金觸媒吸附可燃性氣體分子後，與空氣反應產生放熱反應提升觸媒的溫度因而改變導電度，與標準電極比較後經過電橋產生電位差或電流訊號。

高科技所使用的各種氣體，其純度的要求常常趨近或超越 99.9999%（簡稱 6N），這種高純度需要將全部的不純物去除到 1 ppm 以下，這已不是常用的蒸餾或萃取操作可達成的，必須依賴觸媒寬大的表面積所展示的強大吸附性質將雜質抓住，再設法去除。例如氧化鋯（ZrO_2）在 600～700℃可將氫氣、氬氣或氦氣中微量的氮分子加以吸附成為氮化鋯而去除氣體中的氮雜質。鋯金屬可吸附氧分子而成氧化鋯，利用這方法可將氣體中的氮或氧氣雜質去除到 10 ppb 的乾淨度。同樣的原理，鈀觸媒可用來吸附氫氣中微量的氧氣並與氫氣反應生成水分子而達成高濃度的氫氣。利用觸媒的吸附性質於氣體的分離與純化在高科技中日漸重要。

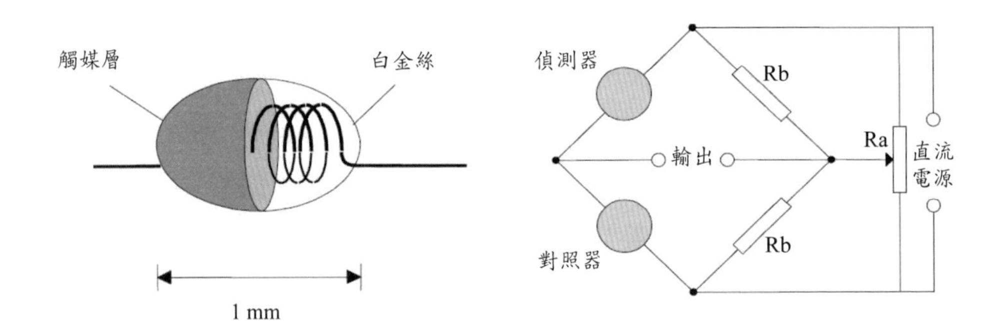

圖 8-1 觸媒偵測器

燃料電池的氫燃料常用高純的高壓鋼瓶氫氣與空氣在燃料電池內的鉑膜反應生成水分子，將所釋放的化學能轉為電能產生電流。由於鉑觸媒容易被一氧化碳或硫化物毒化而失去觸媒性能，無法繼續將氫燃料氧化轉為電能。因此 2008 年前大部分的燃料電池都依賴高壓鋼瓶的高純氫氣當氫燃料，由於這種氫燃料的昂貴與搬運不方便造成氫能／燃料電池遲遲不能發展。最近發現改質的白金觸媒或奈米級的黃金觸媒可高度選擇地將一氧化碳去除到 10 ppm 以下，使燃料電池免於一氧化碳的度性威脅。臺灣的碧氫科技公司利用其特殊的改質白金觸媒將甲醇重組所產生的合成氣中，氧化碳由 1.2～1.5% 降到 2～4 ppm ，使低碳燃料的氫燃料（70%H_2, 2～4 ppmCO，約 30% 的 $CO_2 + M_2$）可直接應用於燃料電池使用，大幅降低氫燃料的價位及價氫氣供應的機制（請參閱十一章觸媒在能源的發展與應用）。

8-2　催化反應的應用

工業上使用多種的催化反應製程，以氫化反應最早被利用，如氨氣與甲醇的合成、食物油的氫化，之後進展到煉油工業的油品轉換及改質、石化產品的製造、高分子工業的聚合反應及製藥業的藥品合成，近年來則以觸媒技術開發資訊工業的半導體製造及加工、生態保護及新能源開發的觸媒應用。這些觸媒應用讓人類在進入二十世紀後，解決了大部分日常生活中食衣住行的現代文明必需品，糧食成長的肥料、食品的防腐劑、各種紡織品的人造纖維、居住環境中的塑膠材料與裝飾用品，以及交通用燃料和交通工具的塑鋼材料，在製造或加工過程無一不依賴觸媒的幫助。進入二十一世紀後，觸媒將扮演生態維護及綠色能源開發的急先鋒。

觸媒使用在下列工業反應中的催化作用，可提昇主產品的選擇率或減少原料的損失及無用副產品的浪費或汙染，更可提昇反應速度以降低反應溫度或縮小反應設備的投資，達成大量生產以降低成本。工業上應用的催化反應包括氫化反應、脫氫反應、旋光性藥品的合成、烷化反應、羥化反應、聚合反應、裂解反應、異構化反應、氧化反應、深度的氧化反應。

8-3　選擇性的氧化反應

工業上氧化反應分為兩大類，選擇性氧化（selective catalytic oxidation）或部分氧化導入氧原子於產品中，以獲得所要的產品，以及深度氧化將有機物完全氧化為其組成原子的氧化物如二氧化碳、水及氧化氮，釋放大量的熱量爲能源或消除原有的有機物成分以去除公害性的有機物。工業上著名的選擇性氧化反應有乙烯的選擇性氧化如環氧乙烯、氯乙烯、醋酸乙烯。丙烯的氧化有兩種主要產品，丙烯醛及丙烯腈，除外尚有丁烷及環己烷的氧化以生產丁二酸及環己酮。

由於氧化反應是一種激烈的放熱反應，爲維持觸媒床溫度分布的均勻與避免局部的過熱，這類異相的催化氧化製程常常使用流體化床的反應器以避免觸媒的局部過熱而失去活性，另一方面也可藉著觸媒顆粒（d = 20～100mesh ，0.05～1mm）的流動維持反應溫度的均勻。大部分放熱性的氧化所產生的高溫蒸汽（250～450℃），可回收作爲加熱用的高溫熱源，或甚至生產高溫及高壓的蒸汽用來轉動透平機以供電。因此爲了能源的回收利用，在不影響反應的進行下（如選擇率），反應溫度會故意選擇在高溫進行，以強化其能源的利用潛力。

一、乙烯的氧化製程

由乙烯合成環氧乙烯是使用一種特殊的銀觸媒（Ag_2O/Al_2O_3）利用空氣在 250～280℃氧化爲環氧乙烯，環氧乙烯廣用於製造聚酯纖維原料的乙二醇、聚乙二醇及乙醇胺等化工原料。另有兩種重要的石化產品，氯乙烯（$CH_2 = CHCl$）及醋酸乙烯（$CH_2 = CHCOAc$），這兩種產品在乙烯被氧氣氧化時，於乙烯的雙鍵分別加入氯與醋酸根但保留雙鍵。前者使用氯化銅在氧化鋁的載體，反應溫度在 220～280℃，後者使用金與鈀金屬在氧化鋁載體的觸媒，反應溫度在 150～180℃。

$$2CH_2 = CH_2 + O_2 \rightarrow 2\,\overset{\;\;O}{CH_2\;\;CH_2} \rightarrow 2\ HOCH_2\text{-}CH_2OH \qquad (8\text{-}1)$$

$$CH_2 = CH_2 + O_2 \rightarrow CH_2OCH_2 + H_2O \qquad (8\text{-}2)$$

$$CH_2 = CH_2 + O_2 + HCl \rightarrow CH_2 = CHCl + H_2O \qquad (8\text{-}3)$$

$$CH_2 = CH_2 + O_2 + CH_3COOH(AcOH) \rightarrow CH_2 = CHOAc + H_2O \qquad (8\text{-}4)$$

1. 使用銀觸媒（Ag_2O/Al_2O_3）的乙烯氧化轉製環氧乙烯，以生產乙二醇作爲聚酯樹脂（polyester）的原料。乙二醇在臺灣是一項重要的石化原料，有南亞塑膠工業公司的年產 1,540,000 噸，南中石化工業公司的年產 300,000 噸，東聯石化公司的年產 250,000 噸及 130,000 噸的中國人造纖維公司。

2. 利用金及鈀合金觸媒（$AuPd/Al_2O_3$）在空氣與醋酸作用下，於 250～270℃將氧化乙烯轉化爲醋酸乙烯（ethylene acetate），醋酸乙烯廣用於包裝材料的薄膜、黏著劑（年產 650,000 噸的大連化工公司）。

3. 生產氯乙烯的反應是以氯化銅爲觸媒（$CuCl_2/Al_2O_3$）讓乙烯與氯化氫及空氣在 250～270℃進行氯氧化反應（oxychrorination），所得的氯乙烯用於製造各種聚氯乙烯（PVC, polyvinyl chloride）的樹脂及塑膠。氯乙烯是臺灣最早也是 1954 年臺塑集團王永慶先生奠基的塑膠原料，有年產 1,580,000 噸的臺灣塑膠工業公司（不包括美國的產能）及年產 360,000 噸的臺灣氯乙烯業公司。

二、丙烯的氧化製程

在空氣存在下，丙烯氧化爲丙烯醛使用的觸媒是氧化鉍氧化鉬（$Bi_2O_3MoO_3/SiO_2$）及氧化矽爲載體的複合氧化物，反應溫度在 400～450℃間。

$$CH_2 = CH_2CH_3 + O_2 \rightarrow CH_2 = CHCHO + H_2O \quad (8\text{-}5)$$

$$CH_2 = CHCHO + O_2 \rightarrow CH_3CH_2COOH \rightarrow CH_3CH_2COOR,\ R = CH_3\text{-},\ C_2H_5\text{-} \quad (8\text{-}6)$$

丙烯氧化所得的丙烯醛進一步以氧化鈷之類的觸媒氧化爲丙烯酸作爲丙烯酸酯的原料，丙烯甲酯聚合後用於耐高溫的人造橡膠，聚丙烯乙酯則廣用於介面活性劑、黏著劑及油漆的成分，臺灣化學纖維公司是臺灣唯一生產這系列產品的公司，丙烯酸的年產量爲 265,000 噸。

1. 丙烯腈的生產

由丙烯生產丙烯腈的氧化條件與丙烯醛的氧化條件及觸媒類似，只是多加了氨氣爲原料，使用的觸媒是以氧化鉍氧化鉬（$Bi_2O_3MoO_3/SiO_2$）爲主成分及氧化矽爲載體的複合氧化物，並添加約五到六種促進劑（P、Ni、Fe、Mg、Mn、K、Ba）以抑制副產品、氫化氰（HCN）、乙腈（Acetonitrile）及積碳。除了 75～85% 的丙烯腈爲主產品之外，另有氰化氫（hydrogen cyanide）及乙腈副產品，前者爲電鍍藥品，是氰化鉀的主要來源，乙腈（或甲基腈）則爲工業用的冶金溶劑。

$$CH_2 = CH_2CH_3 + NH_3 + O_2 \rightarrow CH_2 = CHCN + CH_3CN + HCN \quad (8\text{-}7)$$

丙烯腈是重要的石化產品，1955 年以前丙烯腈的製造類似於氯化乙烯，是利用乙炔（acetylene, CH ≡ CH）加入氫化氰（HCN），由硫酸汞爲觸媒的雷碧反應（Reppe reaction）而得。由於乙炔是昂貴又容易爆炸的化合物，這種製程必須操作在低壓而量少的反應器，所合成的丙烯腈非常昂貴，只用來開發少量的聚丙烯腈纖維及氰化橡膠（nitride rubber），難於成爲普遍性的工業原料。以丙烯與氨爲原料的氧化反應成功後，丙烯腈的供應才普遍化，臺灣目前有中國石油化學開發公司（年產能 190,000 噸）及臺灣化學纖維公司（年產能 280,000 噸）生產丙烯腈。丙烯腈爲重要的人造毛織品，廣用於毛衣、地毯及多種塑膠，丙烯腈爲亞克力纖維、ABS、碳纖維及氰化橡膠的原料。除了聚合爲聚丙烯腈纖維之外，更廣用於碳纖維、ABS 塑膠及氰化橡膠，也被用來耦合成爲己二腈（adiponitride），做爲 6,6- 尼龍的原料，是人造絲纖維及汽車防撞用空氣球（air bag）的製造原料，2005 年全世界的用量已超過 5,000,000 噸。

2. 丙烯腈製程的觸媒演化

1957 年座落於美國俄亥俄州的俄州標準油公司（Standard Oil Co of Ohio, SOHIO）的卡拉漢（J.L. Callahan）及古拉希理（R.K. Grasselli）等幾位觸媒專家，發現氧化鉍及氧化鉬與二氧化矽組合的觸媒可氧化丙烯爲丙稀醛，這是重要的發現。受這鼓勵，因此進一步試探加入氨氣於反應器中，在當時這是一種近於賭博的嘗試，因爲大部分的觸媒學家對氨氣的毒性都是敬而遠之，盡量撇清，但加入這觸媒的反應器後不久，其助理報告，觸媒不但沒被毒死，更形成新東西，經過鑑定發現是丙烯腈。在當時聚丙烯尚未普遍，丙烯是輕油裂解生產乙烯時低廉的副產品，用途不大。因此這新製程徹底改變丙烯的市場身價及市場潛力，成爲重要的石化產品。

最早的 SOHIO 商業觸媒稱爲 Catalyst-A ，其主要成分是 $Bi_2O_3MoO_3/SiO_2$，反應溫度在 470℃，收率約 60%（轉化率 79% ，選擇率 75%）。1968 年之後改爲 $Sb_2O_5UO_3/SiO_2$（Catalyst 21），其收率略增，氨的用量減少（當時氨的價位高於丙烯），氰化氫的銷路有限。第一代的 Catalyst-A 是由三種晶相 Bi_2MoO_6（γ- 晶相）、$Bi_2Mo_3O_{12}$（α- 晶相）及 $Bi_2Mo_2O_9$（β- 晶相）組合而成，而以 γ- 晶相爲最有效的晶相，具有最高的選擇性及活性。第二代的 Catalyst-21 中的氧化鈾，其放射性造成廢觸媒處理的困難。近年來的發展以多成分的鉍鉬系統，$M_a^{+2}M_b^{+3}BixMoyOz$（M_a：Ni 、Co 、Mg 、Mn；Mb：Fe 、Cr 、Al 、Ce）及錫、銻（$Sn_xSb_yO_z$）系統的 M_aM_b（Sn_x 或 Fe_x）Sb_yO_z ，選擇性超過 80% 及 97% 以上的轉化率。上海埔東的中石化公司也開發幾種新觸媒，SAC-200、CTA-6 及 MB-98，廣用於大陸，也用於臺灣的丙烯腈生產（中國石油化學開發公司高雄廠 190,000 噸，臺灣塑膠工業公司 280,000 噸），丙烯腈收率約 80～85%。

反應時，氧原子主要來自金屬氧化物表層晶格的氧原子，透過觸媒表層的擴散供應給反應物，不是原料空氣中氧分子的直接參與。觸媒表層的氧原子擴散到外表層與反應物反應，反應後，氧原子耗盡留下的空位子，則由氣態的氧分子透過吸附及擴散來補充。如果晶格氧原子來自深層，氣態分子的補充跟不上，則會造成金屬氧化價的變動導致觸媒性能的衰退。這種晶格氧原子的優先參與反應，再由氣態氧分子補充（先上車候補票）的氧化反應機制稱為 Marx and van Krevlen 現象。大部分金屬氧化物的氧化反應機制，都是由晶格的氧原子優先錄用，再由原料空氣的氣態氧分子經過吸附後補充，上述加鹽添醋的金屬促進劑功能之一就是在促進氣態氧分子的補充速度以維持觸媒的高活性。氧原子在觸媒表層一出一進必須維持平衡才能維持觸媒活性的長壽，反應速度的快慢與這項氧原子的擴散速度有關，慢者成為反應速度的關鍵步驟（rate determining step, RTS）。

三、其他的氧化製程

除了乙烯與丙烯的氧化製程之外，尚有利用氧化釩（V_2O_5）為觸媒系統，用於：①由丁烷生產丁二酸（maleic acid），這製程在 1990 年代以前使用較為昂貴的丁烯為原料；②由環己烷氧化生產環己酮及己二酸（adipic acid），兩者分別為尼龍 -6 及尼龍 -66 的原料；③由鄰二甲苯以生產酞酸酐（phthalic anhydride），以轉製二辛酞酸脂（dioctyl phthalate, DOP）用於聚氯乙烯及聚苯乙烯塑膠。

8-4 芳香烴的烷基化反應：苯乙稀的合成

芳香烴的烷基化反應（alkylation reaction）是以酸性觸媒催化，將烯烴或氯化物取代苯環的氫原子而成烷基苯。工業上乙烯與苯的反應，在三氯化鋁或 ZSM5 沸石的催化下生成乙苯，是這類催化反應最普遍的例子。這是一種放熱反應，釋放 −53.14 KJ/mol 的熱能，可用於生產高壓蒸汽作為加熱或發電之用。

烷化反應（salkylation reaction）：$C_6H_6 + CH_2 = CH_2 \rightarrow C_6H_5\text{-}CH_2CH_3 + C_6H_{6\text{-}n}(CH_2CH_3)_n$,

$n = 2,3,4\text{--}$ (8-8)

移烷化反應（transalkylation reaction）：$n\ C_6H_6$（過量）$+ C_6H_{6\text{-}n}(CH_2CH_3)_n \rightarrow (n+1)\ C_6H_5\text{-}CH_2CH_3$ (8-9)

苯乙烯的主要用途是用來聚合爲多種規格的聚苯乙烯，是日常生活常見的塑膠（聚苯乙烯、ABS 、合成橡膠），廣用於各種包裝材料、食品與冰箱的保溫材料、電器用品的外殼及家具與建築材料等。臺灣目前有國喬石油化學股份有限公司（年產能 330,000 噸）、臺灣苯乙烯工業公司（年產能 340,000 噸）及臺灣化學纖維公司（年產能 1,200,000 噸）。

在孟山都製程法（Monsanto process），乙烯與苯以 1：3 的莫耳比反應依賴三氯化鋁爲催化劑，在 160～180℃生成乙苯，乙烯全部反應掉，使用大量的苯是在避免多層次烷化生成二、三乙苯。使用較高的反應溫度在提昇三氯化鋁的反應性及溶解度，使全部的觸媒溶於反應液成單一的液相，並讓多層次烷化的二、三乙苯與過剩的苯進行移烷化反應（transalkylation），而回收乙烯於乙苯主產物增加乙烯的反應效率。孟山都製程法在早期廣用於大部分乙苯製造廠，臺灣國喬公司的苯乙烯也使用這方法製造乙苯。自 1980 年代起，莫比耳公司的沸石觸媒出現後，已成爲這反應的主要催化觸媒。特別是 ZSM5 沸石，其孔徑約在 5～6 Å ，反應時乙烯與苯的莫爾比爲 1：4，反應溫度是 400～450℃。反應物在孔道內部的表層進行烷化後，恰好容許苯環大小的分子可擴散出去，而多層次烷化的產品，由於體積龐大容易卡在孔道內難於擴散出去，在孔道內進行移烷化反應形成乙苯後再擴散離開孔道爲產物，因此提高乙苯的選擇性，這現象稱爲形狀的選擇性（shape selective reaction）（請參閱第七章固體酸性觸媒）。

乙苯轉為苯乙烯的脫氫反應是一種吸熱反應，適合於高溫。受熱力學平衡常數對轉化率的控制，約 65% 的收率，反應溫度在 600～650℃進行，在這高溫進行脫氫反應，容易形成觸媒的積碳而失效。轉化率只約 75% ，為維持較高的選擇率 90% ，反應壓力 1 大氣壓並使用大量的蒸汽（乙苯的8～15倍）來降低乙苯的分壓以提昇轉化率及減少觸媒的焦碳化。

$C_6H_5\text{-}CH_2CH_3 \rightarrow C_6H_5CH = CH_2 + H_2$，$\Delta H^\circ = 117.57$ KJ/mol（124.9 KJ/mol at 600℃） (8-10)

Shell-105 觸媒是最普遍被用的乙苯到苯乙烯的脫氫觸媒，其成分為 84.3% Fe_2O_3、2.4% Cr_2O_3、13.3% K_2CO_3。Fe_2O_3 成分在還原狀態下被還原為活性的 Fe_3O_4，加入大量的鉀鹽為促進劑，是在促進觸媒的積碳與蒸汽的水煤氣反應，以去除觸媒的積碳。近年來已有較新的觸媒使用氧化鋯及氧化鈦。工廠的反應製程，先以高溫蒸汽預熱到 670℃，進入反應器反應後溫度降為 600℃，再熱交換提升溫度進入第二套反應器。以二套或三套絕熱觸媒反應器進行脫氫反應，前者的轉化率可達 65～67% ，後者多了一套反應機會，轉化率提升到 70～75%，選擇率則維持在約 95%。

8-5 對苯二甲酸

對苯二甲酸（terephthalic acid, TPA）是用來製造保特瓶等塑膠樹脂與聚酯棉纖維聚合物（polyethylene- terephthalate, PET）的單體原料，PET 是由對二甲酸與乙二醇反應為對二甲酸乙脂經聚合而得。對苯二甲酸是由對二甲苯氧化所得，而對二甲苯的供應一部分是由輕油裂解中三種二甲苯異構物分離而得，另一部分則是由甲苯透過移烷基化反應（transalkylation reaction）及間二甲苯透過異構化反應（isomerization reaction）而得。這三種製程都透過觸媒的功能，吸附、分離及催化反應來完成。

二甲苯的分離：p-, m-, & o-$CH_3C_6H_3CH_3$ → p- $CH_3C_6H_3CH_3$ + m-& o-$CH_3C_6H_3CH_3$　(8-11)

移烷基化反應與分離：$2C_6H_3CH_3$ → p- $CH_3C_6H_3CH_3$ + C_6H_6　(8-12)

異構化反應與分離：m- $CH_3C_6H_3CH_3$ → p-, m-, & o-$CH_3C_6H_3CH_3$ (8-13)

對二甲酸乙脂聚合爲 PET 樹脂當成聚酯棉纖維時，必須是直線型的構造，因此單體原料的純度或聚合時線型聚合物構造的要求是很嚴謹的，否則會影響纖維的強度，在抽絲過程會造成太多的斷絲損失，因此對二甲苯產品基本單體的純度要求必須更嚴謹。

一、二甲苯的分離

煉油廠的輕油裂解與催化重組製程產生的芳香烴餾份中最具有商業用途的成分稱爲 BTXE 或 BTX ，有四種或三種產品：苯（benzene）、甲苯（toluene）、二甲苯（xylenes）及乙苯（ethylbenzene）。這四種成分中，甲苯本身的用途除了當成溶劑及聚胺酯（polyurethane）原料的合成之外，最大宗的二種用途是透過移烷基化反應，把甲苯凸出來的甲基搬走到另一甲苯生成苯與二甲苯，兩者都是芳香烴市場的熱門寵兒。乙苯與二甲苯都屬於八個碳的芳香烴化合物，沸點相近，用蒸餾分離非常費勁，乙苯（136.1℃）、對二甲苯（138.3℃）、間二甲苯（139.1℃）、鄰二甲苯（144.5℃）必須有很高效率的蒸餾塔才能分開，低沸點的乙苯及高沸點的鄰二甲苯在蒸餾中與其他的異構物可先分離，剩下的二種二甲苯異構物在 1970 年代前則以冷凍方法讓對二甲苯結晶與間二甲苯分離，但這方法效率低，許多對二甲苯無法回收完整，造成其他異構物的汙染。1975 年後，美國 UOP 公司推出利用大孔洞沸石來吸附對二甲苯而分離，剩下的鄰與間二甲苯則以蒸餾分離。整個分離過程先將乙苯蒸餾分離，其餘的利用沸石吸附劑（BaX 型）在 160～180℃及 9 大氣壓下把瘦身苗條的對二甲苯吸附進入沸石內部的孔徑，鄰與間二甲苯較為胖腫，難於擠進孔徑，不被吸附而流出沸石觸媒床與對二甲苯分離。分離後的鄰與間二甲苯，可以利用蒸餾分離，也可進一步與酸性觸媒進行異構化反應轉為四種 C-8 異構物，經分離而產生更多的乙苯及對二甲苯。被吸附進入沸石孔徑內部的對二甲苯及少量的乙苯則以沸點較高而胖大的化合物，如對二乙苯或對異丙苯，把進入孔徑內把吸附在內的對二甲苯驅趕出來，被脫附的對二甲苯與過剩的對二乙苯則以蒸餾分離，被留在沸石觸媒孔道的對二乙苯，則在下一輪由吸附力較強而量多的新一批對二甲苯所取代，與其他二甲苯一起流出到外面分離。

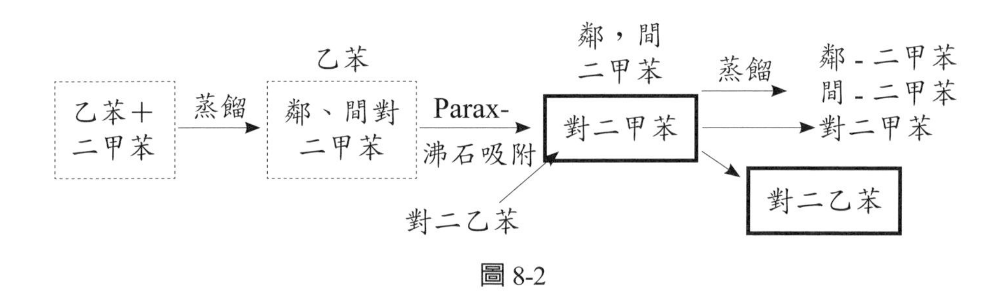

圖 8-2

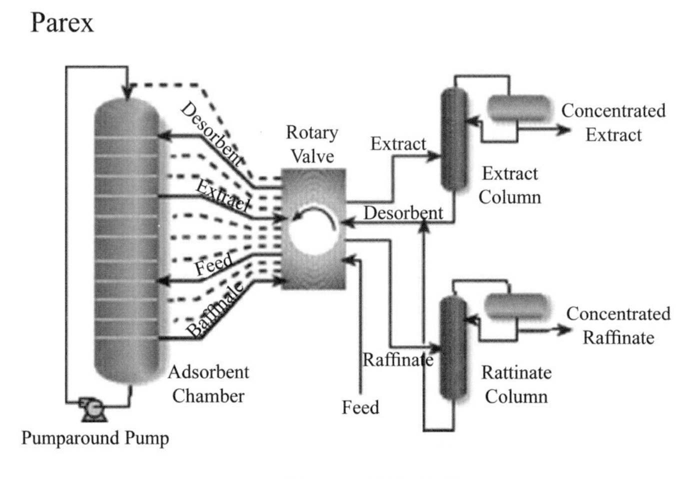

圖 8-3　對二甲苯的分離

二、對苯二甲酸、對二甲苯的氧化

對二甲苯分離後，以醋酸鈷與醋酸錳的複合鹽爲觸媒及少量溴化物如溴化鉀或甲基溴爲促進劑以空氣進行氧化反應，經過對甲基苯甲醛、對甲基苯甲酸、對酸基苯甲醛等中間體而最後氧化成爲對苯二甲酸（terephthalic acid）。所得的對苯二甲酸，由於雜質太多，無法直接用於聚酯纖維的原料，必須以結晶法純化爲純對苯二甲酸才能與乙二醇酯化做爲聚合的單體原料。目前臺灣的年產量達 5,720,000 噸（中美合石油化學公司 2,120,000 噸，臺灣化學纖維公司 2,200,000 噸，亞東石化公司 900,000 噸，東展興業公司 500,000 噸）。1980 年前，氧化所得的對苯二甲酸不能直接用於聚酯棉原料的合成，必須先與甲醇在銻、鋅或鐵的醋酸或氯化物爲觸媒催化下進行酯化反應成爲對苯二甲酯（dimethyltereptahlate, DMT，mp = 140～142℃，bp = 288℃），過剩的甲醇由蒸餾塔的頂部蒸餾出去，底部的DMT濃液，冷後以再結晶分離，收率在97～98%。1980年代之後，日本東麗纖維會社的研究發現，上述氧化產物的醛類中間體是聚合過程的搗蛋鬼，只要將這醛類中間物加氫氫化轉爲醇類中間物（260～280℃，7～10 大氣壓，Pd/Al_2O_3 爲觸媒），可直接用來當聚酯棉纖維的單體原料，不需要再透過 DMT 的純化，這大幅簡化及降低對苯二甲酸的純化製程及聚酯棉的單價。這經驗顯示，化合物純化的重點不一定要純度的絕對値多高，而是所含不適用的不純物是什麼？有多少？會不會下游製程有不好影響？在燃料電池的氫燃料發展過程，也有類似的事宜（請參閱第十一章觸媒在能源的發展與應用）。

這觸媒系統不適用來氧化鄰二甲苯生產鄰二甲酸，因爲在工業上，後者的應用以製造塑化劑（plasticizer）、酞酸二辛酯（dioctylphthalate, DOP）爲主，由異辛醇與酞酸酐酯化而成。酞酞酸酐則由鄰二甲苯直接以五氧化二釩（V_2O_5）在氧化鋁或氧化矽爲載體的觸媒顆粒另加上不同量的促進劑如 K_2O 或 MoO_3 在 350～400℃氧化而成。

Intermediates in p-xylene Autoxidation

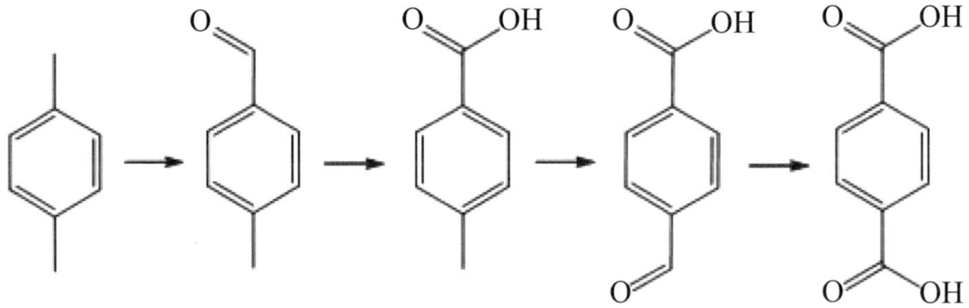

p-xylene → p-tolualdehyde → p-toluic acid → 4-carboxybenzen-aldehyde → terephthalic acid

圖 8-4

Oxidation of p-xylene to p-tolualdehyde

Initiation

$Mn(III)/Co(III) + Br^- \longrightarrow Mn(II)/Co(II) + Br\cdot$ (8-14)

Propagation

$Br\cdot + H_3C\text{-}Ph\text{-}CH_3 \longrightarrow HBr + H_3C\text{-}Ph\text{-}CH_2\cdot$ (8-15)

$H_3C\text{-}Ph\text{-}CH_2\cdot + O_2 \longrightarrow H_3C\text{-}Ph\text{-}CH_2O_2\cdot$ (8-16)

$H_3C\text{-}Ph\text{-}CH_2O_2\cdot + Mn(II)/Co(II) + H^+ \longrightarrow H_3C\text{-}Ph\text{-}CHO + Mn(III)/Co(III) + H_2O$ (8-17)

$H_3C\text{-}Ph\text{-}CH_2O_2\cdot + Mn(II)/Co(II) + H^+ \longrightarrow H_3C\text{-}Ph\text{-}CH_2OOH + Mn(III)/Co(III)$ (8-18)

$H_3C\text{-}Ph\text{-}CH_2OOH + Mn(II)/Co(II) + H^+ \longrightarrow H_3C\text{-}Ph\text{-}CHO\cdot + Mn(III)/Co(III) + H_2O$ (8-19)

Termination

$Br\cdot + H_3C\text{-}Ph\text{-}CH_2\cdot \longrightarrow H_3C\text{-}Ph\text{-}CH_2Br$ (8-20)

$Br\cdot + H_3C\text{-}Ph\text{-}CH_2O_2\cdot \longrightarrow H_3C\text{-}Ph\text{-}CH_2O_2Br$ (8-21)

8-6　苯的氫化反應：環己烷的合成

苯氫化後成為飽和的環己烷，環己烷是一種穩定的烷烴化合物，但透過氧化製程，近九成的環己烷轉製為尼龍纖維的原料：環己酮與己二酸，其餘則用於工業溶劑。

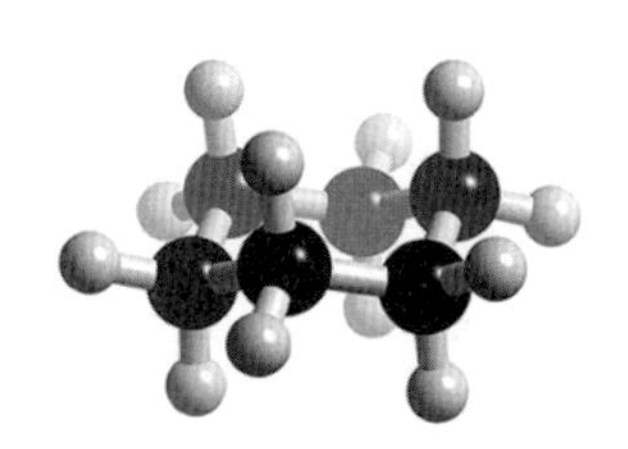

圖 8-5　環己烷的立體模型：椅子型立體構造

環己烷（C_6H_{12}）是具有正六角環的碳氫化合物，異於其他己烷，構造上沒有異構物存在，立體構造上以最穩定椅子型態存在，因此容易純化為單一化合物。

將苯氫化為環己烷時會釋放大量的熱量（$\Delta H = -206.2$ KJ/mol），因此反應溫度的控制成為製程的一大重點，但與上述的氧化製程不同的是所生成的產物（環己烷）的反應性及沸點比原料（苯）來得低，因此不需要利用低轉化率來保護產物，但在高溫時受平衡常數的影響，其逆反應會因所用的金屬觸媒的作用，而將環己烷進行脫氫反應回去苯原料，無法達到環己烷的純度要求，因此溫度必須控制在 300℃以下。

$$C_6H_6 + 3H_2 \longleftrightarrow C_6H_{12} \quad (8\text{-}22)$$

生成環己烷的反應率與壓力成正比，但所用的觸媒如鎳、鈷或釕

（Ru）金屬觸媒在高溫會催化脫氫反應回去苯。因此在工業製程上，以氣態反應時，至少分成兩階段或多段以避免釋放太多的反應熱造成觸媒的過熱，加速觸媒晶粒的凝結（sintering）而老化。在第一階段，以 3～5 大氣壓的氫氣於 150～180℃進行約 20% 的苯氫化反應，再於第二反應塔於較高的壓力，LHSV = 1～4 的空間速度及 20～30 大氣壓的反應條件下，完成氫化反應爲環己烷，所含的苯成分必須低於 10 ppm。

爲維持反應溫度的固定，有些製程（如中油的左營廠）採用低溫液相反應再以高溫完成反應以確保殘留的苯於最低量。液相氫化常使用雷尼鎳在大量苯與環己烷溶液中加入氫氣，溫度約 160～250℃與壓力 10～15 大氣壓下進行反應，達成約 95% 的氫化，氫氣與苯的莫爾比爲三，之後再以高濃度鎳或鈀觸媒的固定床將少量未反應的苯氫化，如此可避免第一階段釋放的大量熱能造成溫度控制的困難。就氫化反應而言，氫氣的純度不一定要高純，75～99.9% 均可。但使用低濃度的氫氣時，爲維持固定的氫濃度，所含的不純物必須吹沖（flash out）出去，這也會把反應物料（氫氣本身，苯與環己烷）同時吹沖出去造成空氣汙染。高純度的氫氣在迴流使用時可直接使用不需吹沖，因此近年來比較偏好使用較高純度的氫氣（99.9～99.99%），避免物料的損失及處理空氣汙然的費用。

8-7 環己烷的氧化

環己烷的重要工業用途是氧化爲環己酮及己二酸，兩者分別爲尼龍 -6 與尼龍 66 的原料。

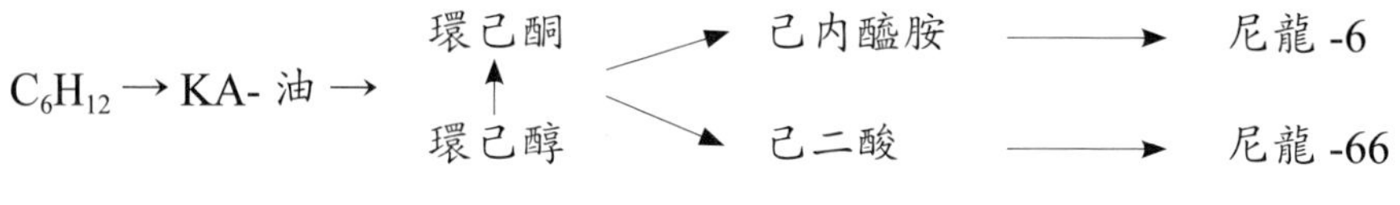

環己酮 → 己內醯胺 → 尼龍 -6

C_6H_{12} → KA- 油 → ↑

環己醇 → 己二酸 → 尼龍 -66

圖 8-6

環己烷在鈷觸媒下，以空氣進行氧化為環己酮與環己醇的混合物（統稱為 KA 油），這反應的二項難題是，反應時釋放巨量的反應熱（139.2 KJ/mol at 25℃），必須處理以避免反應溫度的飆升及 KA 油繼續反應產生斷鍵的雜質。因此一般的製程以液相反應利用大量環己烷本身的蒸發來吸收反應熱，以穩定反應溫度及避免 KA 油的繼續氧化。為解決上述難題，將反應控制在低轉化率，並設法形成硼酸鹽來穩定環己醇。觸媒是在氧化時利用大量的環己烷溶解 5～10 ppm 濃度的有機酸鈷觸媒（如辛酸鈷（cobalt octate）或奈酸鈷（cobalte nahnate））形成均勻性溶液，在溫度 150～170℃及 8～12 大氣壓下反應。轉化率在 5～8% ，而環己醇與環己酮的選擇率約在 85～90% ，在少量硼酸存在下，環己醇形成硼酸鹽而抑制繼續被氧化的速度，因此轉化率可提高到 15%。工業上使用液相反應時，所選的反應溫度與壓力的選擇，剛好可把大量釋放的反應熱維持在環己烷的蒸發冷凝後再匯集，高沸點的環己醇與環己酮留在反應器內，為避免逐漸增加濃度的產物被繼續氧化為酸類，工業上使用四到五個反應器串連，較高濃度的產物由最後一個反應器流出，經蒸餾與環己烷分離，KA 油進入後面的設備蒸餾分離。生產己內醯胺給尼龍 -6 時，則進一步將環己醇在銅鋅觸媒下於 240～260℃的反應溫度脫氫轉為環己酮，再與羥胺（hydroxyl amine ，NH_2OH）反應並於發煙硫酸的催化下成為己內醯胺，聚合成尼龍 -6 的樹脂，臺灣的中國石油化學開發公司以這製程生產己內醯胺（280,000 噸）。

$$C_6H_{12} + O_2 \rightarrow C_6H_{11}\circ + HOO \tag{8-23}$$

$$C_6H_{11}\circ + O_2 \rightarrow C_6H_{11}OO \tag{8-24}$$

$$C_6H_{11}OO\circ + C_6H_{12} \rightarrow C_6H_{11}OOH + C_6H_{11} \tag{8-25}$$

$$2\ C_6H_{11}OO\circ \rightarrow C_6H_{10}O(K) + C_6H_{11}OOH(A) \tag{8-26}$$

$$C_6H_{10}O + NH_2OH \rightarrow C_6H_{10} = NOH \rightarrow C_6H_{10}NHO \tag{8-27}$$

加入硼酸時，環己醇形成硼酸鹽，在氧化狀態下，不易被繼續氧化，而獲得較高的轉化率與環己醇選擇率，硼酸鹽水解回收環己醇。

$$C_6H_{11}OH + H_3BO_4 \rightarrow OB(O\ C_6H_{11})_3 \quad (8\text{-}28)$$

$$OB(O\ C_6H_{11})_3 + 3H_2O \rightarrow 3\ C_6H_{11}OH + H_3BO_4 \quad (8\text{-}29)$$

由於上述液態氧化效率不高，許多氣固相的異相催化反應，與使用其他的金屬觸媒都被陸續嘗試中，但尚未工業化。這些不同的觸媒金屬，除影響轉化率及選擇率之外，也影響產物中環己酮與環己醇的比例，比值愈高，下一步吸熱性脫氫反應的規模愈小，可提昇系統的產量與能源效率（減少環己醇與能源的耗用）。使用有機酸的鈷鹽觸媒時，酮醇的比值約為 0.5，使用相對的鉻觸媒時，則增加為 2.0。

8-8 氨的合成

利用空氣中的氮氣與氫氣反應生產氨氣是近代觸媒製程的重要里程碑，觸媒的設計與高壓反應器的製造在 1910 年代都是當時的挑戰性題目。在這反應成功之前，人類依賴智利的天然硝酸鹽或動物排泄物作為農作物的氮肥來源，隨著人口的增加，這類氮肥的來源已不夠滿足人類對糧食的需求。德國是氨氣合成的始作俑者，一方面德國所能獲得的硝酸鹽不足以滿足其農業及軍火工業製造火藥的需求，必須尋找新的合成途徑來解決。在第一章已敘述氨合成是觸媒發展的一座重要里程碑，本章則針對氨合成的技術問題略做深入的介紹。

氮氣加氫的困難在於氮氣的穩定與惰性，幾乎不產生化學吸附及不易反應，需要高溫來活化其分子（三重分子鍵）。但強烈的放熱反應（$\Delta H^\circ = -92.2$ KJ/mol），使其反應平衡值隨升溫而變小（10^5K_{eq}(℃) = 434(300)，

16.4(400)，4.51(450)，1.45(500)，0.548(500)，0.225(600)），影響轉化率，不利於利用高溫來活化分子，但惰性的氮分子又需要高溫來活化，這形成合成的困難。另一方面高壓有助於提昇轉化率，但受制於二十世紀初期的鋼鐵材料及機械加工能力，高壓高溫的反應器與高壓泵無法獲得，因此氨的合成依賴觸媒與化工機械技術的突破。

1910 年代初期德國哈伯－伯熙所完成的氨合成製程，所用的觸媒是由初期的氧化鋨（OsO_3）改爲氧化鐵系統。後繼的研究發現加入氧化鉀與氧化鋁可大幅增進氮氣在高溫的化學吸附能力，提升氨氣的收率，因此目前氨合成的工業觸媒主要成分除氧化鐵之外另加氧化鉀、氧化鋁及氧化鈣：60.7%FeO、34.0%Fe_2O_3、4.9%（K_2O、CaO、Al_2O_3）。由於平衡轉化率極低，必須依賴高壓來增加轉化率，早期以往還式的壓縮機（reciprocal compressor）來進行 300～800 大氣壓的反應，造成壓縮機的空間、耗電量及投資額龐大，遠大於觸媒及反應器的費用。自從離心式壓縮機普遍後，壓力雖然降低但壓縮量大幅增加，壓縮費用因而大減，寧可在較低的壓力下（150～200 大氣壓）以低轉化率多重迴流來重複反應，這比單程高轉化率來得合算。這樣的新觀念，促成今天氨合成廠的規模大到日產 1,000～2,000 噸。反應條件使用 $H_2/N_2 = 2.5$，壓力在 200 大氣壓，溫度 400～500℃，空間速度在 10,000～50,000 hr^{-1}，單程收率控制在 20% 左右，利用多重迴流來達成產量。原料的氫氮比小於理論值的 3.0，是因爲氮分子的化學吸附比氫分子的化學吸附難，由於氮分子的化學吸附形成氮原子是反應速度的關鍵步驟，因此增加氮分子的濃度，以增加整體的反應速度及收率。

8-9　醋酸的合成

醋酸是食醋的主要成分，食醋的製造可追溯到人類文明的開始，七千年前巴比倫時代（現在的伊拉克兩河流域）已有以醋當清潔劑、食品防腐劑及調味料的記載。一般的食醋是利用含澱粉或醣類的食物或果實醱酵，從多醣化合物到葡萄糖而酒精最後到最穩定的醋酸。一般所謂的醋酸指的是無水的純酸，其分子式爲 CH_3COOH。而食醋則是稀薄的醋酸水溶液，除了以醋酸作爲主成分提供酸澀的味道之外，尚有微量有價值的雜質。食醋的價值不是所含醋酸含量的高低，而是這些雜質討好口味的能力。用在來米爲原料的食醋，其價位不如糯米做的，更不如蘋果做的。工業合成需要高濃度的醋酸，但高濃度的醋酸或食醋，無法以醱酵的方法直接達到高濃度，必須再經過耗能而昂貴的水蒸發來濃縮，因此早期工業上醋酸的製造以氧化法將碳氫化合物，如丁烷，利用空氣加熱或再使用鈷觸媒加以氧化。

一、丁烷的氧化

醋酸的工業製法有三大類製程，最早的製程是丁烷（奈烷或其他碳氫化合物都可以）的氧化。這氧化製程以液態方式進行，以控制溫度減少副產物，反應溫度約爲 95～100℃、10～54 大氣壓以空氣氧化，可不用任何觸媒，但使用醋酸溶液的鈷、鉻或錳的醋酸鹽爲觸媒系統的選擇性較佳，但仍無法形成單一產品。產品的種類與分布是甲酸、醋酸、丙酮、MEK 等。除了醱酵法，這製程在 1960 年代前是唯一的工業法，目前仍有一些老廠在工業化較慢的地區盛行。因爲這製程可一魚四吃，同時生產甲酸、醋酸、丙酮與 MEK 四種產品供應市場，但缺點也是一魚四吃，因爲純化多種產品費力又昂貴，而每一種產品的產量不一定是市場的需求，四種產品的產量如不配合市場需求，就會造成浪費。

$$CH_3CH_2\text{-}CH_2CH_3 + O_2 \rightarrow HCOOH + CH_3COOH + CH_3COCH_3 + CH_3COC_2H_5 \text{ ---} \quad (8\text{-}30)$$

二、乙烯的氧化

1960 年代後，德國的 Wacker 化學公司發明一種高效率的選擇性乙烯氧化製程，將乙烯氧化爲乙醛再氧化爲醋酸，這製程稱爲 Wacker Process。這製程之前，乙醛（$CH_3CHO \longleftrightarrow CH_2 = CH_2OH$）是以乙炔透過雷碧反應以汞觸媒催化加入水分子轉乙醛。

$$CH = CH + H_2O \rightarrow CH_2 = CH_2OH \longleftrightarrow CH_3CHO \tag{8-31}$$

1950 年代輕油裂解初步成功，大量產生乙烯與丙烯，兩者都尚未有適當的市場出路，聚乙烯（LDPE）與聚氯乙烯（PVC）尚未成氣候，乙烯的用量不多而低價。Wacker 化學公司認爲發揮乙烯的機會來臨，因此積極開發乙烯氧化的製程。

$$CH_2 = CH_2 + 1/2O_2 \rightarrow CH_3CHO \rightarrow CH_3COOH \tag{8-32}$$

事實上反應是在乙烯與水於 100-110℃與 10 大氣壓下，在 $PdCl_2$ 與 $CuCl_2$ 的氧化性催化下進行加水的反應，正二價的鈀離子先被還原爲零價的鈀金屬，後者以 $CuCl_2$ 氧化恢復爲正二價的鈀（離子）鹽，而 CuCl 再以氧或空氣氧化回 $CuCl_2$。這製程的收率在 95% 以上，乾淨俐落，適合大量生產，但德國發明後，只有一家日本廠商採用，因爲不久之後，1968 年有更理想的甲醇與 CO 成醋酸的製程出現，而乙烯的用途也大增，價位提升。第一步驟的氧化，乙醛產品的沸點只有 21℃，使用空氣時，惰性的氮氣於反應後排出，會帶走乙醛與氯化氫造成嚴重的空氣汙染，因此目前已改用純氧氣，以避免空氣的汙染。反應液具有嚴重的腐蝕性，反應在一或二個含有塡充物的反應塔進行，單塔反應器時，上述的氧化與鈀金屬的再生在同一反應塔進行，雙塔反應器時，乙烯的氧化塔與鈀金屬的再生塔分開進行。

$$CH_2 = CH_2 + H_2O + PdCl_2 \rightarrow CH_2 = CHOH\ (= CH_3CHO) + 2HCl + Pd$$

$$Pd + 2CuCl_2 \rightarrow PdCl_2 + 2CuCl \quad (8\text{-}33)$$

$$2CuCl + 1/2O_2 + 2HCl \rightarrow 2CuCl_2 + H_2O \quad (8\text{-}34)$$

Wacker Process 製程是第一個工業均相催化反應，經過有機金屬的中間體而成爲產品。但生不逢時，因爲原先期待低廉的乙烯落空，乙烯在多種聚合物大顯身手，成爲市場的搶手貨，價位不便宜。而技術成功又啓發另一種均相催化製程的開發，這新製程也使用有機金屬觸媒，但所用的甲醇原料，其價位遠低於乙烯。因此將乙烯氧化爲醋酸在商業上不太成功，但這製程卻可轉用於其他稀烴的氧化以生產其他醛類化合物或其相當的酸類化合物，如 $C_8H_{17}CH = CH_2 \rightarrow C_8H_{17}CO\text{-}CH_3 + C_8H_{17}CH_2CHO$。

三、孟山都的甲醇的羰化反應

羰化反應是一種一氧化碳與烯烴或氯化物的結合反應，所使用的觸媒是有機金屬觸媒（ML_n），M 分別代表貴重金屬如鈀（Pd）、銥（Ir）、銠（Rh），而 L 是氫分子、一氧化碳及有機配位子（ligands），用來穩定金屬，調整金屬的電子密度及其活性，或提供立體阻力以決定金屬與有機物的結合方向。這類的催化反應都使用大量的溶劑於高壓下維持反應物、產物及觸媒於均相的組合，因此是一種均相催化反應。

工業上這類反應應用於丙烯到正丁醇、甲醇到醋酸及乙烯到丙酸。把水加入烯烴分子成爲醇類化合物，可簡單使用酸性陽離子交換樹脂、沸石觸媒等來催化，但醇基接合的位置一定在最分歧的碳上，如丙烯加水後成爲異丙醇，不會形成正丙醇，異丁烯與水的反應生成特丁醇，氫氧基在中間的碳原子上，不在末端，理由是酸性催化經過正碳離子（carbocation 或 carbonium ion）的中間體，而正碳離子的穩定度與碳原子上取代基（substituent）的多寡有關，三級碳原子（tertiary carbon）有三支取代基，是最分歧的碳原子，也是最穩定的正碳離子，二級碳比初級碳的正碳離子穩定（$=C^+ > =CH^+ > CH_3^+$），因此水分子反應的正碳離子形成醇類化合物時，分歧的碳原子較受偏好。合成正丙醇不能透過酸性觸媒來催化，必須透過提供電子的金屬來讓碳原子成為陰離子型（C^-）的中間體來形成，因為陰碳離子的穩定度與正碳離子的穩定度剛好相反。透過氫硼化反應（hydroboration）來進行是一種可行的方法，但這不是催化性的反應。羥化反應是目前唯一可將醇基結合在末端碳原子上的催化反應。

在酸性觸媒的作用下：$R\text{-}CH = CH_2 + H_2O \rightarrow R\text{-}CH(OH)\text{-}CH_3$　(8-35)

在羥化反應下：$R\text{-}CH = CH_2 + CO + 2H_2 \rightarrow RCH = CH_2CHO + H_2 \rightarrow R\text{-}CH_2\text{-}CH_2\text{-}CH_2OH$　(8-36)

因此以羥化反應，氯化物或烯烴反應物可增多一個碳原子於末端並形成醛類或醇類化合物，正級醇類則使用在聚酯類樹脂的合成原料，如早期錄音帶用的 PBT（polybutyl terephthlate）。

美國孟山都公司在 1968 年完成一項劃時代的羥化反應，原料是低廉的甲醇，產品是醋酸，幾乎沒有副產品，所用的觸媒系統是四氯化銠及扮演促進劑的甲基碘，整體的反應可用下列方程式表示。

$CH_3OH + CO \rightarrow CH_3COOH$　(8-37)

$CH_3OH + HI \rightarrow CH_3I + H_2O$　(8-38)

$RhCl_4 + 4CO + 2HI \rightarrow Rh(CO)_2I_2 + 2HCl$　(8-39)

$$CH_3I + Rh(CO)_2I_2 \rightarrow RhI_3(CO)_2CH_3 \quad (8\text{-}40)$$

$$RhI_3(CO)_2CH_3 + CO \rightarrow RhI_3(CO)_2COCH_3 \quad (8\text{-}41)$$

$$RhI_3(CO)_2COCH_3 \rightarrow CH_3COI + RhI_2(CO)_2 \quad (8\text{-}42)$$

$$CH_3COI + H_2O \rightarrow CH_3COOH + HI \quad (8\text{-}43)$$

反應溫度是 200～250℃，壓力是 15～20 大氣壓，反應在醋酸溶液及約 14～18% 水的溶液裡進行，於金屬鋯的反應器進行以抗拒碘酸的強烈腐蝕性。反應速度與銠觸媒及甲基碘濃度的一次方成比例，但與一氧化碳的壓力無關，選用 15 大氣壓只是讓一氧化碳能有足夠的溶解度及縮小昂貴的鋯金屬反應器體積（早期使用的 hastelloy C 合金會呈現輕微的腐蝕，而改用鋯金屬反應器）。蒸餾醋酸產品前，必須先把未反應的甲醇蒸出，以迴流進催化反應器繼續反應，其次是沸點較低但高蒸發熱的水需蒸發掉，這操作費時是製程上的一項操作瓶頸，反應選擇率在 99%。孟山都的這項製程很快成為全世界醋酸製程最愛的選擇，前面所述的兩種製程除了已有的工廠之外，再也沒有新廠採用。

但為了突破上述的製程瓶頸（不是化學反應的瓶頸），孟山都醋酸及製程的大客戶瑟蘭斯化學公司（Hoechest Celanese Corp），開發了一項進步的修改製程。首先將 14% 以上的水減少到 3～8%，以縮短水的蒸發時間及能源，但含水量降低後，發現非常昂貴的銠觸媒會沉澱而失效，因此他們添加了一些碘化鋰，結果發現銠觸媒的沉澱問題解決，而水的蒸發操作也可快速進行，使工廠的產量因之大為增加，其專利申請認為可把原來孟山都醋酸老廠的原產量倍增，因此這是一種非常合算的投資改善，幾乎不需增添設備而可大幅增產，這是工業經營最聰明最合算的研發成果。

8-10　煉油廠的煉製製程

原油離開油田或油輪送到煉油廠進行多種的分離操作才有市場的利用價值，把原油內非常複雜的成分按照市場需求加以分離整合。蒸餾是煉油廠最常用的分離操作，分離只是針對原油已有的成分加以分離純化，不會產生新構造或改變原有成分的份量。隨著市場需求的精緻化與複雜化，單純以蒸餾來分離已無法滿足，必須藉著催化製程來改變成分的構造以增加熱門成分的份量。

原油內含有一些無機鹽，先以水洗去除。第一道分離操作是 1 大氣壓下的蒸餾，輕沸點的成分如甲烷及乙烷則快速蒸發分離當作煉油廠操作的熱源。C3～C4 的成分蒸發回收爲液化石油氣（LPG），沸點再高一點的成分（20～180℃）C5～C12 則蒸餾後成爲汽油，而 C12～C16（205～260℃）則做爲燈油、柴油，或是做爲噴射機油用於噴射機的引擎、柴油引擎或發電機，更高沸點（250～300℃）的 C15～C18 成分是燃料油，用於鍋爐的加熱用，分子量再上去的成分，C19～C25（300～370℃）是潤滑油的基本成分（但需要再添加許多清潔劑、抗氧化劑等以改善品質），最後則是鋪路用的瀝青。

一桶原油約可獲得 35% 的汽油，但汽油市場的需求超過 50% 的供應才能滿足。因此煉油廠透過不同的催化製程將一些需求較低的餾份改變其構造使其汽油性能改善，這些構造改造的處理有：①異構化反應（isomerization reaction）增加碳鏈的分歧狀況而不改變分子量；②觸媒重組反應將飽和烴轉爲芳香烴（catalytic reforming for aromatics）增加辛烷值；③裂解反應（cracking reaction）將較大的分子裂解爲較小的分子，裂解的方法有熱能裂解反應（thermal cracking reaction）及催化裂解反應（catalytic cracking reaction）；④加氫脫硫反應（hydrodesulfurization reaction）。這些催化反應是一般煉油廠用來調整其原料與產品的品質及產量，以滿足市場的要求。這裡只介紹催化製程的應用與角色，相關的觸媒構造及性質已分別在第六章金屬觸媒與表徵觸媒結構及第七章固體酸性觸媒進一步詳細介紹。

一、異構化反應

在酸性觸媒的作用下，異構化反應可將碳鏈的直鏈構造改變爲分歧性複雜的碳鏈以改善辛烷值。辛烷值只有 19 的正辛烷，酸觸媒催化的異構化反應在約 350～450℃轉爲具有分歧碳鏈的異庚烷，其辛烷值分別增加爲 21.2（2- 甲基庚烷）、65.2（2,4- 二甲基己烷）及 100（2,2,4- 三甲基戊烷），異辛烷的碳鏈構造上的分歧程度愈多辛烷值愈高。

CH_3-CH_2-CH_2-CH_2-C_3H_7 + AC^+ → CH_3- CH_2-C^+H-CH_2-C_3H_7 + ACH →

CH_3-CH_2-C^+H-CH_2-C_3H_7 → C^+H_2-(CH_3)CH-C_4H_9 + ACH →

CH_3-(CH_3)CH-C_4H_9[2- 甲基己烷] + AC^+ → CH_3-(CH_3)C^+-CH_2-C_3H_7 →

(CH_3)2C(C_3H_7)-C^+H_2 + ACH → AC^+ + CH_3-C(CH_3)$_2$-C_3H_7 [2,2- 二甲基戊烷]

AC^+：酸性觸媒濃硫酸或濃磷酸，$SiO_2Al_2O_3$，X-, Y-, ZSM-5 型的沸石觸媒 (8-44)

二、重組反應

同樣地，把正庚烷（辛烷值 0）或一部分異庚烷（如 2 甲基己烷），在酸性載體的白金觸媒進行重組反應（Reforming reaction）獲得甲苯（辛烷值 = 120.4），而成爲高辛烷值的芳香烴化合物以提昇汽油性能，也可做爲石化工業的芳香烴原料。自從辛烷值的增進劑、四醋酸基鉛被禁用後，許多地區改用芳香烴來提昇辛烷值，臺灣的汽油也含有約 25% 的芳香烴來提昇辛烷值，不足的再以 MTBE（methyl tertiary butyl ether）來補充，以達成現有 98、95、93 三種辛烷值的汽油。

$$CH_3CH_2\text{-}C_4H_9\text{-}CH_2CH_3 + Pt/Al_2O_3 \rightarrow CH_3C^+H\text{-}C_4H_9\text{-}CH_2CH_3 \qquad (8\text{-}45)$$

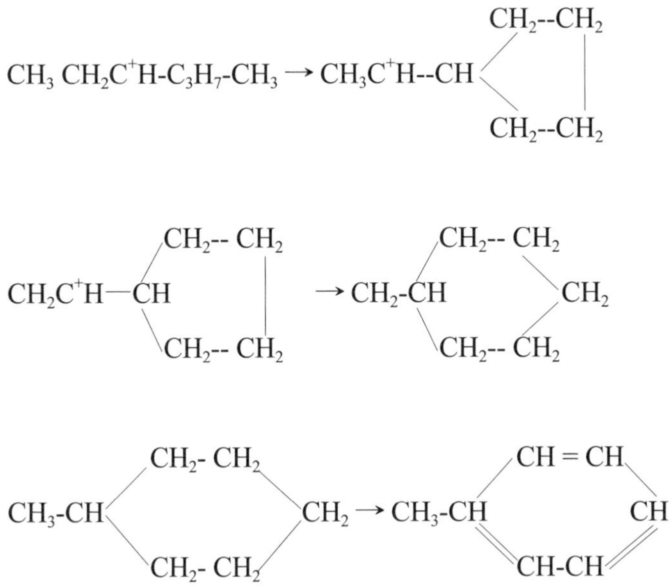

$CH_2\text{--}CH_2$

$CH_3\ CH_2C^+H\text{-}C_3H_7\text{-}CH_3 \rightarrow CH_3C^+H\text{--}CH$

$CH_2\text{--}CH_2$

這兩項反應依賴觸媒的酸性來催化，透過正碳離子的反應機制來改變碳鏈的構造。

$CH_2\text{-- }CH_2$　　　　$CH_2\text{-- }CH_2$

$CH_2C^+H\text{—}CH \rightarrow CH_2\text{-}CH$　　CH_2

$CH_2\text{-- }CH_2$　　　　$CH_2\text{-- }CH_2$

$CH_2\text{- }CH_2$　　　　$CH = CH$

$CH_3\text{-}CH$　　$CH_2 \rightarrow CH_3\text{-}CH$　　CH

$CH_2\text{- }CH_2$　　　　$CH\text{-}CH$

這反應依賴觸媒上的白金觸媒，來催化脫氫反應。

圖 8-7

重組反應所用的觸媒具有雙重功能，酸性催化及脫氫催化反應的功能，爲改善觸媒的選擇性，目前的工業觸媒都具有兩種金屬來減少副反應的競爭所造成原料的損失（請參閱第六章金屬觸媒與表徵觸媒結構）。

三、催化裂解反應（cracking reaction）

現代化的裂解反應也是一種酸性的催化反應，可透過上述異構化反應的觸媒來進行。1935 年代以前，大部分的裂解反應屬於熱能裂解，透過熱能的供應在高溫（500～600℃）將碳鏈加以斷裂。碳鏈斷裂的結果，反應物的分子量減少，一部分形成烯烴，一部分維持飽和狀態的烷烴構造。反應機制透過碳的自由基來搬動碳鏈，形成較小的飽和烷烴產物或脫除氫原子形成稀烴產物。熱能裂解所得的汽油，其分子碳鏈的分歧性較低，因此辛烷值也較低，而殘硫的烯烴，常常聚合形成膠狀物質，對引擎的操作不良。

自 1935 年之後，美國開始使用酸性觸媒（高溫活化去除揮化物的高表面積黏土），結果發現不只是大分子裂解爲揮發性較高的小分子，更會同時進行分子鍵的異構化，形成高分歧度的分子，具有較高的辛烷值，使所產的汽油或（飛）機油具有優越的性能，改善美國及聯軍戰車及飛機的作戰性能。當時軸心國（德國、義大利及日本）尚不知催化裂解的製程，雖有較優良的戰機，但飛行或作戰性能（加速、爬升及轉彎）受汽油品質的限制而不如聯軍的戰機，導致空戰的失敗與制空權的損失。

由於媒化裂解（catalytic cracking）容易導致觸媒的積碳而失去活性，必須頻繁進行空氣的氧化以消除積碳，因此當時的催化裂解反應是在一系列的觸媒塔輪流進行，有一部分反應塔進行裂解，另有一部分進行觸媒的氧化以再生，如此可連續維持觸媒的活性以進行連續式的裂解反應。1935～1940 年，美國麻省理工學院化工系的威廉路易（W.K. Lewis）與理查克利蘭（E.R. Gilliland）教授提出利用細粒觸媒，在流體化床（fluidized bed）以蒸汽流動化解決連續裂解與再生的問題，實際開發應用流體化床則於埃森莫比公司的前身紐澤西標準油公司完成，趕上二次大戰期間對高辛值汽油的需求。整個反應系統由一個吸熱性的流體化媒裂反應塔及一個放熱性的裂解觸媒再生塔組合，前者在 1.5～2.0 大氣壓，溫度在 550℃反應將長鏈的高沸點油份（315～450℃）與蒸汽裂解爲低沸點的油份，過程中觸媒的溫度下降並沉積大量的積碳，送入體積更大的再生塔在 715℃及 5 大氣壓下以空氣氧化把積碳清除，積碳燃燒的燃燒熱把觸媒溫度提昇，超高溫的再生觸媒送回裂解塔繼續進行媒裂反應，自此之後媒化裂解的反應普遍在兩支流體化床連續進行裂解反應（圖 8-8）。在流體化床媒化裂解成爲標準選擇之前，曾有一度使用所謂的流動觸媒床（moving bed reactor），有兩支反應塔，一支進行裂解另一支進行空氣氧化的觸媒再生，以保持連續的運作。觸媒是顆粒狀，裂解塔的上端是剛再生的新鮮觸媒，隨著積碳的累積，觸媒比重增加而往下移動，在塔底利用蒸汽吹向再生塔，在再生塔中，隨著積碳的消除，比重減少而浮上，到了塔頂積碳清除，再用蒸汽吹到裂解塔與原料接觸進行裂解反應。中油公司的左營廠曾使用這種設備進行油料的媒裂解以增產汽油及噴射機油，一直到 1970 年代初期才改用流體化床式的媒化裂解。

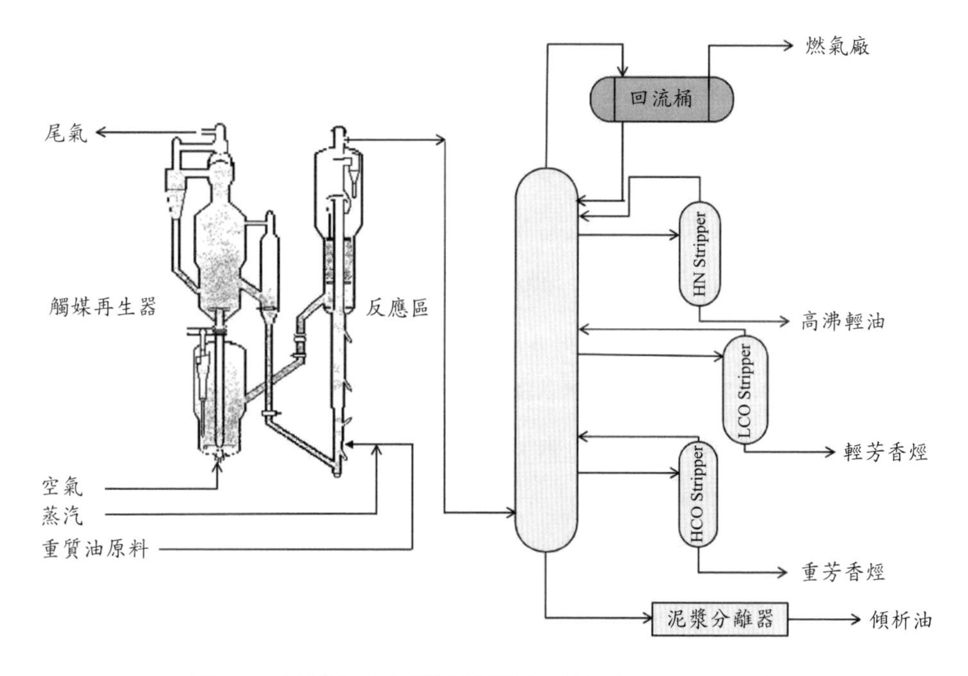

圖 8-8　流體化的觸媒裂解反應系統（US 2,451,804）

參考文獻

1. David D. Kragten, PhD Thesis, University of Ultricht, Dept of Inorganic Chemistry, Apr. 1994.

2. A. C. Dimian and C. S. Bildea "*Chemical Process Design: Computer-Aided Case Studies*".Chapter 10, Vinyl acetate monomer, 2008 WILEY-VCH Verlag GmbH & Co. KGaA, Weinheim.ISBN: 978-3-527-31403-4
3. A. C. Dimian and C. S. Bildea "*Chemical Process Design: Computer-Aided Case Studies*". Chapter 7, Vinyl chloride monomer, 2008 WILEY-VCH Verlag GmbH & Co. KGaA, Weinheim.ISBN: 978-3-527-31403-4
4. Sanja Pudar, Jonas Oxgaard, Kimberly Chenoweth, Adri C. T. van Duin, and William A. Goddard, III*, "Mechanism of Selective Oxidation of Propene to Acrolein on Bismuth Molybdates from Quantum Mechanical Calculations", *J. Phys. Chem. C* 2007, 111, 16405-16415.
5. K.M May, M.L. Scherholz, C.M. Watts, "Partial oxidation of propylene to acrolein", Apr. 23, 2008. http://www.google.com.tw/#hl = zh-TW&site = &q = Catalytic+ oxidation+of + propylene+to+acrolein&btnK = Google+%E6%90%9C%E5%B0%8B&oq = &aq = &aqi = &aql = &gs_sm = &gs_upl = &bav = on.2,or.r_gc.r_pw.,cf.osb&fp = e5a78ce0f84b6872&biw = 1224&bih = 474
6. R.K. Grasselli, "Selective Oxidation by Heterogeneous Catalysis", Chapter 25 in B.H. Davis and W.P. Hettinger, jr. Editors, "Heterogeneous Catalysis" ACS Symposium Serie s, 222, Am. Chem. Soc. Washington ,D.C. 1983
7. A. C. Dimian and C. S. Bildea "*Chemical Process Design: Computer-Aided Case Studies*". Chapter 11, Acrylonitride from propene, 2008 WILEY-VCH Verlag GmbH & Co. KGaA, Weinheim.ISBN: 978-3-527-31403-4
8. http://www.scribd.com/doc/24119003/Ethyl-Benzene-Project-Report
9. Wu, J.-C.; Liu, D.-S.; Ko, A.-N. "Dehydrogenation of Ethylbenzene over TiO_2-Fe_2O_3 and ZrO_2-Fe_2O_3 Mixed Oxide Catalyst." Catal. Lett. 1993, 20,

191.

10. K. Weissermel, H.-J. Arpe, Industrial Organic Chemistry, second ed.,VCH Press, Weinheim, 1993.
11. A. Sakthivel and P. Selvam, *J. Catal.* 211(2002), 134
12. Irekkab-Hammoumroui, A. Choukchou-Branam, L. Pirault-Roy and C. Kappenstein, "Catalytic oxidation of cyclohexane to cyclohexanone and cyclohexanol by *tert*-butyl hydroperoxide over Pt/oxide catalysts.", Bull.Mater. Sci. Acad. Sci. India, 34(2011), 1127-1135. For updated extensive review of literatures.
13. 吳永連，國立臺灣大學化工系博士論文，民國 71 年 7 月及早期的文獻。
14. N.M.Emanuel,E.T. Denisov andZ.K. Maizus, "Liquid phase oxidation of hydrocarvbons" Plenum Press., New York, 1967
15. J.W. Smidt, Angew Chemie, 71(1959), 176.
16. F.E. Paulik, A. Hershman,W.R. Knox and J.F. Roth of Monsanto Co, "Production of carboxylic acids and esters", US-3,769,329, Oct. 30, 1973,
17. B.L. Smith et. al. of Hoechest Celanese Corp., "Methanol carbonylation processs", US-5,001,259, Mar.19, 1991.

習題

1. 依其組成，工業觸媒可以分成哪幾種？請舉出三種工業觸媒的成份及其用途。
2. 你受命評估廠商送來來的二種環己醇脫氫為環己酮的觸媒，CuOZnO-Al_2O_3, CuOMgO/SiO_2，你將如何評估？
3. 苯的加氫生產環己烷的製程有哪些觸媒及反應條件的特色如何？

4. 甲，乙兩家廠商送來兩種觸媒，A 與 B。評估結果 A 觸媒有轉化率 95% 而產品的選擇率是 75%，而 B 觸媒則其轉化率只有 80%，但產品的選擇率是 95%。其他條件與結果相同，你將建議採購何種觸媒？
5. 食用油加氫的目的是什麼，有哪些條件要注意？

第九章 觸媒在環保的應用

9-1 觸媒在環保的應用

環境保護是一句很平常而應該可瞭解的生態目標，它是願景或只是口號，端視社會的認識與努力。我們經常從媒體看到爭論，環境如何保護？生態如何維護？維護到什麼程度？歐盟的前身：Council of Europe ，把空氣汙染定義爲：「空氣汙染的產生，是根據當時科學知識的判斷空氣中外來物的存在或空氣成分，因受大幅度的變化而導致對人類的健康有傷害性或引起不適或不舒服的現象。」因此汙染的內涵是有時間性、隨地域性及並隨科學知識的進展而變化的，不是一成不變的，甲地的定義或標準不一定適合於乙地。

在大氣中存在足以直接或間接妨害公眾健康或引起公眾厭惡的物質，即可稱爲空氣汙染物（air pollutant）。空氣汙染物的種類包含很多，若依據我國政府公布的《空氣汙染法》的定義，可包括下列四種：

1. 有害氣體：硫氧化物（SO_2 及 SO_3，合稱 SOx）、一氧化碳（CO）、氮氧化物（NO 及 NO_2，合稱 NOx）、碳氫化物（HC）、氯氣（Cl_2）、光化學性高氧化物（如 O_3）、氯化物氣體及氟化物氣體等。

2. 煙塵：懸浮微粒（粒徑 10 微米以下塵粒）、金屬氧化物微粒、黑煙、酸霧（含硫酸、硝酸、鹽酸等微滴）。

3. 落塵：粒徑 10 微米以上灰塵。

4. 惡臭物質：氨氣、硫化氫、硫化甲烷、甲硫醇、三甲胺等。

在第一章提到觸媒的發展，使得產品的生產速度加快、規模變大，批式的生產模式變成連續生產的模式，一天 24 小時都有產品，副產品或廢棄物的產生也變成 24 小時等待處理以免累積。自然界的生態原先有充足的時間或濃度差異優勢，可以消化處理早期生產模式所排放的廢棄物或外來物，觸媒的使用使得外來物的排放量變大，更成爲連續排放，生態的消化能力與時間變得不足，成爲消化不良的汙染現象。隨著生活水準的提升，現階段最嚴重的汙染來自生產工廠廢棄物、電廠及車輛的空氣汙染物質。工廠廢棄物的主要成分包括排氣中的揮發性有機物（VOC）、硫化物、氧化碳（CO 、CO_2）與氧化氮（NO_x），排放液中的酸、鹼、有機物及金屬鹽，以及固態廢棄物如不合格的產品、半成品、原物料等。電廠及車輛的汙染則以空氣汙染爲大宗，汙染源來自其排氣中的未燃燒的油料（hydro carbon, HC）、硫化物（SO_2）、氧化碳及氧化氮及微粒。氧化硫是由油料中的硫化物氧化而來，近年來透過煉油廠的加氫脫硫己對油料的含硫量加以控制在 10 ppm 以下，緩和硫化物的汙染後果（產生酸性氣體，對健康造成威脅）。車輪揮發性有機物的處理則在 1980 年代全面性以三效觸媒、Pd 、Pt ，以及 Rh/Al_2O_3 加以解決，這是人類第一次以觸媒成功地處理全世界性的汙染。但近年來，由於改進引擎效率，把進料的空氣與油料比（簡稱空燃比，A/F）由 14.5～15 提升爲 18～45（lean burn）以增進燃料的氧化，減少排氣中的碳氫化合物與一氧化碳，結果導致排氣中氫氣成分的含量不足，不足於還原氧化氮爲氮氣及水氣，也使原先三效觸媒（three-ways catalysts, TWC）的最適配方變成無法勝任，這挑動新一波重新設計車輛轉化觸媒的研究，在後半段會再詳細介紹。近年來改善生活環境的生態也成爲重要課題，增加生活環境中的廢棄物處理、住居或廚房的味道及臭氧的處理。

近年來，觸媒在環境保護中的任務是水汙染的處理，在 1970～1980 年代，水處理的作法是以酸鹼中和及過濾去除水汙染中的鹼性或酸性汙染物質如 SO_2 的溶解物，但這導致昂貴的後續處理工程及費用，另一方面，這類方法對稀濃度，甚至微量的汙染物去除較無功效，觸媒的高效率（活性及選擇性）成為目前新的努力途徑。

9-2　現階段觸媒在環保的主要角色

觸媒在環境保護的應用包含消極與積極兩種管道。消極方面在汙染物產生後設法以觸媒去除，使這些汙染物不致於危害環境，上述三效觸媒在車輛的汙染處理是一個成功的案例。積極方面，則以觸媒減少或免除汙染的產生，甚至包括不汙染的新能源開發。在化工產品的生產過程，設法透過觸媒降低不想要或對生態有威脅的副產品，緩和反應條件對能源的需求，如壓力或溫度的降低，或在製程中將副產品先行去除以避免干擾下游製程的複雜性或減少其副產品或廢物。

觸媒的積極角色在化工製程中相當普遍，如提升觸媒的選擇率以提升主產品的產量，例如在第八章介紹的丙烯腈生產。從 1970 年代開始利用丙烯取代危險性的丙炔生產之後，所用的觸媒 $Bi_2O_3MoO_3M1M2$ 已近六代改善所添加的 M1、M2 等添加劑（M1：Ni、Co、Mg、Mn；M2：Fe、Cr、Ce、Al），使其衍生的副產品氫化氰（HCN）及乙腈（acetonitride，CH_3CN）大為減少，過程中並把原料氨與丙烯的用量比例大幅降低，以節省氨的浪費，否則在產品純化過程中，又需要以硫酸中和過量的氨城，可避免造成進一步的浪費與汙染。

除此之外在原料去除其中的雜質如油料的硫化物及氮化物料，或聚酯纖維原料，以及對二甲酸中、醛類中間物的去除（第八章），以確保下游應用過程中廢纖維的減少。近年來成功地開發固態酸以取代強酸的製程，如氟化氫或硫酸，義大利的埃尼化學公司（Eni Chemical Co）與日本住友化學會社（Sumitomo Chemical Ltd）合作完成新的己內醯胺的生產製程，除了節省氨與硫酸的用量及免除硫酸銨副產品的產生，更使下游產品的純化不再依賴鹼液中和造成廢水的汙染。

原有的製程：

環己酮（$C_6H_{10}O$）$+ 0.5(NH_4OH)2SO_4 + 1.5H_2SO_4 + 4NH_3 \rightarrow$
己內醯胺（$C_6H_{11}NO$）$+ 2(NH_4)2SO_4 + H_2O$ (9-1)

而羥胺的合成先要合成亞硝酸及亞硫酸爲原料，再經過一連串的合成步驟及副產品，再處理的步驟如下所示：

$$HNO_2 + 2HSO_3^- \rightarrow HON(SO_3)_2^{2-} + H_2O \rightarrow HONH(SO_3)^- + HSO_4^-$$
$$HONH(OSO_2)^- + H_3O+ (100℃/1\ h) \rightarrow HONH_3^+ + HSO_4^- \quad (9\text{-}2)$$

與這些複雜的合成步驟相對，新製程利用固態觸媒大幅簡化合成步驟及反應後副產物的處理，使環境保護更爲簡便。

環己酮（$C_6H_{10}O$）$+NH_3 + H_2O_2 \rightarrow$ 己內醯胺（$C_6H_{11}NO$）$+2H_2O$ (9-3)

在新製程中埃尼公司以矽酸鈦型的沸石（TS-1）爲觸媒，利用空氣將氨氣與 30% 雙氧水氧化爲氫氧化胺（NH_2OH），後者與環己酮立即反應生成氫氧化環己胺（cyclohexyloxime, $C_6H_{10}NH$），後者又受高矽酸的 MFI 型沸石（如 ZSM-5）的催化進行貝克曼位移反應（Beckman rearrangement reaction）生成己內烯胺，使原先使用濃硫酸或發煙硫酸爲觸媒的反應改爲沸石催化的氣態反應，不再需要後續的副產品處理的中和反應。

觸媒的消極角色，則在造成汙染後，扮演處理清除的角色。這方面觸媒又扮演了兩種任務，偵測與鑑定及實際清除汙染源兩種領域角色。在偵測方面，觸媒在化學吸附汙染或臭味氣體後，或由 VOC 氧化後溫度的變化，引起導電度的變化，進一步產生電位變動，經過惠斯登電橋（Wheaten bridge）將電流放大而成為可偵測的電子訊號，再由不同的電離電壓來判斷汙染氣體的種類及濃度。在汙染清除方面，目前觸媒主要的效能在氧化銅、氧化鐵對微量汙染氣體的吸附，例如電子工廠廢氣中的多種氫化物像是硼化氫（B_2H_6）、矽化氫（SiH_4）、砷化氫（AsH_3）及磷化氫（PH_3），及氧化觸媒對各種 VOC 或臭氧的處理。氧化的方法有熱能活化及光能活化兩大類，熱能活化式的氧化觸媒主要用在化學工業揮發性有機物的焚化為二氧化碳與蒸汽，光能活化式的光觸媒則用在居住環境中的臭氧或油煙加以氧化去除。

9-3　電廠排氣汙染的清理：SO_2、CO、NOx 及微粒的去除

以 2010 年二氧化碳的排放為例，電廠所排放的二氧化碳約佔全世界空氣污染中二氧化碳的 46.4%（14951/30,276 百萬噸）。近十年來隨著煤炭發電的增加，由煤炭產生的二氧化碳達 13,266 百萬噸佔總二氧化碳排放量 42.7%，這比值有增無減，直到近二年美國頁岩氣（甲烷）的大量開發，取代近三成美國燒煤電廠的燃料，而降低美國二氧化碳的排放量。電廠所排放的廢氣，除了二氧化碳之外尚有氧化硫（SO_2）、氧化氮（NOx）、一氧化碳及其他，特別是汞粒與煤炭灰燼等與酸性液滴結合的微粒（PM, particulate matter）。經過以往三十、四十年的努力，氧化硫及氧化氮二種毒性較為激烈的汙染物已大致被解決，目前的重點在於引起溫室效應的二氧化碳及微粒（2.5～10 微米），微粒的公害在於影響大氣層熱輻射能力及對肺部甚至於對血管與心臟的侵蝕，世界衛生組織認為微粒的公害遠高其他汙染源，其去除應優先於二氧化碳。

電廠廢氣（stack gas）中的二氧化硫是造成酸雨的主要汙染源，而二

氧化硫轉變的三氧化硫則是微粒（PM2.5）的重要起源。這些汙染的去除，目前仍沿用早期的化學方法而不是觸媒方法。二氧化硫的去除是以鹼性液體洗滌將二氧化硫吸收為亞硫酸鹽液（MSO_3），最常用的鹼液是石灰（lime、CaO 或 $Ca(OH)_2$）水或石灰石（limestone, $CaCO_3$）懸浮液（slurry）形成的硫酸亞鈣，經空氣氧化為硫酸鈣或石膏的沉澱物，分離後回收販賣或丟棄，視產品的品質及市場需求。

在操作上，鹼液與廢氣及空氣的接觸有噴霧式或氣泡式，通過含有填充物的城液，以增加接觸機會。

$$SO_2 + CaO/H_2O \rightarrow CaSO_3/H_2O + 1/2O_2 \rightarrow CaSO_4 \quad (9\text{-}4)$$

上述化學變化不很複雜，但實際操作卻問題一籮筐。由於硫酸鈣的溶解度極低，25℃～100℃其溶解度由 15 mg/L 增加到 40 mg/L ，石灰水（$Ca(OH)_2$）對水的溶解度則相反，其溶解度隨溫度的上升而降低，這些性質造成設備表面的汙垢累積，進一步造成淤塞，使操作變成困難。另一件困難是大量水蒸汽的排放造成的損失與汙染。

除了以石灰或石灰石去除二氧化硫之外，尚有使用氧化鎂及碳酸鈉溶液等。後者以碳酸鈉溶液噴霧式與廢氣在 65～85℃接觸，形成乾燥的亞硫酸鈉（Na_2SO_3），收集後可販賣給紙漿廠使用。

發電廠的二氧化硫來自其燃料中的硫化物，因此目前傾向於將重油的含硫先行去除以降低鍋爐廢氣的二氧化碳濃度。重油的去硫問題，目前的作法是盡量在煉油廠將原料燃油中的硫化物，透過加氫脫硫的製程以氧化鈷氧化鉬觸媒（$CoOMoO_3Al_2O_3$）處理轉為硫化氫。形成的硫化氫則利用乙醇胺加以吸收後，再以 Clause 製程透過空氣於 800～1000℃氧化為高純度的固態硫磺加以回收，也有使用氧化鋁為觸媒進行空氣的氧化反應，收率可由 75% 提昇到 98%。目前這種人造硫磺的產量已超越由自然界開採的天然硫磺，是目前工業界硫磺最重要的來源。因此以重油爲燃料的電廠，其二氧化硫的問題已不再嚴重，但成本增加。燒煤的電廠除了進料時挑選低硫的煤炭之外，再依賴上述煙囪廢氣中二氧化硫的吸收製程加以處理。但新式的電廠，以流體化床燒煤時，以石灰石爲固體的流體化介質，一方面由流體化介質提供熱能給煤炭，另一方面把二氧化硫與石灰石的二氧化碳交換，所釋出的二氧化碳再以乙醇胺吸收回收處理，所得的二氧化碳可用於油井的增壓及黏油的稀釋或掩埋在地下或深海。

$$RS_nR + O_2 \rightarrow CO_2 + H_2O + SO_2 \tag{9-5}$$

$$CaCO_3 + SO_2 \rightarrow CO_2 + CaSO_3 \rightarrow CaSO_4 \tag{9-6}$$

$$CaSO_3 + 1/2O_2 \rightarrow CaSO_4 \tag{9-7}$$

$$CO_2 + HOC_2H_4\,NH_2 + RNH_2 + H_2O \rightarrow HOC_2H_4\,NH_3CO_3^-\ RNH_3^+ \tag{9-8}$$

上述二氧化碳的吸收溫度是 50～60℃，所得的碳酸胺鹽，經酸化或加熱分解回收二氧化碳，經過乾燥後以管線加壓輸送或以液態儲存在壓力容器中。上述的二氧化碳如果不經乾燥，而逕自加壓輸送或儲存，則會產生碳酸而具有腐蝕性。

氧化氮是燃燒過程中，空氣中的氮氣在 900℃以上的高溫被氧化爲一氧化氮（NO），再進一步被氧化爲二氧化氮（NO_2），統稱爲氧化氮（NOx）。氧化氮也是酸雨的源頭，但更嚴重的副作用是氧化氮與 VOC 在光催化下形成臭氧，這是另一種重要的汙染源。近年來新式的鍋爐課設法在燃燒區降低溫度進行部分燃燒，再進一步在還原性的火焰中（增加含氫的燃料）高溫燃燒以提供所要的熱能，這些安排可降低氧化氮的形成。

形成後的氧化氮去除，則依賴選擇性的觸媒還原（selective catalytic

reduction, SCR），讓氧化氮與含氫的化合物進行還原反應產生氮氣與水蒸汽。常用的還原劑是氨氣（NH_3）或尿素（NH_2CONH_2），在五氧化二釩（V_2O_5）、氧化鉬（MO_3）或 TiO_2 觸媒作用下生成氮氣及蒸汽排放。除了金屬氧化觸媒之外，目前也有新的觸媒，以含銅或鐵金屬的沸石（M/Zeolite）觸媒的作用下與氨或尿素水溶液反應。兩種觸媒都以蜂窩型陶瓷爲載體以降低流體的壓降。

電廠鍋爐廢氣的另一項重要汙染物是固體微粒，微粒的形成來自煤炭或油料中的固態物如金屬雜質及燃燒不完全的含碳物質。金屬雜質由汞到多種重金屬化合物都有，是一種強烈的毒害性物質。微粒的形成從工地的灰塵、煙氣、汽車的排氣（特別是柴油車）、工廠及電廠的廢氣，到火山爆發（造成地球氣溫的下降）都可造成大氣中漂浮的微粒，小粒徑的微粒則來自大分子的溶解性有機成分（soluble organic fraction, SOF）液滴與空氣中的氧化硫與氧化氮反應而得。微粒在空氣中飄浮的時間由數分鐘到幾十天，距離由幾公分到上千公里都有。目前較受注意的是 10～2.5 微米（μm）與 2.5 微米以下的微粒，分別統稱爲 PM_{10} 與 $PM_{2.5}$，這些微粒在空氣中具有較長的滯留時間與長途的擴散距離，因此容易造成人體的健康威脅，$PM_{2.5}$ 可進入肺部，更小的微粒則透過血液進到細胞。大粒徑的微粒去除依賴旋風分離（cyclone）、重力沉澱，較細的顆粒則以洗滌（scrubbing）、不同程度的過濾到靜電沉澱（electrostatic precipitator, ESP）都有。

9-4 有機揮發物的焚化

有機揮發物（volatile organic compounds, VOC）是一般洗衣店、工廠、電廠或汽機車最常見的空氣汙染物，主要來自溶劑的揮發、不完全的燃燒，處理的方法分成直接焚化及觸媒氧化兩種。前者一般稱爲 RTO 焚化製程（regenerative thermal oxidation），過程中將適量的燃料（如有機溶劑，LPG 或天然氣）在多孔性或蜂窩型陶瓷載體，利用空氣將燃料燃燒，使載體加熱到約 750～900℃，再將廢氣導入（150～200 M^3/min），讓多孔性的載體捕捉汙染物焚化。VOC 的濃度維持在 1000～5000 ppm 使 VOC 本身的燃燒提供熱量以維持高溫，減少燃料的消耗。VOC 濃度如果太高，容易使載體的溫度上升（> 1200℃），使載體的強度受損，或與氧氣的比例超過油料自燃的低限度（LFL，1.5～3%），必須注意。

圖 9-1　RTO 焚化的蜂窩型載體

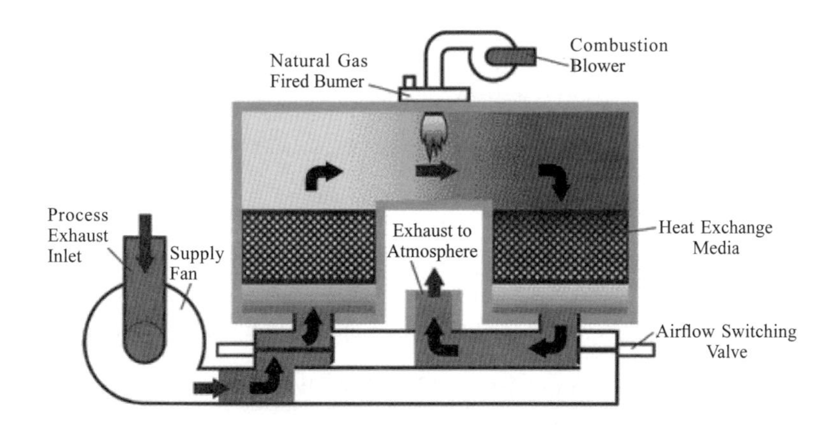

圖 9-2　GMM 公司的 RTO 設備剖析圖

（http://www.thecmmgroup.com/）

觸媒焚化的製程（regenerative catalytic oxidation, RCO）則以白金或鈀金在陶瓷載體（顆粒或蜂窩型）的觸媒（0.1～0.3%M/Al_2O_3 或 Monolithic ceramic support，M：Pt or Pd），利用燃料加熱到 300～400℃後，導入 VOC 廢氣與空氣，利用 VOC 燃燒熱維持溫度在 400～500℃，以節省燃料費用。空氣與廢氣的混合盡量接近觸媒床，以避免因濃度過高導致爆炸的意外，製程的溫度較低，氯化物或硫化物的毒性與氧化氮不成問題。兩種製程均能維持 95～99% 的焚化率。

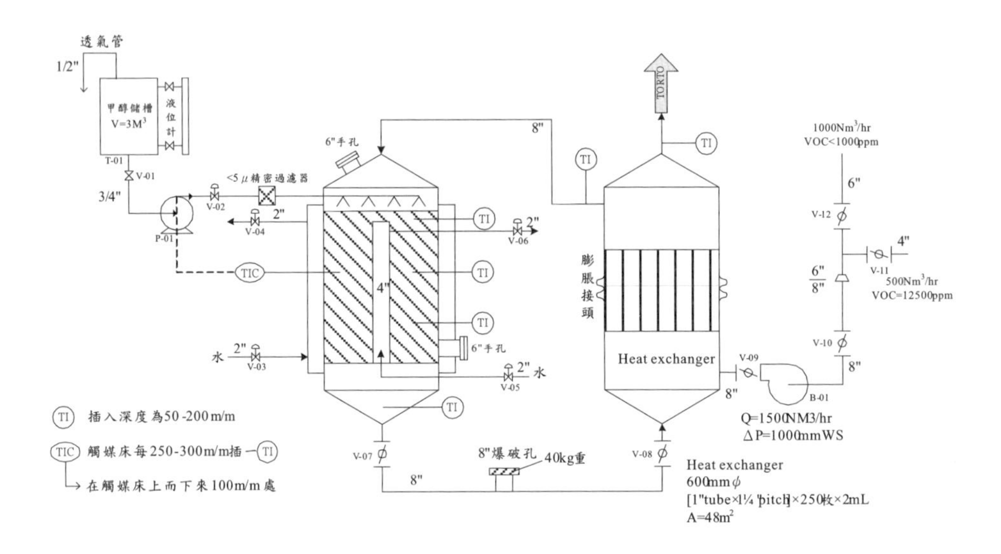

圖 9-3　臺灣碧氫科技公司為聯超公司石油樹脂屏東廠裝置的 RCO 流程圖

9-5　異相觸媒在水處理的應用

水性汙染的處理在早期以適當活性汙泥的生物法將汙染物消化掉。通常會在長期含有該汙染物的泥土中尋找適當的活性汙泥，並加以培養或轉化（mutation），增強其習性或嗜食性以攝取所要的微生物或酵素於泥土中。將這種強化的活性汙泥在汙水處理池內消化汙水裡的汙染物。但有些汙染物本身具有消毒性或殺菌性的化合物如苯酚，或其衍生物如甲基酚或有機氯化物，這些化合物不容易被微生物或酵素消化甚至於反過來消毒掉活性汙泥。

爲解決這類汙水，以觸媒將這類汙染物透過氧化分解掉或透過氫化將其鈍化使其不再具有抗拒活性汙泥的性質。首先是傳統的水溶性氧化觸媒以酚擋氧化觸媒（Fenton catalyst）較爲常見，利用氧化亞鐵（FeO）與雙氧水（H_2O_2）於泥土中，將這類汙染物先行氧化分解。而後改用異相氧化觸媒將氧化亞鐵、氧化鈷或氧化銅含浸到大孔徑的酸性載體如桂型黏土（pillarded clay）、沸石、活性炭等，氧化劑爲雙氧水或臭氧。反應過程爲，雙氧水形成氫氧自由基（HO・）進行實際的汙染物氧化，氧化鐵在過程中以二價鐵離子（$Fe^{2+} + H_2O_2 \rightarrow Fe^{3+} + OH^- + HO\cdot$）與三價鐵離子（$Fe^{3+} + H_2O_2 \rightarrow Fe^{2+} + H^+ + HO_2\cdot$）來回變動，除了雙氧水之外，過氧化硫酸（$H_2SO_5$）提供更活躍的氧化性。這類均相觸媒的氧化處理，雖可處理有機物的汙染，但廢液中殘硫的重金屬，導致另一類的汙染。這類反應的溫度由室溫到 150℃都可以，但低溫對雙氧水的穩定性較高。

近十年來開始進一步使用含載體的過渡金屬觸媒如鈷、錳、銅、鉻、釩、鈦、鋅等過渡金屬與釕、鉑、銠、銥及鈀等貴重金屬所形成的異相觸媒，所用的載體包括活性炭、ZSM5 沸石、氧化鋁或氧化矽、氧化鈦（光觸媒）、氧化鋯及氧化鈰，以雙氧水過氧化硫酸鹽爲氧化劑，並進一步使用臭氧或空氣的氧氣。異相觸媒在水溶液的困難是：①溫度的限制無法利用高溫活化觸媒的表層進行化學吸附；②透過氫鍵，水本身對觸媒產生強烈的化學吸附或氫鍵，驅除了汙染性反應物化學吸附的機會；③水溶液，特別是帶酸性或鹼性的溶液，對金屬觸媒產生浸蝕（leaching），將金屬，特別是金屬氧化物，溶解改變其氧化價失去原有的化學性能，如原有的化學吸附能力；④除了改變水的沸點及反應溫度之外，反應壓力的改變對水溶液的觸媒反應性影響不大。異相觸媒在廢水處理的壽命較不耐用，主要是中毒（低溫及廢水複雜的雜質）及侵蝕。

貴金屬主要用於氧化或氫化反應的觸媒，對氯化苯酚的氧化性其活性爲 Pt > Pd > Ru ，這些金屬觸媒的活性會受鍛燒或還原處理的條件而有所差異。金屬氧化物觸媒的活性比金屬觸媒低，但金屬氧化物對硫化物或氮化物的毒性較有低抗性，並較爲低廉。對於苯酚的氧化性，下列金屬氧化物觸媒的活性次序爲：CuO 、FeO 、CoO > Cr_2O_3 > NiO > MnO_2 > Fe_2O_3 > YO_2 > Cd_2O_3 > TiO_2 > Bi_2O_3。載體方面，活性炭爲載體的觸媒比金屬氧化物的載體具有較高的活性，主要是活性炭的表面積較大，並較不受水的影響。

1. 氧化反應：苯酚及其衍生物常以上述的金屬氧化物如氧化鐵或氧化銅，利用過氧化物或空氣加以氧化去除，在室溫下可將酚類化合物於 10～60 分鐘消化掉，而不會把重金屬流入廢水中。

2. 氫化反應：一些氯化或硝化苯酚受其取代基搶電子的作用，不容易被氧化分解，則以氫化反應取代氯原子後較容易達成氧化分解的目的。在貴重金屬觸媒的催化下，多氯苯酚在 25～50℃及一大氣壓下，可被氧化 50～90% 的氯化基而會分解。這類反應也施用於硝化基（Nitro group, $-NO_2$）的取代反應。

9-6 內燃機廢氣處理

空氣汙染（air pollution）是指因人爲的因素在不適當的地點產生過量的物質於其排氣中。汙染必需滿足三個條件，人爲所產生、在不適當的地點、過量不適當的物質。一個排氣處理不當的燃煤發電廠固然會產生粉塵和造成酸雨，但大自然本身有時也會產生有害物質，如火山爆發所噴出的大量粉塵和酸性氣體，造成全球性的氣候變化和酸雨。不當的地點也是必要條件，以臭氧（O_3）爲例，臭氧是刺激性的氣體，當臭氧發生在接近地面的低空時，會造成人們呼吸系統的許多毛病，像咳嗽、鼻塞等，而且會引起光化學反應，生成氮氧化合物（NOx），是嚴重的空氣汙染源，但是當臭氧在高空同溫層存在時卻可以吸收隔離過多的紫外線進入，保護地球上的生物，所以同樣是臭氧，在高空或低空有截然不同結果。所謂汙染也是指過量不當的物質，過去在鄉村，人類的排泄物，原本在自然界是能夠被微生物分解成爲草原的肥料或甚至於當植物的肥料或養殖業的飼料，但在人口集中的城市，排泄物產生過量以致自然界的微生物無法即時分解消除，同樣的排泄物超過大自然的負荷，就造成汙染。

一、汽機車轉化器（catalytic converter）

以石油爲燃料的內燃機大量增加，導致市區汙染問題的大幅嚴重化。如今大多數汽車都採用傳統的四衝程汽油內燃機，但柴油引擎的車輛也逐漸增加中。基本上這兩個系統的燃料類型不同，輕質烴使用於汽油內燃機，長鏈烴使用於柴油內燃機，因此在燃料和空氣的供應系統控制有差異，供給到燃燒室中的氧氣量有所不同。特別是柴油內燃機需要在大量過量的空氣下進行操作，以防止形成碳微粒（soot）。近來四衝程火塞點燃稀燃的汽油內燃機已經發展而提高燃燒效率，減少二氧化碳排放量。

表 9-1 中所列出的廢氣排放包含取決於發動機類型的各種比例的汙染物，特別是不完全燃燒會導致排放的一氧化碳和未燃燒或部分氧化的烴類。如果氧濃度低於所需的化學計量比而未達到充分燃燒，這些排放量會更加顯著。一氧化碳對人體的健康有顯著影響，因爲和氧分子比較，一氧化碳分子可以 240 倍以上的穩定吸附力與血紅蛋白的鐵形成錯合物。因此即使一氧化碳在 ppm 級，也會透過其強烈的吸附，而隔絕氧氣進入血液，逐漸降低紅血球組織中溶氧的濃度，而導致死亡。未燃燒或部分燃燒的碳

氫化合物（HC_s），尤其是芳香烴的化合物，是可能的致癌物質。此外碳氫化合物可以與一個複雜的光化學反應產生二次汙染物，如煙霧、臭氧和過氧化氫的醯基硝酸鹽中的氮氧化物發生反應。空氣中的含氮和燃料中含硫的化合物存在下，導致氧化氮和氧化硫的形成。

表 9-1 內燃機的廢氣排放的汙染物

Exhaust components	Diesel engine	Four-stroke spark ignited-engine	Four-stroke lean-burn spark ignited-engine	Two-stroke spark ignited-engine
NOx	350～1000 ppm	100～4000 ppm	≈ 1200 ppm	100～200 ppm
HC	50～330 ppm	500～5000 ppm	≈ 1300 ppm	20,000～30,000 ppm
CO	300～1200 ppm	0.1～6%	≈ 1300 ppm	1～3%
O_2	10～15%	0.2～2%	4～12%	0.2～2%
H_2O	1.4～7%	0～12%	12%	10～12%
CO_2	7%	10～13.5%	11%	10～13%
SOx	10～100 ppm	15～60 ppm	20 ppm	≈ 20 ppm
PM	65 mg/m^3			
Temperature RT：室溫	RT.–650 ℃（RT.–420 ℃）	RT.–1100℃	RT.–850℃	RT.–1000℃

這些主要的汙染物是形成酸雨的主要來源，與生態系統的破壞和人類古跡破壞有關。最後是顆粒物（particulate matters, PM）的愈來愈多的關注，因為它很容易到達人肺部的深處，特別是細顆粒，單獨或結合其他空氣汙染物，可導致呼吸困難，如加重哮喘、咳嗽、呼吸困難。

（一）汽油引擎轉化器

將汽車觸媒轉化器接在內燃機的出口，經由感測器和空氣／燃料比值的控制，可有效降低汙染。觸媒組合物因製造商而異，並且大部分是商業機密，但一般都是使用洗漬塗布（washcoating）技術達成的。通常是以氧化鋁作爲高表面積的支撐體，貴金屬元素 Rh、Pt 和 Pd，常以各種比例加入作爲活性成分，可攜氧能力的氧化鈰被添加入氧化鋁改良其化學特性，氧化鋁表面也會添加一些穩定劑如鋇和／或鑭氧化物等。貴金屬是「三效觸媒」（three-way catalysts, TWC）的重要組成部分，作爲觸媒的活性主要發生在貴金屬中心，每種金屬都有其特定的作用。文獻研究一般認爲特異性的 Rh 促進 NO 解離，從而提高了 NO 的脫除，Pt 和 Pd 被認爲是促進碳氫化合物及一氧化碳的氧化反應。

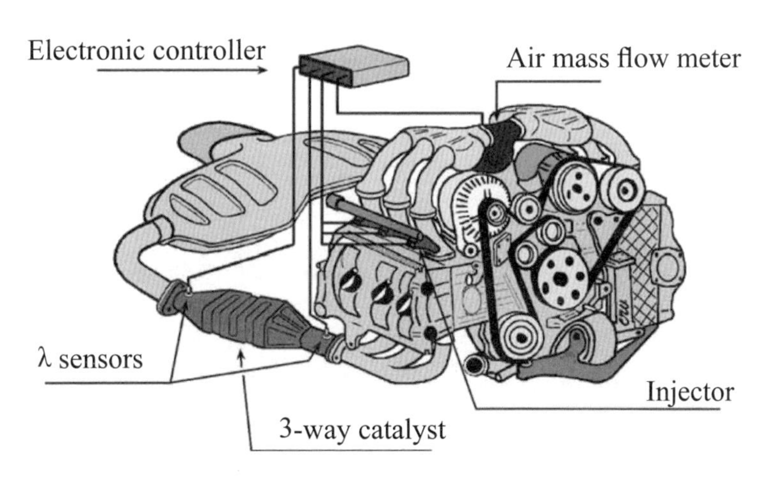

圖 9-4　觸媒轉化器在汽車內燃機的示意圖

三效觸媒的名稱源於可以同步處理的三個主要汙染物，一氧化碳（CO）、氧化氮和碳氫化合物（HCs），轉換爲無害的產品。具體而言，該觸媒是能夠促進汽車排氣中的化學反應。一氧化碳被氧化成二氧化碳（式 9-9），碳氫化合物被氧化成二氧化碳和水（式 9-10），氧化氮可和一氧化碳反應成二氧化碳和氮氣（式 9-11）或和碳氫化合物反應成水和氮氣（式 9-12），也可能經由氫氣反應成水和氮氣（式 9-13），氫氣的來源是經由一氧化碳和碳氫化合物的重組反應產生的（式 9-14、式 9-15）。

$$2\,CO + O_2 \rightarrow 2\,CO_2 \tag{9-9}$$

$$HC + O_2 \rightarrow CO_2 + H_2O \tag{9-10}$$

$$2\,CO + 2\,NO \rightarrow 2\,CO_2 + N_2 \tag{9-11}$$

$$HC + NO \rightarrow CO_2 + H_2O + N_2 \tag{9-12}$$

$$2\,H_2 + 2\,NO \rightarrow 2\,H_2O + N_2 \tag{9-13}$$

$$CO + H_2O \rightarrow CO_2 + H_2 \tag{9-14}$$

$$HC + H_2O \rightarrow CO_2 + H_2 \tag{9-15}$$

如圖 9-5 所示，汽車觸媒由一薄層的蜂巢多孔質材料（堇青石）上的通道壁塗覆觸媒形成，該通道是沿軸向的方向取向排氣流量，可和觸媒充分接觸反應，並確保高流量通過，而且在排氣系統達到很低的壓降損耗。

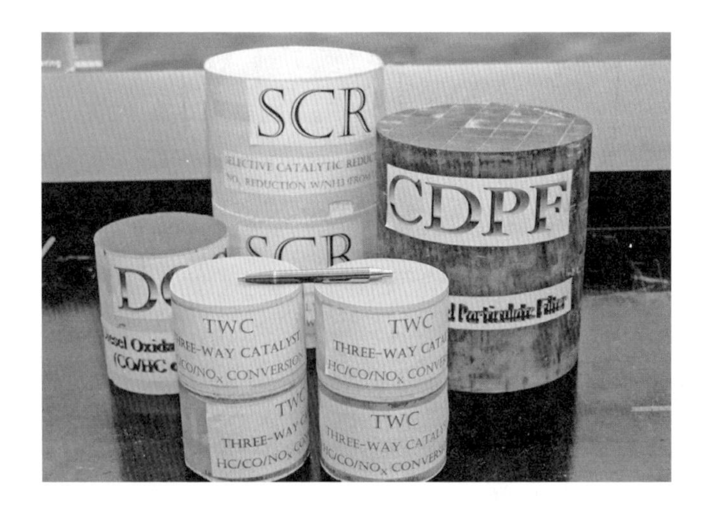

圖 9-5　蜂巢式支撐體用於汽車觸媒轉化器和選擇性還原反應

（二）柴油引擎轉化器

過去柴油內燃機的排氣是經由燃燒控制，並沒有觸媒轉化器，但美國環保署（US Environmental Protection Agent, US EPA）在 2010 年更加嚴格規定柴油內燃機的排氣標準，限制氧化氮的排放量至每英里 0.2 克和每英里碳氫化合物的排放量近 0.1 克，碳煙顆粒物（soot）也嚴格規範。

柴油引擎的溫度比汽油引擎高，所以氧化氮的產生比較多，而且還有碳煙顆粒，排氣須分三段消除，如圖 9-6 所示，排氣先由氧化段將剩餘的碳氫化合物氧化成二氧化碳和水，第二段需噴入氨水將氧化氮還源成氮氣和水蒸氣，最後第三段以過濾裝置將碳煙移除。

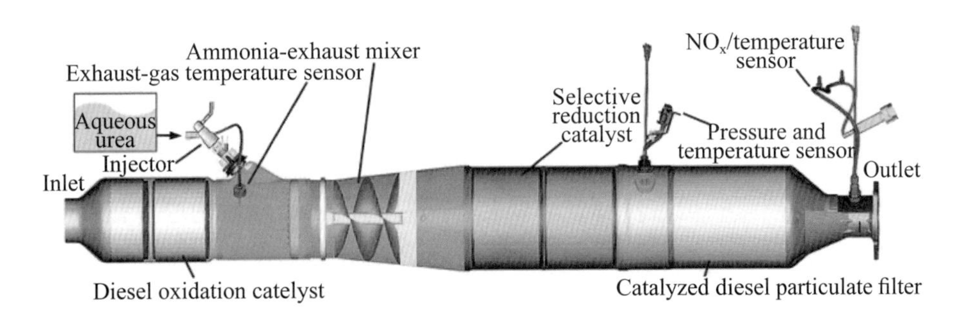

圖 9-6 柴油引擎轉化器示意圖

稀燃油比的汽油內燃機和柴油內燃機，可以顯著節省燃料，由於其較高的 A/F 比使得內燃機的燃燒比較完全。然而這樣的氧化條件下，因爲廢氣流的氧化特別性質，三效觸媒轉化器無法降低氧化氮物的濃度。因此降低排氣中的氧化氮是一項新挑戰。目前有三種不同的方法正在發展，以控制在過量氧的存在下，降低氧化氮的排放。

1. 發展脫硝觸媒，使用碳氫化合物作爲還原劑，以沸石触媒爲基礎的系統和金屬鉑、鈀、銀、銅，特別是鈷支撐在氧化鋁和氧化鋯。

2. 以氨爲還原劑的選擇性催化還原 NOx ，例如穩定的觸媒 V 或 / 和 W 在 TiO_2、Cu- 菱沸石，能夠控制氧化氮在 200℃具有良好的轉化率，也保留在超過 600℃下耐用。然而這種解決方案，需要額外的氨源和一個複雜的控制系統，極爲重要是防止氨逸流，以及其他有毒的化合物，如氰乙酸、氰化物的形成。

3. 開發氧化氮吸附劑結合傳統的三效觸媒轉化器，可將氧化氮儲存在氧化條件下，並在通過還原週期時再生，但是快速的吸附脫除的氧化氮和有擴散限制的問題尙無法完整轉化氧化氮。

柴油內燃機的碳煙顆粒控制系統的技術要求相當高，必須能去除非常小的顆粒，過濾器是最合適的柴油碳煙粒控制系統，條件是必須能操作在非常高的空間速度、高溫度的抗蝕和快速的溫度變化，因此只有高的表面積和熱耐磨陶瓷材料是適合這樣的應用。過濾器的壽命應是長期並且低成本，在系統中的壓降損失也應該是非常低，陶瓷過濾器通常用於控制柴油煙粒排放。頻繁的再生步驟是必要的，良好的再生是積累的煙粒在 550～600℃下燃燒，但是柴油內燃機排氣溫度很少超過 550℃，因此須要輔助系統有利於燃燒，可以使用電源加熱燃燒器、使用燃油添加劑、使用觸媒燃燒過濾器、開發一種有效的氧化劑。在商業的再生系統中，將一個燃燒器放置在微粒過濾器之前，可以加熱排氣氣體高於 700℃。在這溫度下可以快速有效率的再生過濾器，當過濾器的壓力升到預設的數值時，該燃燒器就啓動，直到過濾器再生到可接受的程度，燃燒器才關閉。

二、脫硝（NeNox）

火力發電場的鍋爐是固定氮氧化物排放的主要來源之一，另外主要的 NO_x 排放來自工業鍋爐、焚燒爐、燃氣渦輪機等固定來源。在燃燒過程中，氮氧化物一般可根據它們的形成過程分爲三種來源，「熱生氮氧化物（thermal NO_x）」表示由高溫氮和氧之間的反應所產生的氮氧化物，「燃料氮氧化物（fuel NO_x）」是含氮分子產生，可以是燃料氧化的結果，「順瞬生氮氧化物（prompt NO_x）」是空氣的氮分子結合燃料在富燃料燃燒時形成。總之在燃燒過程中，含氮分子氧化以及燃料反應導致最終形成所有的 NO_x。

最常見的脫硝方法是選擇性催化還原（selective catalytic reduction, SCR）和選擇性非催化還原（selective non-catalytic reduction, SNCR）。選擇性催化還原引入 NH_3、CO 、H_2 或烴，該過程發生在觸媒表面上，通常這樣的脫硝處理，溫度為 300～400℃，這取決於所用觸媒的類型。主要 SCR 反應如下。

$$4NO + 4NH_3 + O_2 \rightarrow 4N_2 + 6H_2O \quad (9\text{-}16)$$

$$6NO + 4NH_3 \rightarrow 5N_2 + 6H_2O \quad (9\text{-}17)$$

$$6NO_2 + 8NH_3 \rightarrow 7N_2 + 12H_2O \quad (9\text{-}18)$$

$$2NO_2 + 4NH_3 + O_2 \rightarrow 3N_2 + 6H_2O \quad (9\text{-}19)$$

選擇性催化還原引入氨氣、一氧化碳、氫氣或烴做為還原劑。釩／鎢基觸媒通常用於火力電廠控制氧化氮排放的脫硝系統，鎢／氧化釩在二氧化鈦表面構成的活性基，二氧化鈦載體通常具有低表面積的銳鈦礦型結晶相組成，通常這樣的脫硝在溫度為 300～400℃進行。氨氣是最被常用的 SCR 的反應物，式 9-16 至 9-19 描述氧的存在或不存在的反應式。過量的氧氣會導致在氮氣形成的選擇性和減少進行的轉化效率，還可能會影響形成亞氧化氮（N_2O），甚至氨被氧化成一氧化氮或二氧化氮。但是如果氨氣、氧化氮和氧氣之間保持適當的化學計量比就可以有效轉化氧化氮如式 9-16 所示。不只氧在廢氣中有影響，如存在其他化合物，如二氧化硫、二氧化碳或氯化氫等，這些化合物不但消耗氨氣，也會生成腐蝕性的產物，可能會損壞設備。

選擇性非催化還原反應（SNCR）在一般情況下類似 SCR ，只是沒有使用觸媒。SNCR 是將還原劑，如氨、尿素，注入到主燃燒區後面的反應器，反應需要較高的溫度（> 800℃），但是太高的溫度（> 1000℃）可能會導致氨轉換爲氧化氮。特定的反應溫度範圍可以被加寬，也可以同時注入其他還原化合物，如一氧化碳、甲烷、苯酚、甲苯等還原劑。最佳的反應溫度可以降低，並且通過使用支撐載體的過程，可以提高效率。SNCR 在相同的條件下，比 SCR 效率較低，而且 SNCR 更容易發生氨的溢漏。

三、加氫脫硫（hydrodesulfurization, HDS）

加氫脫硫（HDS）是一種廣泛用於除去天然氣和精煉石油產品中所含硫化合物的一種催化反應程序，除去硫的目的是減少燃燒後二氧化硫的排放量，加氫脫硫反應可以簡單地使用石油產品中的乙硫醇（C_2H_5SH）作爲例子。

$$C_2H_5SH + H_2 \rightarrow C_2H_6 + H_2S \tag{9-20}$$

在一個工業加氫脫硫單元，如在煉油廠，加氫脫硫反應是在固定床反應器中，溫度範圍從 300～400℃，壓力範圍從 30～130 個大氣壓，通常用 CoMo 組成的氧化鋁載體觸媒，也有鎳和鉬的組合觸媒。硫化氫（H_2S）的除去和回收，是先由胺氣處理單元分離硫化氫，隨後以前述的 Claus process 轉化爲元素硫，元素硫可再製成硫酸產品。

由於環保法規的日趨嚴格，石油產品的含硫量必須再降低至 ppm 等級，原本較難加氫脫除的硫化合物，例如 4,6-dimethoxy-benzothiphene 也須要用深度加氫脫硫（deep HDS）再移除。經由精準的控制 CoMo 活性基在 HY-Al_2O_3 的位置，可以將硫的成分降到 10 ppm 以下。

參考文獻

1. US Report, EPA-452/F-03-021, "Air Pollution Technology-Fact Sheet", About RTOs, http://www.thecmmgroup.com/, [Kari Pirkanniemi and Mika Sillanpää "Heterogeneous water phase catalysis as an environmental application: a review", Chemisphere, 48(2002) 1047-1060.]
2. J. Kaspar, P. Fornasiero, N. Hickey, Catal Today 77 (2003) 419-449.
3. M. Jacoby, Chem Eng News 90 (2012) 10-16.
4. J.S. McEwen, T. Anggara, W.F. Schneider, V.F. Kispersky, J.T. Miller, W.N. Delgass, F.H. Ribeiro, Catal Today 184 (2012) 129-144.
5. Indusrial Catalyst News, No. 45, June 1, 2012
6. Paolo Fornasiero, Catalysis the protection of the environment and the quality of life, http://greenplanet.eolss.net/EolssLogn/mss/C06/E6-190/E6-190.

習題

1. 工廠的廢氣中含有 30 ppm H_2S 於 N_2、O_2 及 H_2O 中，如何降到 5～8 ppm 以合乎環保署的要求？廠商提供下列觸媒給你選擇，如何進行？

   15% CaO/SiO_2

   ZnO

   10% ZnO/SiO_2

   5% CoO/Al_2O_3

   10% $CoO \cdot MoO_3/Al_2O_3$

2. 你負責評估苯氫化爲環己烷的觸媒，廠商送來三種樣品，如何評估？工廠的操作條件是：P = 30 atm，T = 200℃，LHSV = 6 hr^{-1}，F = 58 m^3/m^3 catal.，而 $H_2/C_6H_6 = 12$

第十章 光觸媒

傳統的觸媒是以熱能升溫方式，驅動催化反應的進行，光催化則是利用光能驅動反應的進行，光觸媒就是經由光的照射，可以促進化學反應的物質，例如能利用取之不盡的太陽光能，顯然更具「綠色地球」的目標。光觸媒材料依其在光催化反應時，光觸媒材料與反應介質之相態，可分爲均相與異相二種，而其特性在於反應介質或觸媒在吸收光能後，可進行一系列化學反應。進行光催化反應時，若光觸媒和反應介質同相（phase），稱爲均相（homogeneous）光催化反應，例如過渡金屬錯化物（transition metal complex）在水溶液中；光觸媒和反應介質爲不同相時，稱爲異相（heterogeneous）光催化反應，例如固態氧化物在溶液或氣體中。本章內容主要介紹異相光觸媒。

10-1 光催化的基本原理

光催化的原理是光觸媒吸收光能後，可以化爲反應的驅動力，克服反應活化的能階障礙，可引發一系列的化學反應。如圖 10-1 所示，二氧化鈦之光催化基本原理爲，光子照射後，光子的能量被 TiO_2 吸收，電子會從其基態被激發至較高能階，將共價帶（valence band）的一個電子提升到傳導帶（conduction band），結果產生一對自由電子 — 電洞對，此時電子擁有較高之能量，極不穩定，可以供給周遭需要電子的介質。共價帶因電子跳脫而有空缺，稱之爲電洞或空穴，帶有正電荷，也極不穩定，需求周遭介質任何電子之補充。在原子結構而言，TiO_2 結構內的四價鈦（Ti^{4+}）成爲三價鈦（Ti^{3+}），二價的氧離子（O^{2-}）成爲一價態的氧離子（O^{-}）。電子／電洞都是成對產生，相當活潑不穩定，在適當的條件下可以激發化學反應。

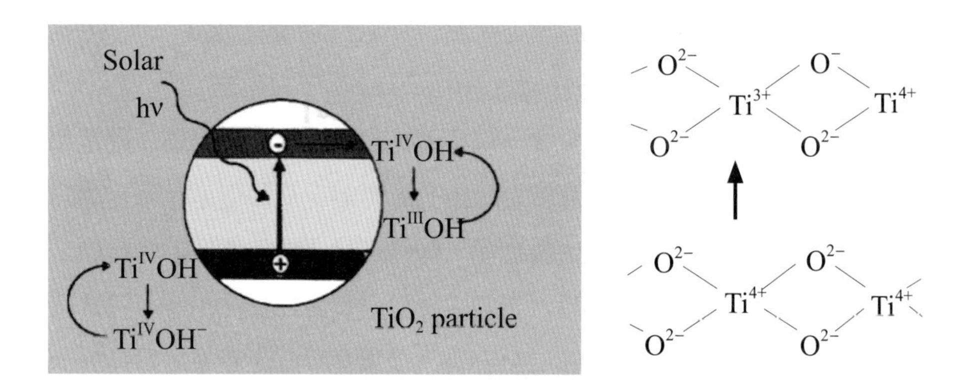

圖 10-1　光催化的基本原理

每一顆 TiO_2 粒子可視爲一個小型化學電池，表面有許多陽極（anode）和陰極（cathode）活性基組成，可將電子或電洞傳遞給吸附在表面的分子或離子，進行還原或氧化反應。光催化基本的化學式列在式 10-1 至 10-5，如上所述，光觸媒 TiO_2 在紫外光照射後，產生電子和電洞對，電洞會和環境中的水分子結合生成氧分子和氫離子（式 10-2），氧分子和氫離子結合兩個電子，形成雙氧水（式 10-3），氧分子也可結合一個電子成爲超氧分子（O_2^-, super oxide, 式 10-4），水分子結合一個電洞可形成氫氧自由基（free radical）和一個氫離子（式 10-5）。這些離子或自由基都有很強的氧化能力，可以分解具毒性的有機物質，將環境中汙染物的去除淨化。

Illumination: $$TiO_2 \xrightarrow{h\nu} e^- + h^+ \tag{10-1}$$

Oxygen: $$2\,H_2O + 4\,h^+ \rightarrow O_2 + 4\,H^+ \tag{10-2}$$

Peroxide: $$O_2 + 2\,H^+ + 2e \rightarrow H_2O_2 \tag{10-3}$$

Superoxide: $O_2 + e^- \rightarrow O_2^-$ (10-4)

Radical: $H_2O + h^+ \rightarrow OH \cdot + H^+$ (10-5)

10-2　光催化的反應時效

光催化反應所需的時間比一般的熱化學反應長許多，圖 10-2 顯示分解四氯乙稀光催化反應的時間，1 莫耳的反應物，使用強度高的水銀燈照射，須要十一天才能完全分解。天然的太陽光，紫外線較少，只有 3 mW/cm^2，所以須要十一週，室內的日光燈則須要達六十年。因此光觸媒在環保的應用時，須注意光催化雖然具有長效性，但在反應速率是緩慢的效果。

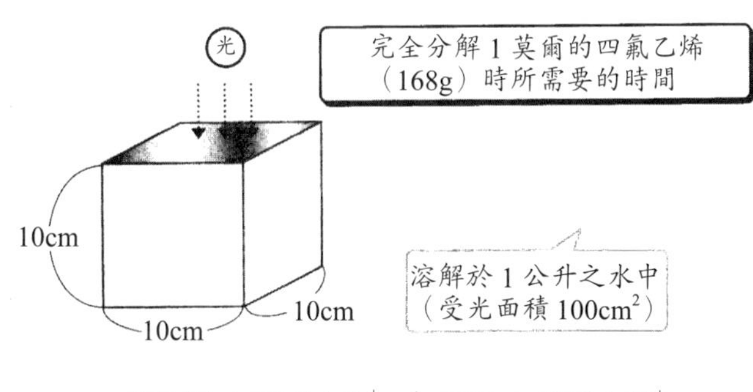

$$C_2H_2Cl_4 + 4H_2O + 6h^+ \rightarrow 2CO_2 + 4HCl + 6H^+$$

光源	超高壓水銀燈	陽光或補助光	日光燈
紫外線強度	20mW/cm^2	3mW/cm^2	10μW/cm^2
照射時間	11 日	11 週	60 年

圖 10-2　光催化反應所須的時間（藤嶋昭、喬本和仁和渡部俊也，《圖解光觸媒》，2006）

10-3 光觸媒材料

光觸媒的材料，基本上都是屬於半導體，包括 $SrTiO_3$、TiO_2、CdS 、CdTe 、CdSe 、WO_3、Fe_2O_3、MoS_2 等無機化合物，但許多是具有毒性或在反應時材料性質不穩定，因此實際應用的範圍有限。其中二氧化鈦（TiO_2）具有高度之化學穩定性、無毒性並且與人體相容等優點，最具實用價值。二氧化鈦有三種晶相，常見的有銳鈦礦（anatase）和金紅石（rutile），板鈦礦（brookite）比較少有應用。其中銳鈦礦晶相與板鈦礦晶相為在低溫時可穩定存在的結構，而金紅石晶相為在高溫時穩定存在的結構，兩者的相轉移溫度約在 600℃。銳鈦礦晶相與金紅石晶相均為正立方晶系（tetragonal system）的結構，圖 10-3 展示其晶格結構，其晶相皆是以 TiO_6 的八面體結構組成，不同的是在銳鈦礦晶相，不論 a 、b 、c 軸方向，其八面體間的鍵結均是以邊緣相接的方式鍵結，如圖 10-3(a) 所示。而在金紅石晶相中，則是在 a 、b 軸以角的相接，在 c 軸方向以邊緣相接的方式鍵結，如圖 10-3(b) 所示。因此金紅石結晶的密度比較高，銳鈦礦晶相的密度為 3.89 g/cm^3，金紅石晶相的密度為 4.25 g/cm^3，兩種晶相都具有光催化活性。

二氧化鈦的銳鈦礦和金紅石晶相，可由 X 光繞射圖譜（X-ray diffraction）辨別，圖 10-4 顯示二氧化鈦的 X 光繞射圖譜，最明顯的差異在最高繞射峰位於 24° 是銳鈦礦的特徵峰，繞射峰位於 28° 是金紅石的特徵峰。由圖 10-4 可以看出商用 Degussa P25 的二氧化鈦同時含有兩種晶相，日本的 JRC-2 只含純銳鈦礦，含 Cu 的 TiO_2 都具有銳鈦礦的晶態，只有在高 Cu 含量時，由於顆粒變大，因此可看到 Cu 金屬的繞射峰，約位於 45° 和 51° 的兩個峰。

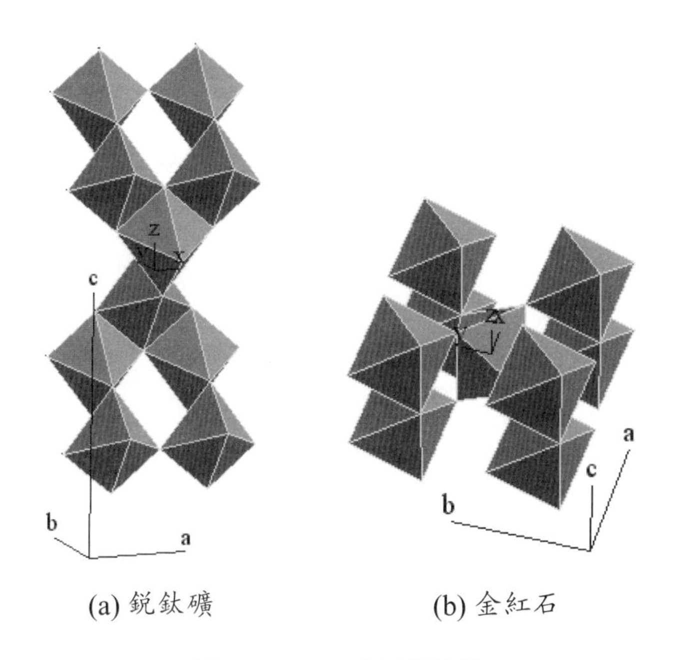

(a) 銳鈦礦　　(b) 金紅石

圖 10-3　TiO_2 之晶格結構

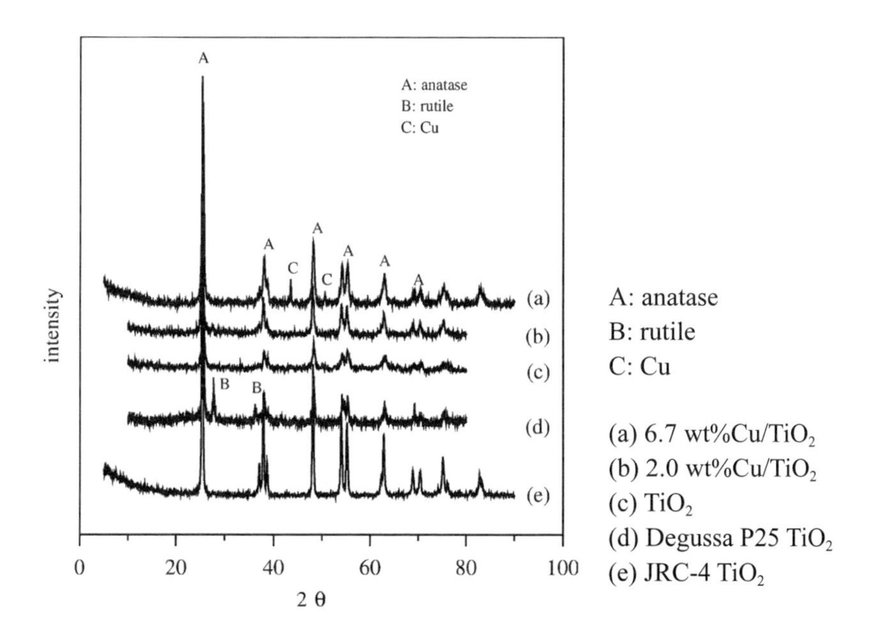

圖 10-4　不同晶態 TiO_2 的 X 光繞射圖譜

除了 TiO_2 之外，圖 10-5 顯示出許多其他光觸媒材料的能隙（bandgap），銳鈦礦的 TiO_2 能隙約 3.23eV，金紅石 TiO_2 能隙較低約 3.02eV，其他光觸媒如 $SrTiO_3$ 和 ZnO 能隙約 3.2eV。能隙 3.2eV 的能量相當於 375nm 波長的光線，所以需要紫外光才能激發，能隙 3.0eV 的能量相當於藍光，所以 WO_3 的能隙約 2.8eV 是可見光觸媒。

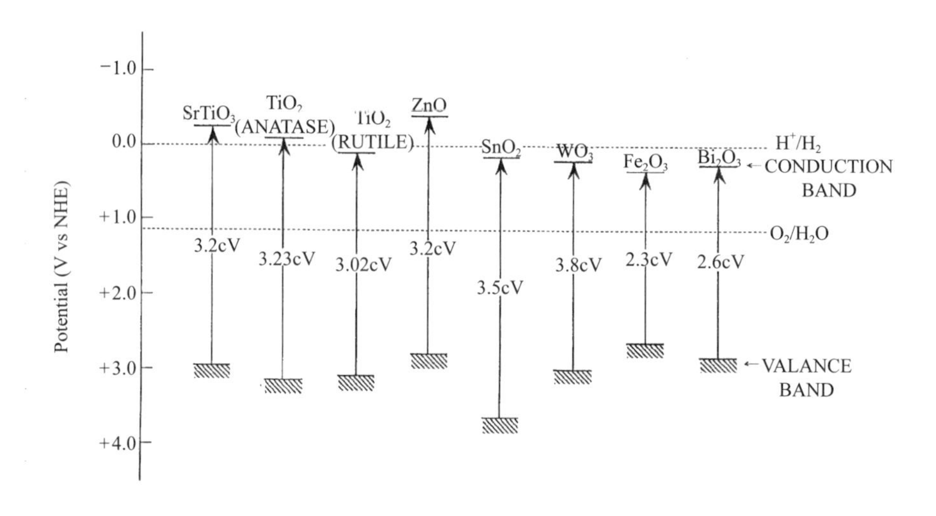

圖 10-5　光觸媒的能隙圖（Hayakawa, 2000）

TiO_2 原本在化工業界是白色塗料或填充劑的主要成分，例如 Degussa TiO_2 粉末（商品名 P-25）就是常用的大宗原料。純 TiO_2 對可見光完全不吸收，所以呈現白色，但對紫外光（波長 $<$ 380 nm）有很強的吸收能力，可以當作隔離 UV 光的材料，例如抗 UV 的化妝品、百頁窗的塗料等。但純 TiO_2 在太陽光下，其光催化活性效率有限度，原因是到達地表的太陽光只含有小量約 3% 的紫外光。近年的研究指出，將週期表內的過渡金屬負載（loading）在 TiO_2 表面，可以提升光催化能力。

為何過渡金屬可以有效提升光催化能力呢？因為過渡金屬提供捕

捉電子或電洞的基位（site），降低了電子和電洞再結合（electron-hole recombination）的機率。如圖 10-6 所示，UV 光照產生的電子 一電洞對相當不穩定，大部分都會再結合，以熱能的方式釋放出能量。若負載 Cu 或 Pt 等金屬於 TiO_2 光觸媒表面進行改質，此類金屬可提供電子陷阱（electron trap），將能有效降低電洞電子對之再結合速率。因爲觸媒表面光催化反應效率，部分是取決於相對光量子效率（relative photonic efficiency），如果電子和電洞再結合的速率高，則會降低光觸媒催化效果。另一方面，在表面的 Cu 或 Pt 金屬也是催化活性基，扮演共觸媒（co-catalyst）的角色，也可增進電子傳遞給反應物的效能。所以降低電子和電洞再結合的機率，以及加速電子和電洞的轉移至表面反應物的速率，均可提高觸媒的光催化效率而增進總反應速率和光量子產率（quantum yield）。

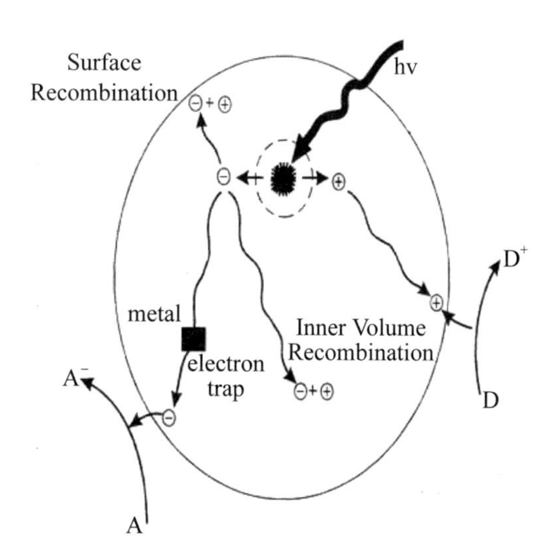

圖 10-6 負載過渡金屬在 TiO_2 表面，可以降低電子 一電洞的再結合機率，提升光催化效率

雖然 TiO_2 是紫外線光觸媒，但許多研究已顯示，可以透過陽離子或

陰離子的摻雜（dope），在晶格結構中，以陽離子置換 Ti^{4+}，以陰離子置換 O^{2-}，改變 TiO_2 能帶的位置，縮小能隙達到轉變成可見光觸媒。圖 10-7 顯示一系列釩摻雜 TiO_2 光觸媒的紫外光－可見光吸收圖譜，以 P25 TiO_2 爲例，吸收光能從約 375 nm 開始上升，所以純 TiO_2 必須有紫外光才能激發光催化反應，在 400 nm 以上的長波光線，沒有任何吸收，400～600 nm 就是可見光範圍，所以純 TiO_2 呈現純白色。光觸媒的能隙可由紫外光－可見光吸收圖譜估算出，在吸收曲線有一個反曲點（約在 350 nm），畫該吸收曲線的一條切線，和 y 軸吸收值爲零的水平線相交，讀出波長值就是該光觸媒的能隙吸收波長，再由能量轉換公式（$E = h\nu$，h：普郎克常數，ν：頻率）計算，可得能隙值，以 TiO_2 爲例，約 3.2 eV。圖 10-7 同時顯示當 TiO_2 摻雜異原子釩（vanadium, V）後，能隙值變小的趨勢，隨著摻雜釩量的增加，能隙逐漸變小，吸收光能向長波偏移，吸收光能從約 420 nm 開始上升，稱爲紅位移（red shift），能隙值估計約 2.9eV 轉變成可見光觸媒。

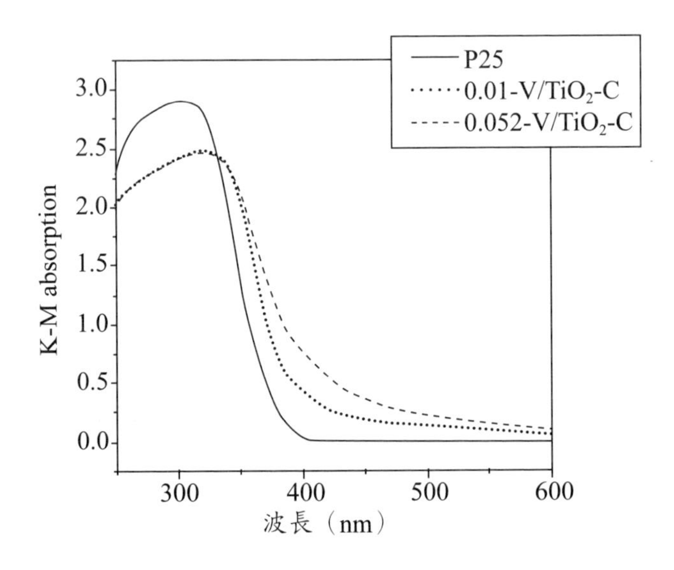

圖 10-7　光觸媒的紫外光－可見光吸收圖譜（Wu and Chen, (2004)）

10-4　TiO_2 表面化學反應

光誘導現象（photo-induced phenomena）是 TiO_2 的獨特性質，前述光催化產生自由基現象也可歸類是一個光誘導現象。另一個光誘導現象就是牽涉到水的高度可濕性（wettability），稱爲 TiO_2 的超親水性（superhydrophilicity）。兩種光誘導現象的機制有些不同，但皆屬 TiO_2 本質上的特性，可以同時存在於 TiO_2 的表面上，並且藉由控制 TiO_2 的組成比例和製備過程，可以使 TiO_2 表面表現多些光催化性而少些超親水性，或反之亦可。

TiO_2 的表面經 UV 光照射後，激發出電子 — 電洞對，如前節所述，電子還原四價鈦（Ti^{4+}）成爲三價鈦（Ti^{3+}），電洞會氧化負一價態的氧離子（O^-）。如能再結合四個電洞，氧離子會形成氧分子（O_2）脫離，在 TiO_2 表面上形成氧空缺（vacancy）。圖 10-8 的示意機理，此時大氣中的水分子的氧原子會塡補氧的空缺，因此在表面產生 OH 基，TiO_2 表面 OH 基的大爲增加，大氣中水分子再經由氫鍵吸附在 TiO_2 表面，形成水膜便是表面的超親水性的主因。

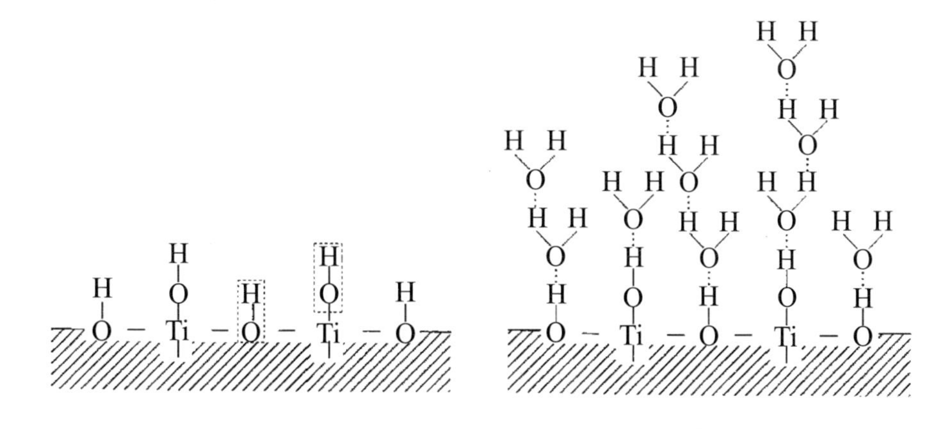

圖 10-8　二氧化鈦表面超親水性的機理（Hayakawa, 2000）

通常材料親水性的強弱是用水滴在表面的接觸角（contact angle）來定量（圖 10-9(a)），水滴在材料表面有兩種力平衡，水內部的凝聚力及水－表面的親和力，親和力愈大時，水滴會被攤平，所以當水滴攤平對水的接觸角愈小，代表親水性愈強。圖 10-9(b) 顯示，在 UV 照射後約三十分鐘，TiO_2 表面水滴的接觸角會逐漸趨近於零度，因而會使原本凝聚的水滴攤開形成薄膜。如果長時間不照光，約二十四小時之後，又會逐漸回復原來的接觸角，變回不具有超親水性。TiO_2 的超親水性是可逆性的變化，並非一般常見的表面物理結構性或化學性的永久親水性質，不會隨著外界光照而有所變化。

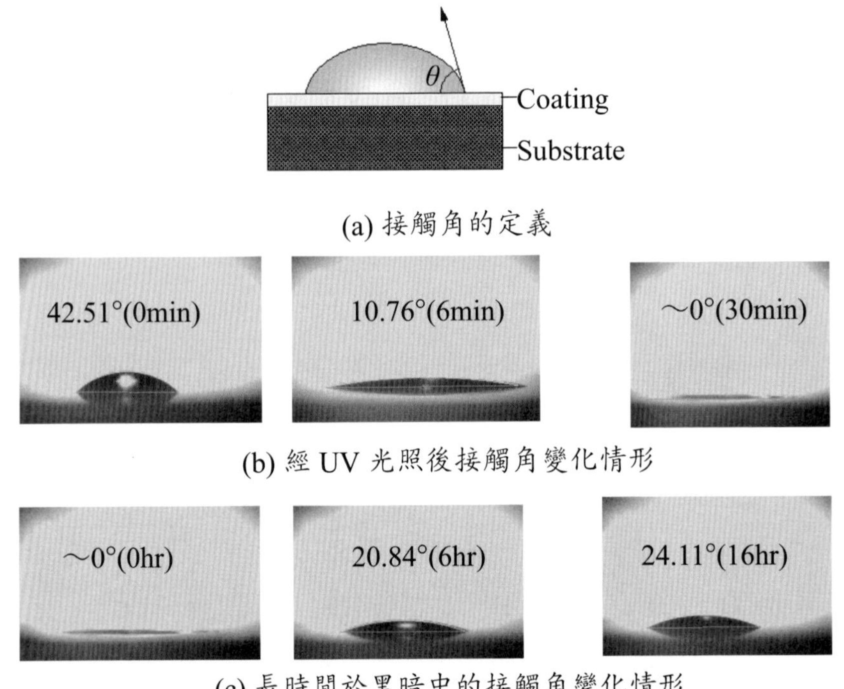

圖 10-9　紫外光照射下二氧化鈦表面的接觸角的變化。（羅健峰，2003）

超親水性表面的特性，使 TiO_2 有許多應用的價值，如圖 10-10 所示，TiO_2 的表面原本是非親水性，霧氣的水滴遮住表面的字，在 UV 照射後，水滴無法聚成一滴而攤開形成水膜，使表面的字清晰可見，成爲一種防霧玻璃。由於光照只要約三十分鐘就可以使 TiO_2 變成超親水性，而且可以保持二十四小時，所以戶外的玻璃或鏡子，只要白天有陽光照射，到晚上仍可保有超親水性質，可當做永久性的防霧玻璃或鏡子。

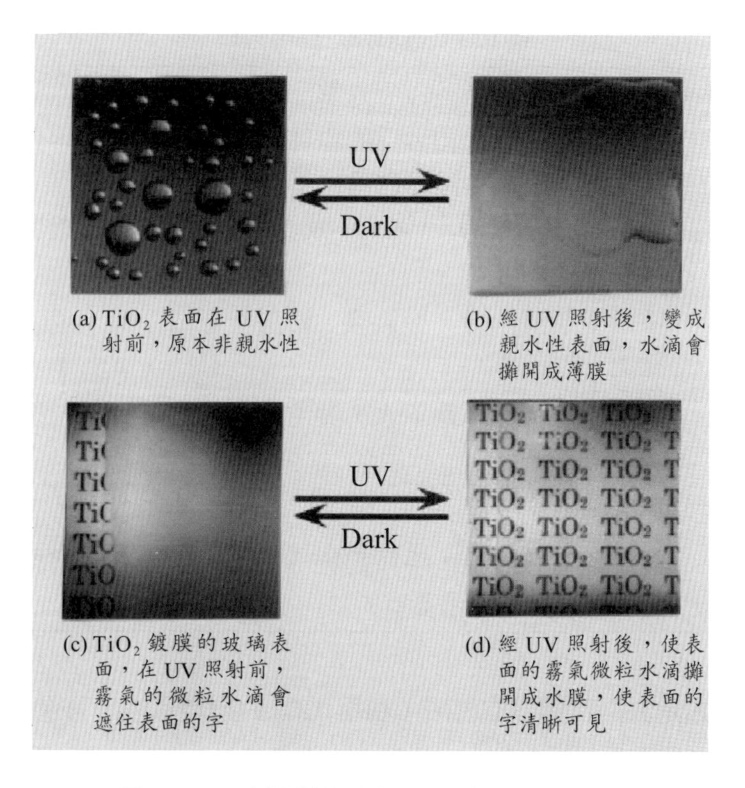

圖 10-10　光觸媒的防霧效果（Wang, 1997）

10-5 光觸媒的應用

光觸媒的應用範圍很廣，根據其特性，大致可分類為：①光誘導超親水性的自潔性；②光催化分解有毒物；③光催化消毒殺菌；④光催化癌症治療。表 10-1 綜合列出一些光觸媒的應用技術，在日本及國內已有許多商用產品上市。

表 10-1 光觸媒之應用分類

功能特性	應 用
表面自潔	室外瓷磚，廚房和浴室的物件，室內裝璜，塑膠表面，鋁面外牆，磚牆，百葉窗，室內外燈，燈罩，日光燈表面鍍膜，公路／隧道路燈罩，隧道內牆表面，隔音牆，交通號識燈，交通標示表面。
空氣清淨	室內空氣清淨機，冷氣機，廠房空氣清淨機，道路／隧道牆面，隔音牆。
水淨化	飲用水，河水，地下水，湖泊，儲水槽，魚缸，排放水，工業廢水。
抗腫瘤性	癌症治療。
自消毒性	醫院牆壁和地板，手術房物件表面，手術衣，醫護制服，公廁，實驗動物培養室。

第一類是表面自潔性的應用，利用 TiO_2 的超親水性，可進行表面自潔過程。將覆有 TiO_2 薄膜的基材照射 UV 光後，水在表面上的接觸角近乎零度，TiO_2 薄膜產生極佳的親水性，所以可以藉由浸泡水或以直接沖水的方式，簡單將油汙沖洗掉。可應用於日常生活中的傢俱表面、建築物的玻璃窗、車窗或車用照後鏡上，當傢俱沾染油汙後，不需使用清潔劑，只要沖水就可以乾淨如新，而當窗戶沾黏灰塵，只要經過雨水的沖刷就變清潔了。另一種是進行汙染物光分解的自潔（self-cleaning）反應機制，

油汙附著於 TiO_2 薄膜上，經過 UV 光照射，將使油汙自行氧化分解清除。

第二和三類是空氣的清淨和水的淨化，利用 TiO_2 光觸媒在 UV 照射後，具有強氧化分解的能力，使有機物汙染物分解清除，達到空氣或水的淨化。可以廣泛應用於被汙染的場所，如利用冷氣機的光觸媒濾網照射 UV 光，將室內空氣清淨化，飲用水或魚缸水槽等也使用同樣原理，氧化分解水中的汙染物。

第四和五類是在醫學的新應用，基本上也是利用 TiO_2 在 UV 照射後，表面具有強氧化分解的能力，將細菌消滅分解，達到消毒的效果，研究顯示在 UV 照射的 TiO_2 表面，可以有效抑制大腸桿菌的數量。在醫院等具有生物感染性的場所，例如手術房的地板、牆壁和使用的物件表面、手術衣帽等，TiO_2 可發揮消毒的功能。在癌症的治療功效方面，Fujishima 的研究團隊，從 1980 年中期開始研究 TiO_2 用於殺死癌細胞的動物實驗，發現注射少量 TiO_2 膠劑於癌細胞周圍，經由光纖導入 UV 光照射，可以選擇性抑制癌細胞腫瘤的成長。

10-6　光觸媒在太陽光能收穫發展

綜觀人類的初級能源（primary energy）來源，除了核能和地熱外，地球的最終能源來自太陽，生物所需的能源均來自植物葉綠素的光合作用，風力、水力、海洋溫差等等的能源，其實也是太陽加熱地球表面轉變而來，化石能源是來自遠古的動植物在地層下轉變的燃料，現在人類開採使用，亦即我們是在使用過去儲存的太陽能。以能量循環的觀點而言，植物的光合作用是將太能光能轉成生質能，亦即是化學能的一種，生質能可以儲存、運輸、製成化學品或燃燒釋放能量。因此將太陽能轉成化學能，是解決溫室效應和能源短缺問題最佳也是最自然的方法。利用光觸媒來收穫太陽光能分爲兩種，光催化水分解產氫和直接光催化還原 CO_2。

一、光催化水分解產氫

利用光觸媒將水轉變成氫氣及氧氣是極有前景的能源研究議題。大約在四十多年前，Honda 和 Fujishim 首先提出以光觸媒照光使得水分解產氫的方法，圖 10-11 顯示簡單的概念，使用 TiO_2 半導體電極照光，將水分解成氫氣與氧氣，其光催化反應可以將水分解成 H_2 和 O_2。下列化學式簡單地表示還原及氧化反應。

$$TiO_2 + 2\,h\nu \rightarrow 2e^- + 2\,h^+ \tag{10-6}$$

陽極：$H_2O + 2\,h^+ \rightarrow 1/2\,O_2 + 2\,H^+$ (10-7)

陰極：$2\,H^+ + 2\,e^- \rightarrow H_2$ (10-8)

淨反應為：

$$H_2O + 2\,h\nu \rightarrow 1/2\,O_2 + H_2 \tag{10-9}$$

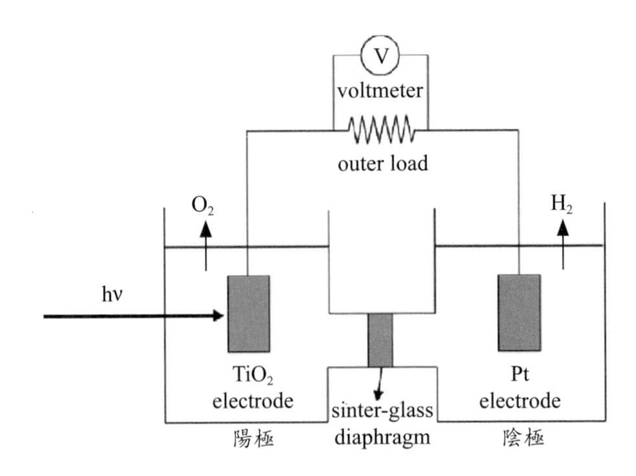

圖 10-11　具有 Pt 電極的光電化學反應器

Kudo 等和 Sayama 等提出另一種水分解產生氫氣的方式，如圖 10-12 所示，使用兩種不同觸媒，分別擅長產氫與產氧，產氫觸媒具有較高的還原電位，產氧觸媒具有較低的氧化電位，溶液加入電子媒介（electron mediator）傳遞電子，將氧化與還原半反應的電子傳遞到相對應的觸媒。在不同觸媒表面分別產生氫氣和氧氣。此稱為 Z-Scheme 的方法，不過由於在一個反應器內進行，產生的是氫和氧混合氣，仍須後續的分離操作才能利用氫氣。

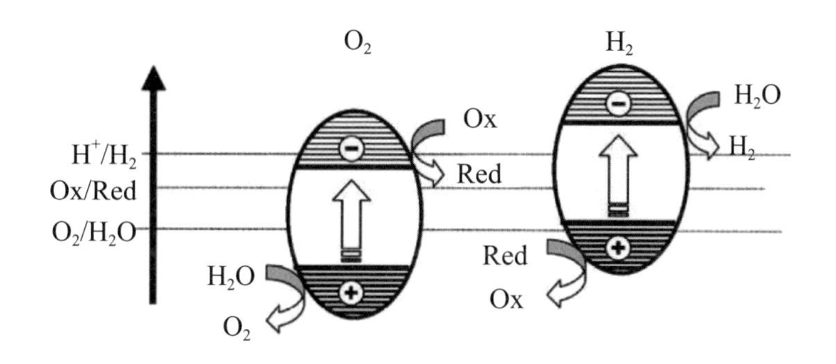

圖 10-12　雙光觸媒用於光催化水分解

利用 Z-Scheme 系統的概念（圖 10-12），將產氧觸媒（例如 WO_3）與產氫觸媒（例如 $Pt/SrTiO_3:Rh$）分散於兩個反應器的水溶液中，再利用經 Fe^{3+} 前處理 Nafion 離子交換膜隔開兩個反應器，以 Fe^{3+}/Fe^{2+} 為水溶液的電子媒介，就可以將氫氧分開生成。雙胞反應器概念在圖 10-13，一邊（左）置產氧光觸媒，另一邊（右）置產氫光觸媒，中間以質子交換薄膜隔離兩邊的水溶液和光觸媒，置入電子傳遞媒介。質子薄膜可以讓 H+離子通過，同時也讓電子傳遞媒介通過。反應時兩邊都照光，產氧光觸媒表面氧化水生成 O_2，電子由電子傳遞媒介（$Fe^{3+} \rightarrow Fe^{2+}$）攜帶擴散到質子交換薄膜右邊，同時 H^+ 離子透過質子交換薄膜擴散到到右邊，在產氫光觸媒還原生成為氫原子或氫分子，產氫光觸媒的電洞接受由電子傳遞媒介帶來的電子中和（$Fe^{2+} \rightarrow Fe^{3+}$），電子傳遞媒介經由濃度差擴散機理，循環於兩邊反應器。本概念可以達到兩邊的電荷和質量平衡，持續運轉。與單一反應器系統結果相比較，去除了逆反應會同時發生的缺點，能夠有更高的產氫、產氧量效率之外，節省後續分離氫／氧混合氣的費用，還能預防未來放大商轉之後氫氧混合可能造成爆炸的問題

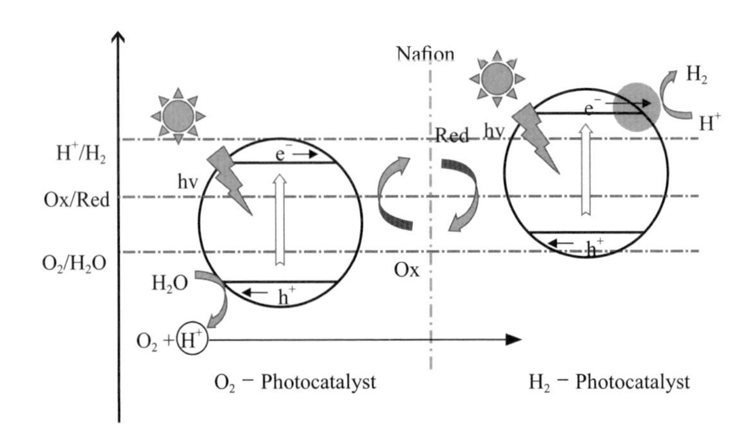

圖 10-13 雙胞光反應的示意圖 —H_2 和 O_2 分離

當光源來自太陽時，此反應代表將太陽能的轉化成氫能源，利用光能即能驅動反應的進行，比之傳統的觸媒需消耗石化能源藉以燃燒升溫、驅動催化反應的進行，更具清淨能源的目標，將是再生能源利用的重大進展。

二、光催化還原 CO_2 生成再生燃料

藉由光觸媒可將太陽能直接轉成化學能儲存，可將二氧化碳轉變成替代能源如甲醇。燃燒太陽能生產的甲醇以獲取能源，並不會增加大氣中 CO_2 的排放量，因為碳來自 CO_2，可同時解決環境與能源之議題。以光觸

媒進行光催化還原 CO_2 生產碳氫化合物，類似模擬植物光合作用，是根本解決 CO_2 和能源的最佳選擇。只是大自然的光合作用效率太低，速率太慢，無法有效處理目前人類工業所產生的 CO_2 及能源需求，造成大氣層的 CO_2 逐漸累積濃度上升，引發種種的溫室效應。

由於 CO_2 是燃燒之後的產物，能量位階極低，任何轉製必需再加入能量，才有可能轉成碳氫化合物。再從熱力學的觀點來看，轉化 CO_2+H_2O 成爲碳氫化合物的 Gibbs free energy 都是正値，反應平衡常數非常小（～10^{-32}），顯示反應平衡極不利轉化成碳氫化合物。利用天然太陽光以光催化反應達到轉化 CO_2 尙有另一困難，因爲到達地面的陽光大部分是可見光，大部分紫外線已被高空的臭氧層吸收，能到達地面的只占少量，植物光合作用主要是利用可見光（波長 400～600 nm）的能量，但是純 TiO_2 能利用的波長是在紫外線（波長 250～380 nm）的範圍，並無法充分利用豐富的可見光。照射到地面的太陽光的能量密度也不高，如何收集和有效傳送太陽光能進行光催化反應也是須解決的技術。

從電化學的觀點，利用 TiO_2 光觸媒將二氧化碳還原成不同產物的標準還原電位（standard hydrogen electrode, SHE）如圖 10-14 所標示。雖然二氧化碳還原成甲酸僅涉及兩個電子的轉移，但由圖中可知其所需的還原電位最高，還原難易依序爲 HCOOH(−0.85eV)、CO(−0.76eV)、HCHO(−0.72eV)、CH_3OH(−0.62eV)、CH_4(−0.48eV)。若以半導體扮演光觸媒角色，則半導體的能階位置將決定反應的進行方式。傳導帶（conduction band, CB）底部的能階位置，可視爲光激發電子的還原能力高低，而共價帶（valence band, VB）頂端的能階位置，則表示電洞的氧化能力。當光觸媒受到足夠光激發電子躍升至傳導帶後，此時能量若高於表面反應物的還原電位，代表此反應是可進行。根據研究顯示，anatase 結構之 TiO_2 光觸媒光催化活性最佳。若添加 Cu、Pt 金屬於 TiO_2 觸媒進行改質，金屬所扮演之角色爲提供電子陷阱（electron trap），有效降低電洞電子對之再結合率，因此有助於提升觸媒之光催化效率。

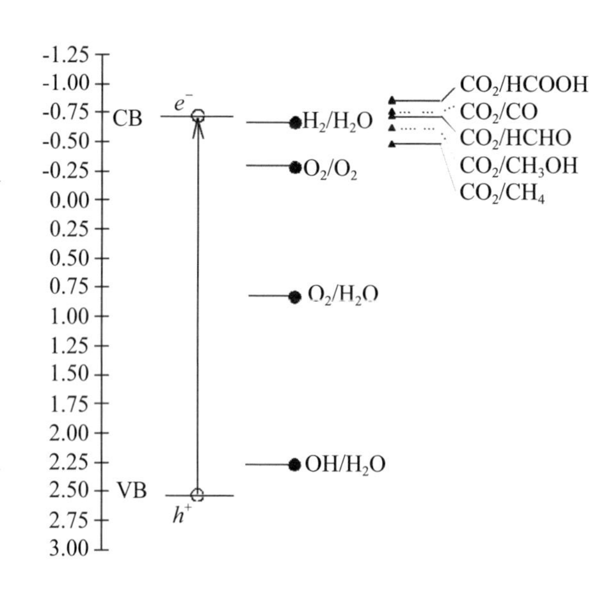

圖 10-14 anatase 晶相 TiO_2 觸媒之能階圖及 H_2O、CO_2 的還原電位（pH = 7）

通常光觸媒以粉體的型態，在液相中進行光催化反應。因其粉體顆粒小、質量輕，反應後需經過分離步驟，回收困難又可能逐漸流失，因此常以薄膜方式固定在玻璃基板、反應器內壁或紫外燈管上，但觸媒薄膜提供的面積不夠大，使得光使用效率不高，而且反應物會有質傳阻力。在實際光催化反應時，首先的問題是如何提供讓光觸媒有足夠的受光照面積，以進行具量產式的直接光催化還原 CO_2。由於 TiO_2 對光的遮蔽率很高，例如 UV 光在 TiO_2 的懸浮水溶液中，射透距離只有大約 1 公分，在 1～2 公分之外的 TiO_2 將無光催化反應可行。在汽相反應物進行光催化反應，一般會用化工傳統塡充床反應器，但是不論從中間或周邊照光，不可能將每一顆光觸媒顆粒全面均勻受到光照，因此光觸媒顆粒在陰影的那一面就沒有光催化反應，降低光觸媒使用效率。如果使用觸媒薄膜平板，雖然可以均勻受到光照，但是同樣地，觸媒薄膜提供的面積不夠大，使得光能使用效率大打折扣。

圖 10-15 所示是光纖組成的光反應器示意圖和照片，光源從左端窗口照射，藉著光纖束將光源均勻地分送至光纖反應器內。光纖本質上為圓柱結構的石英材料，石英的折射率約 1.4～1.5，以二氧化鈦覆膜在石英光纖表面，二氧化鈦的折射率約 2.4～2.9，由於折射率的差異，如圖 10-15(a) 右上角所示，當光線射到石英／二氧化鈦介面時，部分光線會穿透介面為二氧化鈦所吸收，激發光催化反應，部分光線會折射返回石英內部，繼續向前傳輸。如此從光纖端點入射的光能，將逐漸地分散到表面的二氧化鈦，直到全部光能耗盡為止。光纖束可在單位體積下提供高比表面積的支撐式 TiO_2 觸媒，具有高觸媒表面積／單位體積的優點，而且可使全部的光觸媒都受到光照，有效解決光傳播分散的問題，充分利用光能。更由於是密閉反應器，可以在加壓、高溫和高濃度下進行光催化反應，有希望大幅度提高光催化的效率。

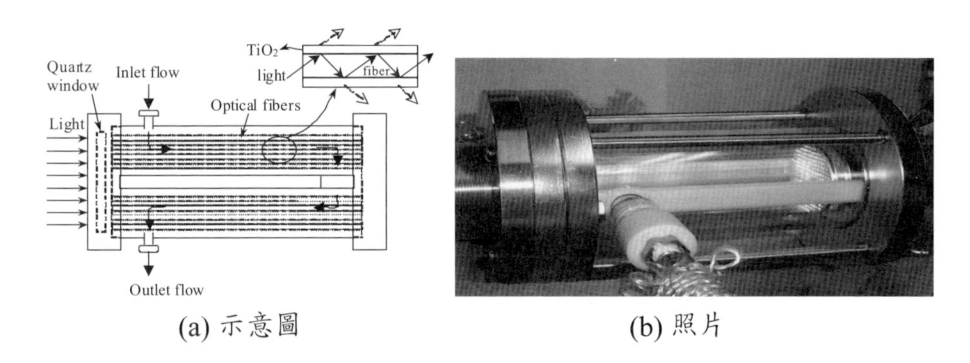

(a) 示意圖　　(b) 照片

圖 10-15　光纖組成的光反應器

圖 10-16 為不同金屬負載二氧化鈦觸媒，在不同紫外光強度照射下之

甲醇產率關係圖。結果顯示當紫外光強度增加時，甲醇產率提升。入射光源強度爲 10W/cm^2 的初始反應下，有添加 Cu 、Ag 及 Pt 等金屬之二氧化鈦觸媒皆比純二氧化鈦觸媒的光催化效率爲大，以添加 1.0% Pt 的二氧化鈦觸媒影響最爲顯著，在平均滯留時間五千秒鐘下，甲醇產率爲 4.45 μmole/g-cat・hr。其次爲 1.0%-Ag/TiO_2 觸媒，甲醇產率爲 4.12μmole/g-cat・hr ，及 1.2%-Cu/TiO_2 觸媒，甲醇產率爲 3.80μmole/g-cat・hr。光催化效率最差的純 TiO_2，甲醇產率僅有 2.28μmole/g-cat・hr。添加 Cu 、Ag 及 Pt 等金屬之二氧化鈦觸媒在整體表現上，皆比純二氧化鈦觸媒爲佳。這是由於負載於二氧化鈦的 Cu 、Ag 及 Pt 等金屬，扮演吸收電子及傳遞電子的重要媒介，降低電子電洞對的再結合速率，能顯著提升 CO_2 光催化的效率。

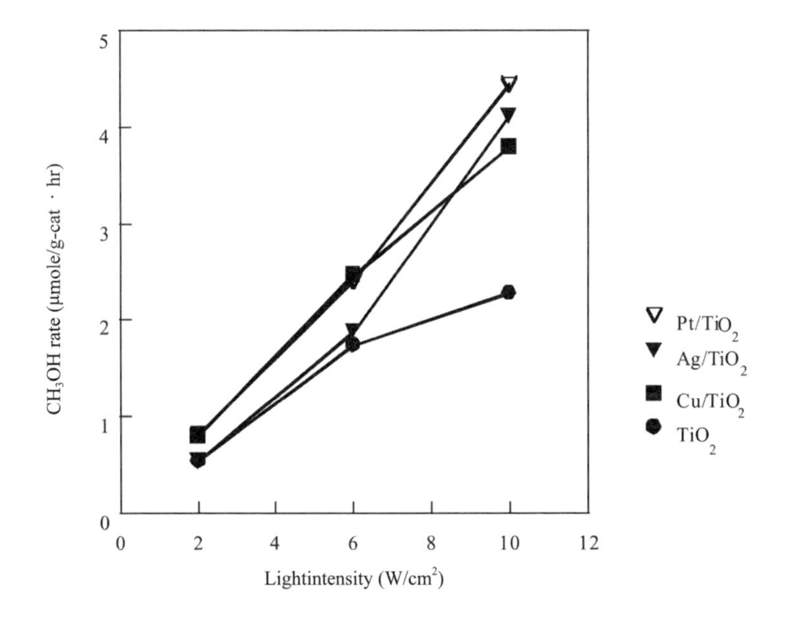

圖 10-16　甲醇產率 vs 光強度的影響，TiO_2，Pt/TiO_2，Cu/TiO_2 和 Ag/TiO_2 光觸媒

太陽能直接轉成化學能在實驗室已證明是可行的，和大自然的光合作用比較，由於光觸媒系統不需要支持細胞生命的能量需求，也不用提供維持生命的各種營養素，理論上應可以比光合作用的能量轉換效率高。圖 10-17 表示以人工光合作用模擬植物的葉綠體程序，原理如圖 10-17 所提示，在兩個以薄膜隔開的光反應器（雙胞反應器），分別用產氧和產氫觸媒進行水分解，氧氣由左邊的反應器排出，氫離子透過中間薄膜擴散到右邊，被還原成氫，與加入的 CO_2，在氫化觸媒的協助下，氫可以還原 CO_2。還原 CO_2 的產物是碳氫化合物如甲醇等，可用傳統的化工技術轉成其他有用的化學品，或直接當燃料。因爲碳源來自 CO_2 當然不會增加 CO_2 的淨排放，對環境不致產生任何衝擊，十分符合環保的要求。未來可以在非農業用地，例如沙漠或海洋，建立分散式人工光合作用工場，既不會衝擊糧食的生產，又能達成利用太陽能將二氧化碳轉成再生能源。

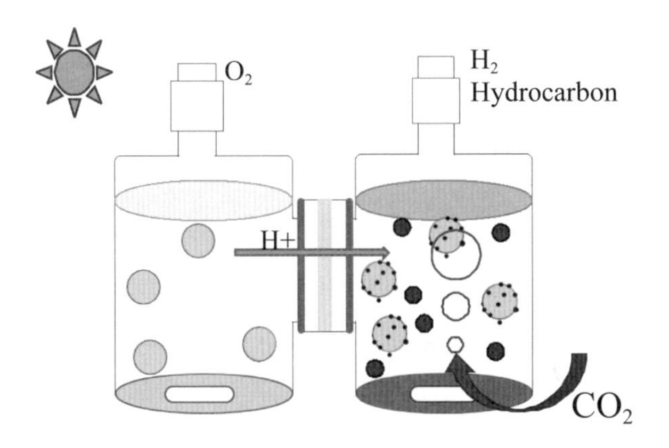

圖 10-17　雙胞反應器進行人工光合作用

參考文獻

1. Fujishima, A. and K. Honda, Electrochemical photolysis of water at a semiconductor electrode, Nature 238(5358) (1972) 37-38
2. R. Wang, K. Hashimoto, A. Fujishima, M. Chikuni, E. Kojima, A. Kitamura, M. Shimohigoshi, T. Watanabe, Light-induced amphiphilic surfaces, Nature, 388 (1997) 431-432.
3. A. Kudo, H. Kato, I. Tsuji, Strategies for the development of visible-light-driven photocatalysts for water splitting, Chemistry Letters, 33 (2004) 1534-1539.
4. 藤嶋昭、喬本和仁和渡部俊也，圖解光觸媒，世茂出版有限公司，2006
5. T. Sumita, T. Yamaki, S. Yamamoto, A. Miyashita, Photo-induced surface charge separation of highly oriented TiO_2 anatase and rutile thin films. Applied Surface Science, 200 (2002) 21-26.
6. H. Yoneyama, Photoreduction of carbon dioxide on quantized semiconductor nanoparticles in solution. Catalysis Today, 39 (1997) 169-175.
7. J.C.S. Wu, C.-H. Chen, A visible-light response vanadium-doped titania nanocatalyst by sol-gel method, Journal of Photochemisty and Photobiology A: Chemistry, 163 (2004) 509-515.
8. C. Lo, C. Huang, C. Liao, J. Wu, Novel twin reactor for separate evolution of hydrogen and oxygen in photocatalytic water splitting. International Journal of Hydrogen Energy, 35 (2010) 1523-1529.
9. S.-C. Yu, C.-W. Huang, C.-H. Liao, J.C.S. Wu, S.-T. Chang, K.-H. Chen, A novel membrane reactor for separating hydrogen and oxygen in photocata-

lytic water splitting. Journal of Membrane Science, 382 (2011) 291-299.

10. J. Wu, T. Wu, T. Chu, H. Huang, D. Tsai, Application of optical-fiber photoreactor for CO_2 photocatalytic reduction, Topic in Catalysis, 47 (2008) 131-136.

11. W.-H. Lee, C.-H. Liao, M.-F. Tsai, C.-W. Huang, J.C.S. Wu, A novel twin reactor for CO_2 photoreduction to mimic artificial photosynthesis. Applied Catalysis B: Environmental, 132-133 (2013) 445-451.

12. M. Hayakawa, E. Kijima, K, Norimoto, M, Machida, A. Kitamura, T. Watanabe, M. Chikuni, A. Fujishima, K. Hashimoto, US patent 6,013,372, January 11,2000

習題

1. 簡要描述光觸媒的超親水性原理，並舉三例有哪些應用。
2. 簡述光催化的基本原理。
3. 光催化常用光量子效率（quantun efficiency）來描述光反應效率，請問光量子效率如何定義？又如何可以計算出？
4. 舉兩個光觸媒在太陽能應用的例子。

第十一章 觸媒在能源的發展與應用

11-1 觸媒在化石能源的轉換與應用

觸媒在能源的功能有：①開闢新能源如氫能或太陽能的開發；②不同能源的轉變，如化學能、熱能或電能的互變；③透過分子構造的改變將能源品質改變或提升，如煉油廠的裂解、重組或異構化反應的應用。因此近年來隨著新能源的尋找與生態環境的保護，觸媒的角色再度被重視與期待。

一直扮演主流能源的化石能源有天然氣、石油與煤碳三大類，大部分來自遠古生物殘留物的轉換而得，天然氣（甲烷）的形成可分為兩類產區，尋常的氣源區（conventional resources）與異常的氣源區（unconventional resources）。前者存在於原油的頂端，是原油形成時低分子量的成分。異常氣源區有四種蘊藏源：瀝青沙層氣（tar sand gas）、煤床氣（coal bed gas）、頁岩氣（shade gas）及海底下甲烷水合物（methane hydrate）。以產量而言，尋常氣源區較少，也較容易被開採，其氣井以垂直方式開採（或洩氣），約可獲得 80% 的原有氣量。不管是哪一種蘊藏源，其開始可分成兩種原始生成機制，地底淺層中的有機沉積物受微生物分解而成甲烷，如果周圍的土壤較為稀鬆，則所形成的甲烷流竄到緻密岩石或岩鹽封閉的空隙層而儲藏。另一成因則來自地殼深層遠古的生物殘留物或甲烷，在地底下埋藏時周圍的土壤、溫度（> 200℃）及壓力（> 1.0 MPa）促成催化性的裂解，而產生甲烷的氣體、液狀碳氫化合物或其固態的聚合物如煤碳。這些異常氣源的甲烷與其周圍的地質緊密結合，被封存在岩層，過去一直無法開採，必須破壞與岩層的結合才能釋放出來。直到 2007 至 2008 年美國成功地以高壓水蒸氣及藥物以水平方式破壞周圍岩層的結合，將大面積封存的甲烷氣集中釋放到地面收集，其回收率目前只有 15～30% ，稱爲岩層氣或岩層天然氣（shale gas or shale natural gas）。受上述成功的鼓勵，煤層氣的天然氣也開始進行釋放收集的工作，一方面避免煤礦的氣爆災害，另一方面增加天然氣的生產。甲烷水合物的開採研究，近年才開始，目前的調查資料顯示，地球海底甲烷水合物的蘊藏量遠超過地球所知的天然氣及石油蘊藏量，約可使用五百年，是人類可期待的最豐富能源來源。至於形成過程的裂解反應如第七章的介紹，催化性的裂解反應是由酸性的觸媒引起的。酸性的觸媒則來自土壤的黏土成分：氧化矽與氧化鋁（$SiO_2Al_2O_3$），在長期的高溫下逐漸失去結晶水而成爲非晶型氧化物呈現其酸性功能。地球本身可以說是自然界最大的裂解反應器，進行生質材料的裂解反應，產生今天我們所謂的化石能源。

化石能源開採後被利用爲化工材料及熱能與電能，其中的煤炭在十九世紀扮演主要的化學原料及熱能的來源，目前則是電能的主要來源，化學原料的角色已被石油取代。由石油分餾的各種液態油料，目前的主要用途在化工原料及交通工具的機械能來源。天然氣的甲烷雖是一種溫室氣體，但也可視爲一種過渡期間的低碳能源，其方便性及環保性遠優於其他化石能源。近年來隨著產量的增加，天然氣的舞臺由家用熱能爲優先逐漸擴大到工業熱能，在電能的轉換利用逐漸增加，未來應會與煤炭及核能或太陽能鼎分電能的三大來源。在這些不同模式間的能源轉變，觸媒一直扮演著不可缺少的關鍵角色。

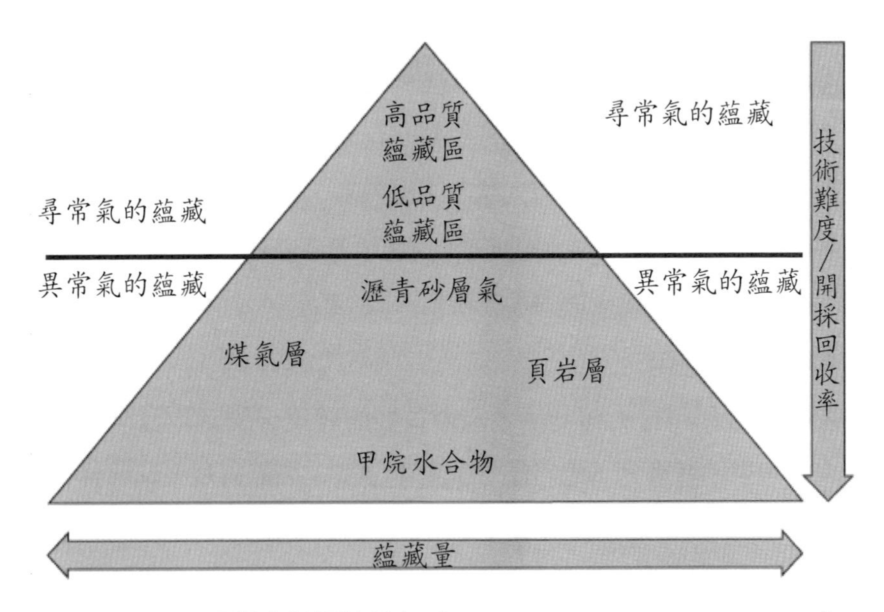

圖 11-1　甲烷在地層的分布（MIT: Future of Natural Gas, Chapt. 2）

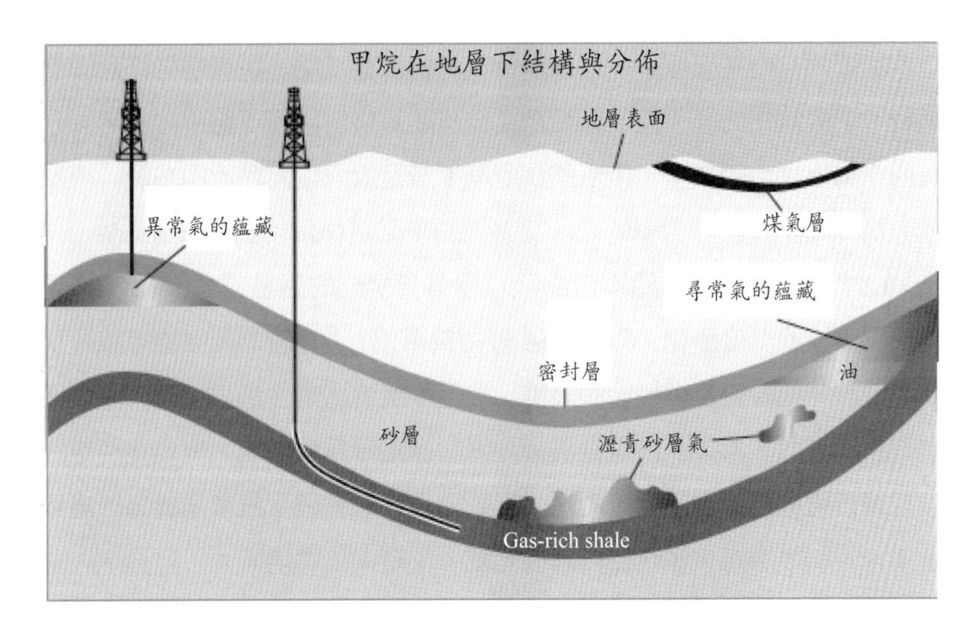

圖 11-2　石油與甲烷在地層下結構與分布（MIT: Futrue of Natural Gas, Chpat.2）

11-2 熱能

由含碳原料轉為熱能是以放熱性的氧化反應將含碳或含氫原料氧化為二氧化碳及水分子，過程中釋放大量的高溫熱能，透過溫差作為熱傳的驅動力將熱能傳輸到目的。產生熱能的第二類方法是以電流受電阻的消耗而產生熱能，類似於動能透過摩擦產生熱能。

一、熱能的開發利用

熱能的開發利用是人類文明史上最重要的發現，神話中發明鑽木起火的燧人氏如果申請專利，他將是一位大企業家，如能善用，其財富將遠超過二十世紀初美國的石油大亨洛克菲勒家族吧！這是由機械能轉為熱能的例子，過程中激烈的摩擦所產生的熱量，將木頭或棉絮的揮發成分汽化溢散，而與空氣中的氧分子接觸，產生氧化反應生成二氧化碳與水，所釋放的熱量加速揮發分子的汽化及氧分子的分解產生更多的氧原子自由基。這些活躍的自由基氧原子，快速進行氣態的氧化反應，所夾帶的紅熱固態微粒，形成孰知的紅火焰。人類把這種氣態氧化反應廣泛應用於生活，已有四十萬年以上的歷史，但法國科學家卡諾是第一位將熱能與功能（機械能）加以歸納成為熱力學的人，其著名的卡諾定律為：熱效率 $\eta = W/Q = 1 - T2/T1$（W 是對外提供的功能；Q 是外界供應的能量；T1、T2 分別是事前與事後的溫度變化，以絕對溫度 K 為單位），瓦特的蒸氣機可說是早期典型將熱能轉變為機械能的設備，透過煤炭的燃燒（氧化反應）生產高溫高壓的蒸汽，再以蒸汽推動機械設備的運動轉為機械能。但氧化反應的進行是以供應熱能來提升溫度，一直是靠氣態的燃燒反應來達成，一直到近年來，利用觸媒來氧化燃料釋放熱能，才有催化燃燒。

二、氣態燃燒

一般的火焰燃燒過程，燃料分子受氧自由基的連鎖氧化產生連續性的激烈氧化反應而冒出火焰。火焰主要來自燃燒物中的微碳顆粒的反射而現顯出來，良好的混合也可避免碳粒的形成而產生所謂的無火焰燃燒。

氣態燃燒需要一定的空間來讓燃料與氧氣（空氣）混合以趨近完全氧化，並靠燃燒氣體的對流與輻射使溫度均勻及傳送熱能，因此需要較大的燃燒爐設計來發揮效率。火焰燃燒的火焰溫度常高逾 900℃甚至於高達 1800℃，導致空氣中氮氣被氧化成為氧化氮（NOx）的有害氣體，對環境及健康的破壞性嚴重，因此受到極端的注意與管制。

傳統的燃燒以含碳物質如碳氫化合物或醇類化合物為燃料，如天然氣、柴油、重油或甲醇經過噴嘴將燃料以微粒形式噴散出去，造成廣大的體積與氧化氣流如空氣，形成良好的接觸面積。以高黏度的重油為燃料時，常加入少量的水，一方面降低黏濁度，另一方面透過水的汽化為蒸汽將油料沖散，以擴大油料與空氣的接觸面積，並利用水蒸氣清除噴嘴，避免微粒或積碳在噴嘴的堵塞。油料與空氣中的氧氣接觸而被氧化，釋放大量的氧化反應熱 ΔH° ，做為加熱的能量，燃燒值或熱值的高低是評價燃料的一項重要依據。以下為常用燃料的熱值（MJ/kg）：天然氣 50.0；LPG46.1；汽油 44.4；柴油 43.2；燈油、甲醇 19.9；氫氣 121。燃燒時，熱能透過火焰的輻射及熱氣的對流傳到受熱體如反應器、熱媒管或熱風傳輸出去。由於所用的氧氣來自空氣，因此空氣中的氮氣會在爐中形成帶動熱傳導的對流氣流，但也會帶著熱能溢散出去形成熱能的損失，因此空氣與燃料碳元素比例的控制，氧／碳比值，是確保燃燒效率的主要關鍵。

燃燒是一種氧原子自由基的連鎖氧化反應，首先氧分子受熱分解為氧原子的自由基，氧原子自由基氧化燃料產生 OH・的自由基與燃料分子的自由基，再繼續氧化傳播到新的燃料分子連續產生新的自由基，過程中 OH・形成水分子，而燃料分子的自由基最後成為二氧化碳產物。過程中火焰溫度會升到 800℃以上造成氮氣的氧化成為汙染氣體，氧化氮及未受氧化的燃料所排放的揮發性有機化合物廢氣（volatile organic compounds,

VOC），必須設法去除掉。燃爐的設計必需避免低溫的冷區使燃料分子的溫度都高於其自燃點（auto ignition temperature，甲烷 540～580℃，丙烷 470℃，丁烷 405℃，汽油 24～280℃，柴油 210℃，氫氣 500～540℃，甲醇 433～470℃，乙醇 368～410℃），另一方面不能有太高的火焰溫度以減少太高的氧化氮濃度。排放氣體內的揮發性的有機物質與氧化氮，依賴觸媒如 Pt(Pd)、Rh/ Al_2O_3 或 Pt(Pd)、Rh/SiO_2 的觸媒與空氣及氫化物如氨氣或碳氫化合物的還原爲二氧化碳、水蒸汽及氮氣而去除。

三、觸媒燃燒

利用氧化觸媒對燃料與氧氣分子的吸附，產生激烈而快速的氧化反應，達成燃燒的現象，釋放高溫熱源。其熱傳導不依賴輻射，也不太依賴對流，而是依賴固體材質（觸媒本身與設備材質）的熱能傳導，其熱傳導效率與材質的熱傳導能力有關。純銅、鋁、碳鋼及不鏽鋼的熱傳導係數分別爲 401、250、540 及 15W/M-K，因此材質會影響熱爐的熱傳導能力及效率。觸媒燃燒的溫度較容易受控制，因此氧化氮的形成不嚴重可忽略是一大優點之一。

使用觸媒燃燒約可降低 200～300℃的氧化溫度，降低氧化氮的形成，另外觸媒床的設計使燃料分子及空氣與觸媒的接觸改善，可使燃燒爐達到 99.8% 的效率，使殘留的 VOC 低於 20 mg/M^3（約 17 ppm）。所用的觸媒成分以鈣鈦礦（perovskite）金屬氧化物（$A^{II}B^{III}O_3$、$CaTiO_3$、$SrRuO_3$、$LaTi_{0.5}Mg_{0.5-x}Pd_xO_3$ $(0 < x < 0.1)$）或載體式貴重金屬觸媒（M/Support）爲主。

鈣鈦礦是由二價鹼土金屬與三價過渡金屬的氧化物所組成，這種複合氧化物的氧原子，特別是表層的氧原子在 700℃以上的條件下，具有相當高的移動或擴散能力，提供氧化反應所要的氧負離子（radical anion, O^{-2}）。其擴散能力隨溫度的上升而加速，以致氧化反應速度的加速。因此常被用在高溫的氧化反應觸媒如高溫固態氧化物燃料電池（SOFC）或做成薄膜以分離空氣中的氧分子與氮分子。金屬氧化物觸媒的氧化反應，大部分的金屬經過氧化與還原狀態。透過高溫氧原子由表層晶格的位置擴散到表層，與吸附在表層的反應物進行氧化反應成爲氧化物的產品。晶格內的金屬失去氧原子而被還原，另一方面被還原狀態的觸媒金屬，由氣態空氣中的氧分子進行化學吸附補充失去的氧原子而恢復原先的氧化狀態。

如此表層的氧原子擴散進行氧化反應，其晶格構造中空缺下的位子，可由氣態中的氧分子補充恢復原先的氧化狀態，因此氧化反應速度的快慢是由晶格內氧原子（lattice oxygen atom）的移動速度與氣態氧分子的補充速度中較慢的一種速度來決定。這種晶格氧原子的移動進行氧化反應，再由氣態的氧分子補充恢復原先的氧化價稱爲 Mars-van Krevelen 的模式。

載體式貴重金屬觸媒的 M 是白金及鈀金爲主，也可使用銠金屬爲觸媒，但銠金屬的單價頗爲昂貴，非不得已，如氮化物的還原爲氮氣（氨氣或碳氫化合物爲還原劑）盡量不動用銠觸媒。載體以氧化鋁、二氧化矽爲主，近年來增加氧化鈦、氧化鋯、氧化鋁或氧化鋯與稀土元素的混合氧化物爲載體以耐高溫或延長壽命。鈀金觸媒對甲烷燃料較有效果，白金觸媒則對一般碳氫化合物及一氧化碳較有效。這種催化燃燒一方面降低氧化氮的汙染，另一方面可在加壓下進行氧化燃燒，使排放的燃氣造成窩輪式的排放，因此特別使用在噴射機引擎與發電機。

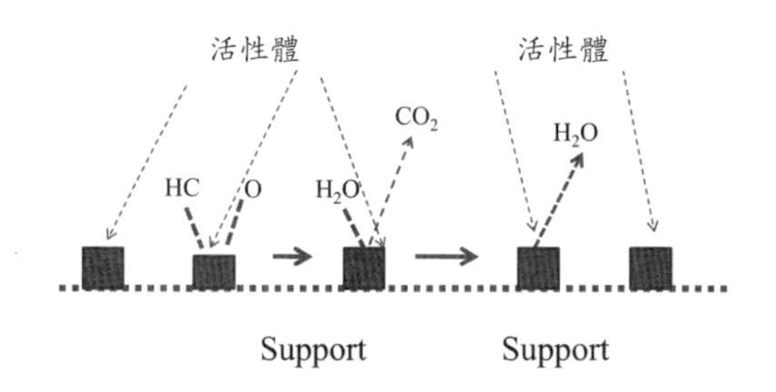

圖 11-3　催化燃燒的觸媒吸附機制

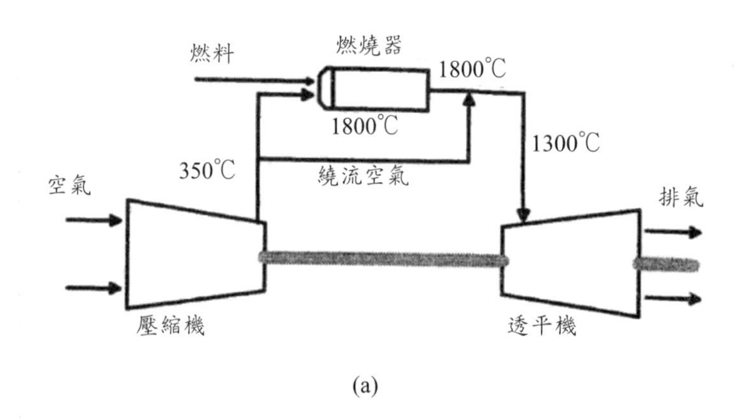

(a)

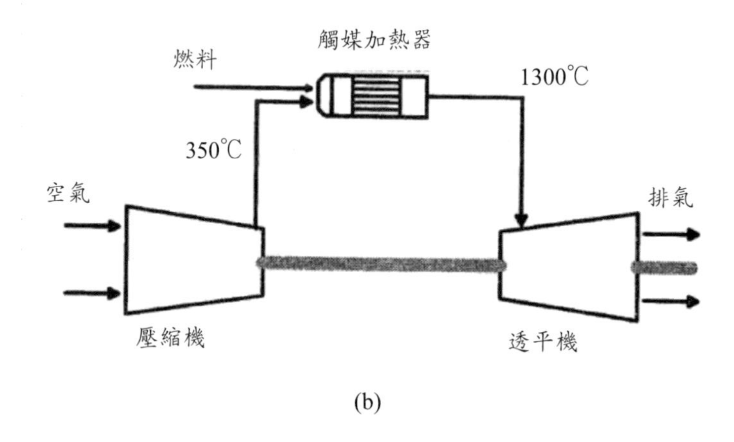

(b)

圖 11-4　催化燃燒於透平機的應用

載體式貴重金屬的氧化觸媒，其氧化機制與金屬氧化物觸媒不同，其氧化所需的氧原子是由快速化學吸附氣態中的氧分子，透過快速的化學吸附直接供應，不依賴晶格中氧原子的擴散來提供，因此氧化反應的溫度可在 300℃左右就可進行，不需高達 700～900℃依賴晶格內部的氧原子擴散來進行。

鈣鈦礦氧化物的觸媒在高溫才有實用的反應速度，因此工業上仍以載體型的貴重金屬觸媒較為普遍如 0.1～0.2%Pt/Al_2O_3。這類觸媒的二項關鍵技術是金屬觸媒分散度的保持及載體的穩定性及散熱能力。臺灣的碧氫科技使用一種 PBN 觸媒，其成分是 0.1～0.3%Pt 、1～5%hBN/-Al_2O_3。這觸媒的 Pt 發揮氧分子與燃料分子的吸附功能，促進劑為 hBN（horizontal-Boron nitride），利用其高導熱性及疏水性，一方面將氧化反應釋放的熱能散開，避免表層觸媒的熱點或過熱以維持觸媒金屬的分散性，另一方面，疏水能力則讓反應生成的水分子快速脫附，使表層的觸媒能快速恢復其吸附燃料與氧氣的能力。

碳氫化合物的燃料在氧化時產生大量的熱能與水分子。前者因載體的低度導熱性，甚至於絕緣性，常在觸媒產生高溫熱點（hot spots）引起觸媒金屬晶粒的移動或擴散而結合成大晶粒失去原有的分散度及表面積，而使觸媒快速老化，因此氧化觸媒的高溫熱點是催化活性的殺手，必需設法避免。水分子與觸媒活性體具有較強的吸附能力，不易脫附而妨害觸媒的活性體繼續吸附新的燃料或氧分子的能力，水的強烈吸附不利於觸媒的繼續吸附與氧化，因而使反應擱置。因此氧化燃燒除了金屬觸媒本身的活性之外，觸媒活性體的導熱或散熱能力及驅水能力都可改善燃燒觸媒的活性及耐久性。碧氫公司使用高導熱及疏水性的氮化硼來達成上述目的，以改善其氧化觸媒。

以 hBN 促進劑與 0.1～0.3% 的鉑金屬（H_2PtCl_6）及氧化鋁載體組合

成一種新氧化觸媒 PBN。可利用氫氣、甲醇、乙醇、LPG 、汽油、燈油及廢溶劑油爲燃料快速燃燒氧化爲水及 CO_2，以甲醇爲燃料時，可在－19℃啓動燃燒十三分鐘達到 31℃，在室溫啓動時則在三分鐘達到 1000℃以上，如圖 11-5 與圖 11-6 所示。

第二類則是電流通過高阻抗的金屬，透過電阻產生熱能以升高溫度造成的溫差以傳輸熱能，焦耳第一定律：$Q = tRI^2 = TVI = tV^2/R$ ，R 是金屬導體的電阻，I 是電流，V 是電壓，t 使電流通過的時間，Q 則是電流通過導體在 t 時間內所產生的熱量。如果 R 是歐姆（Ohm），I 與 R 分別是安培（Ampere）及伏特（Volt），而 t 是秒鐘則 Q 的單位是焦耳。如果該金屬的質量是 M，熱容量（heat capacity）是 C_p 則所施放的熱量 Q，將使該金屬的溫度 T1 升溫到 T2（$Q = C_pM(T2 - T1)$）。

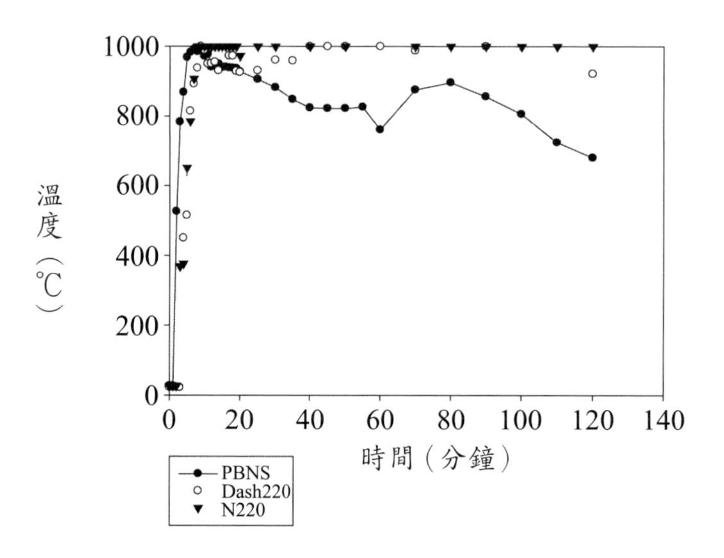

圖 11-5　甲醇以 PBN 與其他商用觸媒的氧化反應溫度變化

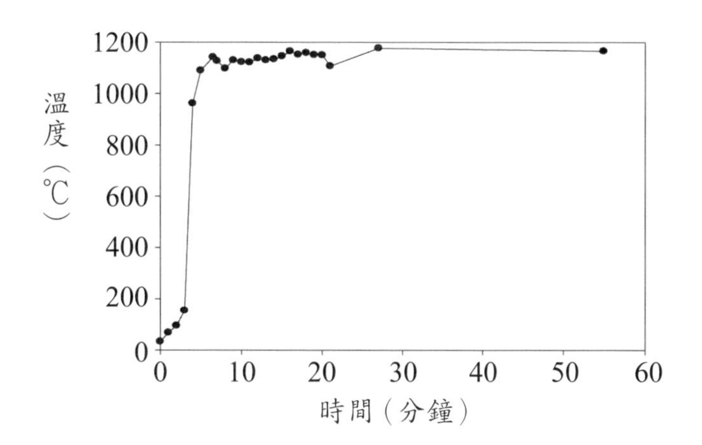

圖 11-6　正己烷以 PBN 與其他商用觸媒的氧化反應溫度變化

11-3　氫氣的能源角色

一、氫氣的工業應用

氫氣的工業應用分爲氫氣化學性質及氫氣能源性質的利用兩大領域。

（一）化學性質

化學性質的應用涵蓋各種工業產品改質，如煉油工業的加氫脫硫、石化工業的加氫或氫置換（裂解）製程、特化工業的氫化製程、冶金工業的表面處理以清理氧化汙垢，半導體工業氫氣用來做爲高溫反應製程，如金屬氧化物或氯化物的還原爲金屬、生長磊晶矽的傳輸氣體，或是用於矽晶圓退火處理製程，藉以消除積體電路元件製程的表面缺陷，以增加半導體 IC 製程元件之良率，顯示器工業用氫氣於退火製程、成長奈米矽晶薄膜，LED 工業的氫氣主要是做爲傳輸氣體，也有清潔和冷卻的功用，更換進料時，或反應爐加熱與溫度控制等都需要用氫氣。所用氫氣由 99% 到 99.99999+% 的純度，是現有工業氫氣最有潛力的市場，年成長率約 10%，特別是高科技用的 7N+% 超高純純度氫氣。

（二）能源性質

能源性質的應用又分爲電能與熱能兩種。電能的利用以燃料電池的能源轉換爲主，將氫氣與氧氣反應釋放的化學能轉爲電能，形成由氫氣供電的系統。關於熱能的利用，氫氣本身是一種良好的燃料，易燃、清靜、無汙染，但受其價位的影響目前尚無法跟化石能源競爭，但在助燃方面是一個新興的潛在市場，可減輕燃料費用與汙染。氫氣優異的燃燒性能，正被開發在家用與工業加熱爐及汽車引擎。氫氣分子快速的擴散速度與其火焰速度，使少量氫氣可幫助燃料在內燃機引擎或火爐的燃燒效率提昇。直接以氫氣爲燃料可能有減碳的功能（視所用氫氣生產時的二氧化碳衍生量而定），卻因其燃燒值低（10800 KJ 或 2580 Kcal/M^3），其經濟誘因所用不同燃料的相對單價與其燃燒質及環保標準的管制壓力而定。

氫氣工業的運作模式不在氣體的生產爲其營利重點，而在技術與服務的優異來鞏固其營運的優勢。氫氣從業者供應給用戶包括生產、加壓與儲存與運送，生產後的供應步驟是主要的成本也是服務客戶的手段。

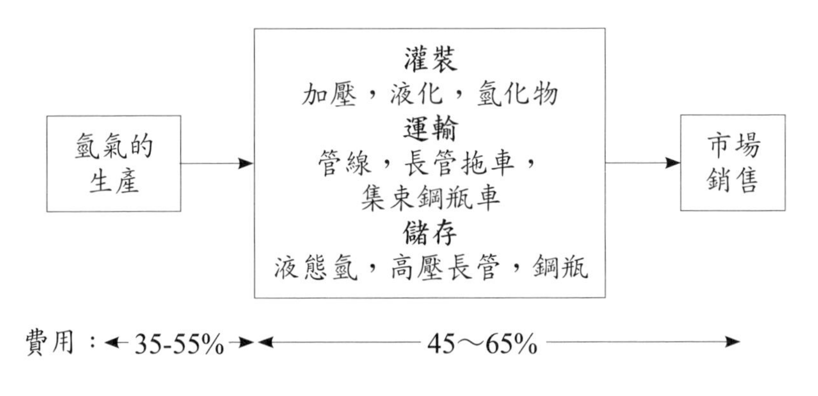

圖 11-7　氫氣供應的步驟及費用分布

氫氣供應的特色爲，儲運遠比生產昂貴（約占 45～70% 成本）而複雜，加壓及運輸（< 300 km）共耗掉 15% 內容氫氣的能量。氫氣供應分

爲液態、氣態兩種，目前液態氫的供應對象主要爲太空及軍用的火箭燃料，一般工業用途使用氣態。近距離或中、大量（> 50 M^3/hr, CMH）則盡量以現場生產及管線供應，少量則以長管拖車或集束鋼瓶供應，更少量則以高壓鋼瓶或金屬氫化物罐供應。以臺灣爲例，由天然氣生產的成本約在 19 元／米，但供應給用戶的價位則在 30～100 元／米視用量而定。

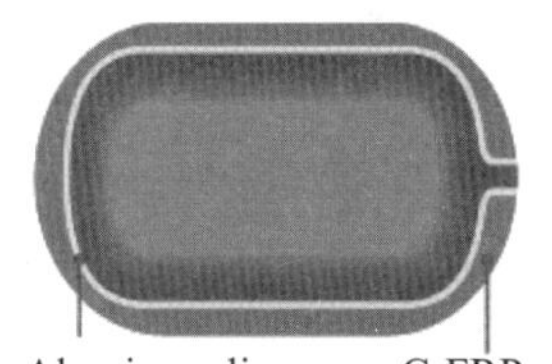

超高／壓採纖維氫氣瓶（35MPa）

MH 儲氫罐

3000M^3 氫氣拖車

十六支裝集束鋼瓶

氫氣高壓壓縮機

圖 11-8　各種氫氣儲運的設備

二、氫氣的生產製程

氫氣的生產都由水開始，但由於水的能階極低，在室溫要把液態水分解產生氫氣，需要投入大量的能源（$\Delta H_{298°}$ = 285.8 KJ/mol），在室溫只有 $1/10^{11}$ 的氫氣可被分解，提高反應溫度到 1073K，則反應熱的需求降爲 243.8 KJ/mol，仍然很高，甚至於在 2473K，其分解轉化率也只有 3%，到 3273K 時，才有近 50% 的水被分解。因此需要以額外的能源（EP）來提升，甚至於利用觸媒來降低分解的活化能提高反應速度或降低反應溫度。所用的補充能源或能源大補貼，可能是熱能、電能（如水電解）、光能（光催化）。

$$H_2O + EP + 觸媒 \rightarrow H_2 + 1/2O_2 \quad (11\text{-}1)$$

上式中 EP 是電能、光能、熱能，高能階的化合物如甲烷、甲醇、液化石油氣、煤碳，金屬如鈉、鋁、鋅等，金屬氫化物如 $NaBH_4$、AlH_3、LiH 、$LiAlH_4$ 等，有機生質如木屑、稻殼或蔗渣等在適當的溫度與觸媒催化下產生氫氣，因爲單靠熱能，以上述的反應熱無法達到實際，因此熱分解無法形成實用的氫氣生產製程。目前工業上大規模的氫氣生產以天然氣及煤碳爲主，中小規模的產氫則偏好甲醇爲原料生產氫氣。

以下爲各種含碳原料的蒸汽重組反應：

$$NaBH_4\,(2 + x)H_2O \rightarrow NaBO_2xH_2O + 4H_2\ (\text{RT，弱酸性觸媒}) \quad (11\text{-}2)$$

$$2Al\text{-}Ga + 6H_2O \rightarrow 3H_2 + 2Al(OH)_3\ (\text{RT，弱酸性觸媒}) \quad (11\text{-}3)$$

$$電能 + H_2O \rightarrow H_2 + O_2\ (60\sim80^{\circ}C, 4.2\sim5.5KWh/M^3\ H_2) \quad (11\text{-}4)$$

$$CH_4 + 2H_2O \rightarrow 4H_2 + CO_2\ (700\sim900^{\circ}C, Ni/\text{-}Al_2O_3) \quad (11\text{-}5)$$

$$CH_3OH + H_2O \rightarrow 3H_2 + CO_2\ (240\sim280^{\circ}C, CuOZnOAl_2O_3) \quad (11\text{-}6)$$

$$(CH_{1.6}O)n + nH_2O \rightarrow 1.8nH_2 + nCO_2\ (500\sim650^{\circ}C, Ni/aAl_2O_3) \quad (11\text{-}7)$$

（一）由硼化氫鈉的水解生產氫氣

$$NaBH_4\,(2 + x)H_2O \rightarrow NaBO_2xH_2O + 4H_2 \quad (11\text{-}8)$$

觸媒以 $CoCl_2$、$NiCl_2$ 之類的弱酸金屬鹽，反應溫度是室溫到 50℃就可以。除了 $NaBH_4$ 之外，其他金屬氫化物如 $LiAlH_4$、ALH_3、LiH 、MgH_2、CaH_2 均可使用。以此方法所得的氫氣，除水汽之外，無雜質，適用於極小量高純度氫氣及瞬間啓動的氫氣用途，如 3C 用燃料電池。這方法本是美國軍方二次大戰時為戰場氫氣的需求，而委託芝加哥大學的希勒新格（H.I. Schlesinger）和布郎（H.C. Brown）教授所開發的。大量使用必須考慮 NaBH4 的價位與 $NaBO_2$ 的再生或工業用途問題，目前仍無法獲得解答。

（二）由鋁合金的水解生產氫氣

$$2\,Al + 6\,H_2O \rightarrow 2\,Al(OH)_3 + 3\,H_2 \quad \Delta H^\circ = -277\ KJ/mol\ at\ 273K \quad (11\text{-}9)$$

早已知道金屬如鈉、鉀及鋁可水解產生氫氣，但鋁水解後產生難於溶解的氫氧化鋁甚至於緻密的氧化鋁（Al_2O_3），而隔絕繼續水解的機會。酸的存在可中和 OH 成為 H_2O ，但不方便。2007 年普渡大學的 Jerry M. Woodal 教授及學生發現使用 Al-Ga 的合金解決了這項製程上的困難。

$$2\,Al\text{-}Ga + 6\,H_2O \rightarrow Al_2O_3 + Ga_2O_3 + 6\,H_2 \quad (11\text{-}10)$$

與前述的方法一樣，這製程適合極少量、高純及瞬間生產氫氣的用途。大量生產，必須考慮成本及氧化鋁或氫氧化鋁的出路（有人以為可當胃酸中和用的藥），副產品的出路必須搭配，否則成為汙染，處理費必須列入考慮。

（三）水的電解生產氫氣

電能 + $H_2O(L) \rightarrow H_2 + O_2$（60～80℃, $\Delta H° = +285.8$ KJ /mol）

陽極：$4\,OH^- + 4e^- = 2\,H_2O + O_2\uparrow$

陰極：$4\,H_2O + 4e^- = 4\,OH^- + 2\,H_2\uparrow$ (11-11)

目前以電解生產的氫氣只有少規模用戶，以電價低廉（如水力豐富）或因欠缺其他供氫的方式，工業化較爲緩慢的地區爲主，因經濟成本較爲高昂（每米的氫氣需要四到五度的電費另加電解設備及變電設備的折舊），在已工業化的地區，由其他製程的來源爲普遍，不太依賴水電解供氫。水電解的氫氣生產，相對簡單，不需考慮原料供應的價位浮動及製程的汙染問題，氫氣純度很高（> 99.999%），壓力可達 3.0 MPa ，滿足大部分下游操作的要求。

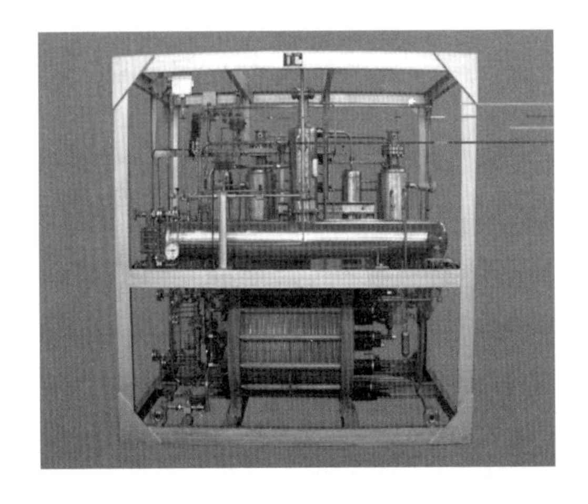

水電解槽中會置放含 KOH 溶液的電解質，以增加兩個電極間的導電度。新型的電解機常用離子交換膜來達成兩極間的導電，但其效果目前仍不如鹼液，造成能耗的增加。
陰極的極板常會覆蓋吸附的氫氣，所導致的電阻及過電壓造成電解能耗的增加。

圖 11-9 五立方米氫氣的水電解機

以水電解生產氫氣爲能源，目前不實際，但未來太陽能、風能或其他再生能源所產的電力（如地熱或潮能），如沒有適當的用途，或可大幅降低成本，爲解決其電力供應的起伏性，可透過水電解將剩餘的電能轉爲氫氣儲存。由水電解生產氫氣成爲一項重要的儲能措施，可直接供應氫能源又可扮演能源的儲存，以減輕再生能源的不穩定性。

（四）天然氣（甲烷）的蒸汽重組產氫製程

$$CH_4 + 2\,H_2O \rightarrow 4\quad H_2 + CO_2\ (700\sim900^\circ C,\ Ni/Al_2O_3) \tag{11-12}$$

以天然氣與水反應生產氫氣稱爲天然氣的蒸汽重組反應（steam reforming of natural gas），這是一種以水分子的氧原子取代含碳化合物（carbonaceous compounds）的氫原子如甲烷的氫氣，這反應也稱爲氧解反應（oxygenolysis reaction），將氧原子導入碳原子成爲氧化碳（COx）以相對於較爲熟悉的水解反應（hydrolysis reaction）。甲烷在上述反應中扮演能源的輸送（$\Delta H^\circ = -76.87$ KJ/mol），以降低水本身分解所要的能耗（$\Delta H_f^\circ = +285.8$ KJ/mol），過程中順便提供二個氫分子產品，酌收費用使重組反應的反熱成爲$\Delta H_f^\circ = +164.9$ KJ/mol。上述的反應式是由可逆式的甲烷的蒸汽重組反應與一氧化碳的水煤氣反應（water gas shift reaction, WGSR）組合而成，另外尚有一氧化碳的氫化反應生成甲烷。

上述反應事實上是兩種反應的結合：

$$CH_4 + H_2O = CO + 3\,H_2,\ K^{298K} = P_{CO}P_{H2}/P_{CH4}P_{H2O}$$

$$\Delta H^{298^\circ} = +206.1\ \text{KJ/mol} \tag{11-13}$$

$$CO + H_2O = CO_2 + H_2,\ \ K^{298K} = P_{CO2}P_{H2}/P_{CO}P_{H2O}$$

$$\Delta H^{298^\circ} = -41.2\ \text{KJ/mol} \tag{11-14}$$

$$CH_4 + 2H_2O = CO_2 + 4\,H_2\,,$$
$$\Delta H^{298^\circ} = +164.9\ KJ/mol \qquad (11\text{-}15)$$

1. 甲烷蒸汽重組反應的觸媒

工業上天然氣重組反應（式 11-13）所用的觸媒是氧化鋁爲載體的鎳觸媒（$Ni/\alpha\text{-}Al_2O_3$），由於反應溫度很高（700～900℃），已超出一般高表面積氧化鋁（$\gamma\text{-}Al_2O_3$）的穩定範圍的溫度（350～550℃），會快速失去結晶水產生金相變化爲堅硬的金鋼石（$\alpha\text{-}Al_2O_3$），因此一開始就使用這種氧化鋁爲載體。另爲抑制碳渣的生成，一般會另加鹼性金屬氧化物如 K_2O 、MgO 、CaO 或水泥鋁酸鈣，近年來發現稀土金屬氧化物如 CeO_2 或 RuO_2 具有類似的功能並有穩定氧化鋁的性能。稀土金屬氧化物的添加，使高表面積的 $\gamma\text{-}Al_2O_3$ 可延長使用範圍，以增加觸媒活性拉近理論與實際的反應轉化率（降低甲烷的濃度）。鎳觸媒製備因所用的載體是低表面積，無法以含浸法製備高達 10～15% 的 NiO 的成分。一般以適當的鎳鹽（如硝酸鎳）溶液與適當黏著劑如 $\alpha\text{-}Al(OH)_3$ 或／及水泥漿共同沉澱在 $\alpha\text{-}Al_2O_3$ 的載體上，也可用共沉澱法將所要的成分金屬鹽溶液沉澱後洗滌乾燥及高溫鍛燒。

一般工業製程的反應器是利用天然氣及純化回收低濃度氫氣爲燃料，由觸媒管外圍噴火加熱（管壁溫度近 1000℃），高活性的觸媒可促進吸熱反應，加速熱傳而降低管壁的溫度。

甲烷的蒸汽重組反應是一種吸熱反應，298K 時產生 1 立方米的氫氣所需要的理論熱能是 1840.4 kJ/M^3H_2（439.9 $kcal/M^3H_2$）。

反應時，反應受熱力學的平衡常數控制，而限制轉化率（式 11-13）。必須依賴提高反應溫度到 700~900℃及增加水蒸氣的進料量提昇水碳比，H_2O/CH_4 = 2.5～3.5 。提高水碳比一方面降低甲烷的濃度使平衡往產品端移動增加轉化率，另一方面也抑制觸媒上形成碳渣，有利於反應的順暢。但增加水碳比，必須增加原料預熱的熱量而增加製程的成本。反應溫度提高到 1073K 時，在水碳比為 2.0 理論值時相關的熱能需求如下：

$$CH_4 + H_2O = CO + 3\ H_2,\ \Delta H_{1073^\circ} = 228.0\ kJ/gmol\ CH_4 \tag{11-16}$$

$$CO + H_2O = CO_2 + H_2,\ \Delta H_{1073^\circ} = -34.6\ kJ/gmol\ CO \tag{11-17}$$

$$CH_4 + 2H_2O = CO_2 + 4\ H_2\ ,\ \Delta H_{1073^\circ} = 193.4\ kJ/gmol\ CH_4 \tag{11-18}$$

總反應理論熱量需求是 193.4.5 kJ/gmol CH_4 或 2158.1 kJ/M^3 of H_2，另需加原料的預熱到反應溫度的熱能需求，這部分的熱量需求約為反應熱需求的數倍，是主要的耗能操作。如果水碳比由理論值的 2.0 提高為 3.5，則由室溫預熱到 800℃，所增加的預熱為 776 kJ /M^3 of H_2。預熱的能量需求變得更高。因此提高水碳比的眞正效益，必須謹愼評估如圖 11-10 所示。

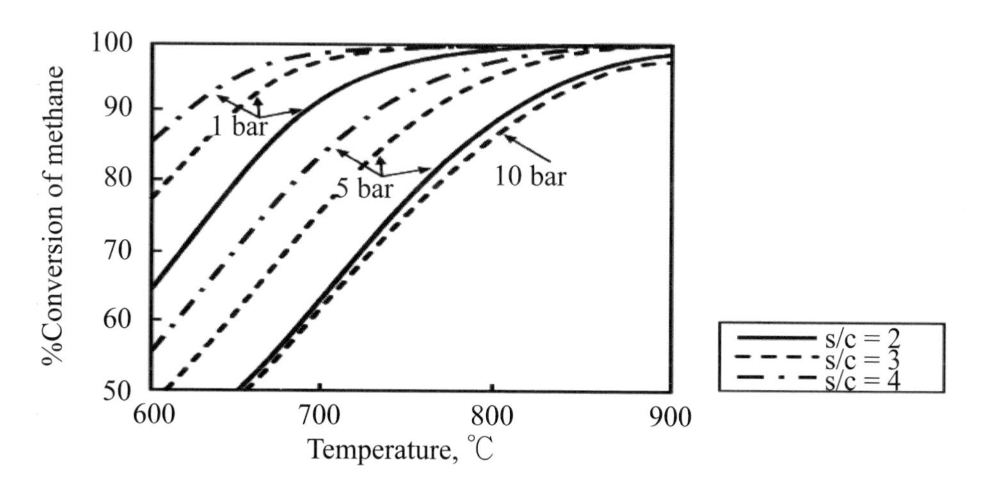

圖 11-10　甲烷的熱力學平衡轉換率與壓力，溫度及水碳比的關係

2. 甲烷蒸汽重組的反應機制

以鎳觸媒催化的甲烷的蒸汽重組反應機制，以下列步驟表示：

$$CH_4 + 2S^* \rightarrow HS^* + CH_3S^* \quad (11\text{-}19)$$

S* 代表鎳觸媒上的一處鎳原子活性體，這步驟是速度決定步驟。

$$CH_3S^* + S^* \rightarrow \rightarrow \rightarrow HS^* + CS^* \quad (11\text{-}20)$$

活性體上的 CH_3S^* 連續進行快速的脫氫，到形成碳原子與鎳的吸附。

$$CH_4 + CS^* \rightarrow \rightarrow CHnS^* \rightarrow C_nS^* \quad (11\text{-}21)$$

Cn 是所謂的奈米碳管結晶，碳管（觸媒界早期稱其爲碳鬍鬚，carbon whisker）成長在鎳活性體與載體接觸面間，隨著反應的進行將頂端的鎳活性體結晶繼續往外延長，直到奈米碳受衝擊斷落與鎳活性體與載體分開以前，鎳活性底與碳管繼續吸附甲烷進行脫氫延長奈米碳管的步驟。

$$H_2O + Y^* + S^* \rightarrow HS^* + HOY^* \rightarrow HS^* + OY^* \quad (11\text{-}22)$$

這系列的蒸汽吸附與脫氫，由氧化鋁的氧原子負責或繼續由鎳活性體進行則尚無定論。

$$C_nS^* + OY^*(OS^*?) \rightarrow COS^* + Y^* \quad (11\text{-}23)$$

Xu 與 Froment，認爲這步驟是速度控制步驟。

$$COS^* + 2HS^* \rightarrow CO + H_2 + 3S^* \quad (11\text{-}24)$$

Xu 與 Froment 的論文提出下列動力學公式：

$$CH_4 + H_2O = CO + 3\,H_2,$$
$$r_1 = k_1/P^{2.5}{}_{H_2}(p_{co}P_{H_2O} - P^3{}_{H_2}P_{CO}/K_1)/(DEN)^2 \quad (11\text{-}25)$$
$$CO + H_2O = CO_2 + H_2$$
$$r_2 = k_2/P_{H_2}(p_{CH_4}P_{H_2O} - P_{H_2}P_{CO}/K_2)/(DEN)^2 \quad (11\text{-}26)$$
$$CH_4 + 2H_2O = CO + 4\,H_2,$$
$$r_3 = k_3/P^{2.5}{}_{H_2}(p_{CH_4}P^2{}_{H_2O} - P^4{}_{H_2}P_{CO_2}/K_3)/(DEN)^2$$
$$DEN: 1 + K_{CO}\,P_{CO} + K_{H_2}\,P_{H_2} + K_{CH_4}\,P_{CH_4} + K_{H_2O}\,P_{H2O}\,/P_{H_2} \quad (11\text{-}27)$$

上述速度控制步驟的推論與近年來動態研究拍攝到奈米碳管頂端鎳活性體的中間物是一致的，但該作者認爲如果甲烷的吸附（式 11-25）及脫氫（式 11-26）是速度控制步驟，而氧原子的氧化成一氧化碳是快速步驟（式 11-27），則奈米碳管的消失將比累積來得快而將不易存在被拍攝到。

3. 一氧化碳的水煤氣反應

由上述的重組反應所生成的氫氣，一氧化碳及甲烷溫度在 600～700℃，因此水煤氣反應分成高溫與低溫兩階段，分別使用鐵系（Fe_2O_3 Cr_2O_3）與銅系（$CuOZnOAl_2O_3$）觸媒進行一氧化碳的轉移反應。高溫反應在 380～450℃進行而低溫反應在 150～250℃進行，將重組反應出口 10～15% 的一氧化碳經兩段降到 1.0～1.5% 的一氧化碳。如下游反應（如氨或甲醇的合成）需要將一氧化碳進一步降低到 10 ppm 以下，則先以鹼液（KOH 或胺醇液）去除二氧化碳，再以低溫甲烷化反應來完成，所用的觸媒是高表面積的鎳觸媒（Ni/-Al_2O_3）在 200～250℃進行。

天然氣的蒸汽重組設備昂貴，因此小規模產氫，其折舊負擔顯得太高不一定合算。近年來燃料電池的開發，推動了小型化的供氫廠（20～200 M^3/hr），滿足市區與路邊設立灌氫站的需求。日本與臺灣甚至於開發更小型供氫機（1～10 M^3/hr），將所產氫氣中的一氧化碳去除到 < 5 ppm，直接與燃料電池整合供電及熱水。臺灣的碧氫科技因使用觸媒燃燒加熱及高導熱的材質爲反應器材質，因此其效率與體積更爲輕巧。

(a) 臺灣碧氫科技的 2 M^3/hr 中純度供氫機

(b) 日本酸素公司的 1 M^3/hr 重組器

(c) 德國的 WS Flox 公司 1 M^3/hr 供氫機

圖 11-11　發展中燃料電池用的小型供氫機

（五）甲醇的蒸汽重組產氫製程

$$CH_3OH + H_2O \rightarrow 3\ H_2 + CO_2\ (240\sim280^\circ C,\ CuOZnOAl_2O_3) \quad (11\text{-}28)$$

以甲醇爲原料透過蒸汽重組製程生產氫氣，所用的觸媒以 $CuOZnOAl_2O_3$ 最普遍，反應溫度在 250～280℃。由於反應溫度遠低於天然氣製程（加熱設備及水煤氣反應較爲簡單），而所用的甲醇原料也比天然氣純度高（沒有硫化物的處理問題），因此製程設備大爲簡化，反過來，甲醇的單價一向比氣態的天然氣高（但與液化天然氣相近），適合於中小規模的高純度氫氣工廠，不宜用在大規模氫氣是用工廠如肥料工廠的氫氣供應。

甲醇的蒸汽重組反應所用的觸媒是銅系列觸媒（$CuOZnOAl_2O_3$），氧化銅與氧化鋅的重量共占約整體的 85～90%（不同的供應商對氧化鋁的效益及用量各有不同的評估及用量），氧化銅與氧化鋅以 1.0～1.05 的莫爾比配製。三種成分以相對的金屬鹽溶液以共沉澱法製備。

甲醇蒸汽重組反應與低溫水煤氣反應都可用同一種觸媒（上述的氧化銅系統），在同一反應條件下進行，但與甲烷的重組反應以一氧化碳爲初級產物相反，甲醇是以二氧化碳爲直接產物，一氧化碳是透過水媒氣的逆反應產生的。因此反應溫度愈高或接觸時間（contact time，或空間速度，（SV, space velocity））愈長，逆反應產生的一氧化碳濃度愈高。一般的工業操作條件，以 260～280℃的反應溫度及空間速度，SV = 1.0～2.0/hr 來使一氧化碳濃度維持在 1.5～2.0% 之間，並保持 95% 以上的轉化率。

由於甲醇的蒸汽重組反應直接產出二氧化碳不是一氧化碳，後者是第二級反應（水煤氣反應）衍生的，因此其反應機制一直引起注意及研究，1970 年代末期北海道的小林教授最早提出甲酯甲酸中間物來解釋二氧化碳的直接生產。

$$CH_3OH + H_2O \rightarrow 3H_2 + CO_2 \qquad \Delta H^\circ = 49.5\ KJ/mol(298K) \qquad (11\text{-}29)$$

$$CO_2 + H_2 \rightarrow CO + H_2O \qquad \Delta H^\circ = -41.2\ KJ/mol(298K) \qquad (11\text{-}30)$$

其反應機制可用下式表示，其中前二步驟是快速的物理吸附，第三步驟羥基（OH）的脫氫是速度決定步驟，中間經過類似甲醛結構的中間物 $CHxOS^*$（有些人直接認為甲醛是中間物），與脫氫後的甲醇吸附體反應產生甲酸甲酯的中間物（$CH_3OS^*OCH_3$），分解產生 CO_2（S^* 是觸媒表層的活性體）。

$$CH_3OH + S^* \rightarrow C\,H_2OH\,S^* \tag{11-31}$$

$$H_2O + S^* \rightarrow H_2O\,S^* + S^* \rightarrow \rightarrow OS^* + HS^* \tag{11-32}$$

$$CH_3O\,H\,S^* + S^* \rightarrow CH_3O\,S^*\,[I] + H\,S^* \tag{11-33}$$

$$CH_3O\,S^*\,[I] \rightarrow \rightarrow CHO\,S^* \text{ or } HC = O\,S^*\,[II] \tag{11-34}$$

$$[II] + CH_3O\,S^* \rightarrow S^*OCH\,(OCH_3)\,[III] + S^* \tag{11-35}$$

$$[III] + OS^* \rightarrow \rightarrow CO_2 + CH_3OS^* + HS^* \tag{11-36}$$

變溫脫附（TPD, temperature program desorption）的實驗發現觸媒（$CuOZnOAl_2O_3$）的活性體 S^*，可同時吸附甲醇與水分子，直接被氧原子反應產生二氧化碳而不是脫附產生一氧化碳，這是天然氣重組的鎳觸媒所沒有的特性。

（六）由生質能源生產氫氣

生質能源主要是以農林產品的廢棄物如稻殼、稻桿、木屑等以纖維為主成分（$(-HCOH-)_n$）的材料生產能源。基本上其化學反應是大分子醇類碳鍵的裂解與 -HCOH- 的氧化（燃燒）或汽化（水煤氣或重組）反應。

生質材料的燃燒利用較為直接，原料收集乾燥後可直接在熱爐燃燒，生產熱氣、熱水或蒸汽。關鍵的問題在生質材料收集的投資與成本，大部分生質材料含有 10～30% 的水份，如果不先行乾燥到 7～8% ，則微生物的破壞會產生強烈不悅的味道，甚至於悶熱而起火燃燒。另一項問題是乾燥材質的比重低，造成運費與儲存的成本。生質原料的燃燒，如果水份太高，一方面造成能源的浪費，另一方面則使燃燒困難，必須利用其他燃料助燃。此外生物材質常含大量的無機雜質，燃燒後變成灰燼，塞住空氣在燃料間的流通接觸，而不易燃燒，只能勉強悶燒。利用爲能源，直接經生質原料與空氣反應燃燒回收熱能利用，也可生產高壓蒸汽透過透平機產生電能，這類利用方法侷限收集生質材料的就地處理。

生質材料的汽化反應，分爲部分氧化與水煤氣汽化反應，前者使用少量的空氣與蒸汽於 600～800℃產生合成氣與其他氣體，受空氣內氮氣的稀釋，氫氣濃度降低（< 40%），後者則不加入空氣，只以蒸汽進行熱分解反應生成氫氣及氧化碳。另一種是透過載體式的金屬觸媒，於流體化床內讓生質原料與觸媒粉粒接觸進行蒸汽重組反應，產生高濃度氫氣的合成氣，其氫氣濃度達 55～65%。

在上述汽化或重組反應中，固態的生質原料先行斷裂爲氣態分子，碳鏈的裂解可透過熱能的供應在 250～400℃先行發生。根據臺灣大學化工系在 1980 年代初期的研究，利用金屬磁性轉換點的快速加熱（居理點裂解器，Curry Point Pyrolyzer）的研究，認爲碳鍵的裂解物與加熱速度有關，快速升溫（> 150℃）可產生較多的小分子揮發物，慢速升溫（< 100℃），則導致較多的液態裂解物。

$$(CH_{1.6}O)n + nH_2O \rightarrow 1.8nH_2 + nCO_2 \text{（}500\sim650^\circ C, Ni/\text{-}Al_2O_3\text{）} \qquad (11\text{-}37)$$

根據臺灣大學化工系當時的資料，臺灣在 1980 年代年產約有四十萬噸的稻殼（約占稻穀重量的 20% ，組成式：$CH_{1.67}O_{0.71}N_{0.2}$，元素分析：C,39.50，H, 5.50，O, 37.70，N, 0.80）而這些稻殼是在各產地的碾米廠脫殼時產生的，是一種廢棄物，只要自行搬運可免費供應，以稻殼或蔗渣爲代表性的生質原料，可簡化收集的困難。臺灣在 1980 年代的初期除了稻殼之外尚有約二十萬噸的蔗渣及八十萬噸的蔗葉可配合收集。蔗渣則集中在南部臺糖公司的蔗糖廠，因此來源相當集中，不需到廣闊的田野收集。另一項優點是稻殼的產出沒有季節性，整年分散平均，不需準備龐大的收集場所來囤集整年份的原料需求。這兩項原料在收集時，已相當乾燥可直接使用不需自行乾燥，也不用擔心收集或儲存過程受微生物的破壞。

爲解決原料的膨鬆材質、比重低（0.08 gm/cc, D_p = 4 mm），稻殼先行於特殊車輛上粉碎爲約 D_p = 340 微米（μm）大小的細粒，比重因而增加七倍達 0.56 gm/cc，也順便解決注入反應器需求的粉粒。進行重組反應時，由於觸媒與原料都是固態，無法使用固定觸媒床來反應，因此需先行轉變爲揮發性的氣態分子，以便讓觸媒及蒸汽接觸反應，又爲獲得最大量的氣態成分，裂解汽化的升溫速度必須盡量快速，因此決定採用流體化床，並以螺旋管式的推進器把稻殼的粉粒加入蒸汽推動的觸媒流體化床，流體化的觸媒維持在 550℃。使進入流體化床的少量稻殼在大量觸媒粉粒的包圍下瞬間被加熱到反應溫度，促進碳鍵的快速裂解汽化。觸媒在重組反應過程，一部分變成碳渣附著在觸媒表層，必須用空氣氧化清除活化，因此反應設備採用雙塔式的流體化床。稻殼推進在雙塔式流體化床（類似於煉油廠的媒裂反應設備，請參閱第十二章實驗室常用觸媒反應設備）的重組反應器，進行吸熱性的蒸汽重組反應產生合成氣產品，透過頂部的旋風分離器（cyclone）回收被吹送的觸媒粉粒並讓產物氣體離開。重組觸媒經過稻殼的重組反應後，表層被碳渣吸附降低反應性，並降低溫度。因此在底部以蒸汽與空氣吹送進入平行的再生塔，受空氣氧化清除碳渣爲二氧化碳，並釋放熱量，把觸媒溫度回升。再生後的觸媒，一方面受往上吹送的空氣推動，另一方面因碳渣被清除而降低比重，因此被往上吹送到再生塔的頂端，透過旋風分離器進行氣固分離，將再生後的觸媒送回重組反應塔，繼續進行重組反應。

表 11-1　不同生質原料的蒸汽重組反應結果

	Type of Biomass					
	稻殼	纖維素	蔗渣	稻殼	析安粉	析安粉
反應溫度℃	600	600	600	650	650	650
觸媒	H	H	H	Y	Y	Y
氣體收率 scc/g 生質材	902	1150	973	1140	1340	1820
滯留時間 (sec.)	2.3	2.3	2.1	0.1	0.1	0.1
碳轉化率 %	65.5	68.2	----	0.75	0.78	0.86
氫轉化率 %	78.9	105.2		92	117	144
氣體組成						
H_2	48.4	59.4	54.0	47.4	47.3	52.8
CO	8.3	10.0	2.8	38.7	17.4	15.4
CO_1	41.3	28.8	42.3	30.5	31.7	27.9
CH_1	1.6	1.7	0.9	2.9	3.3	3.0

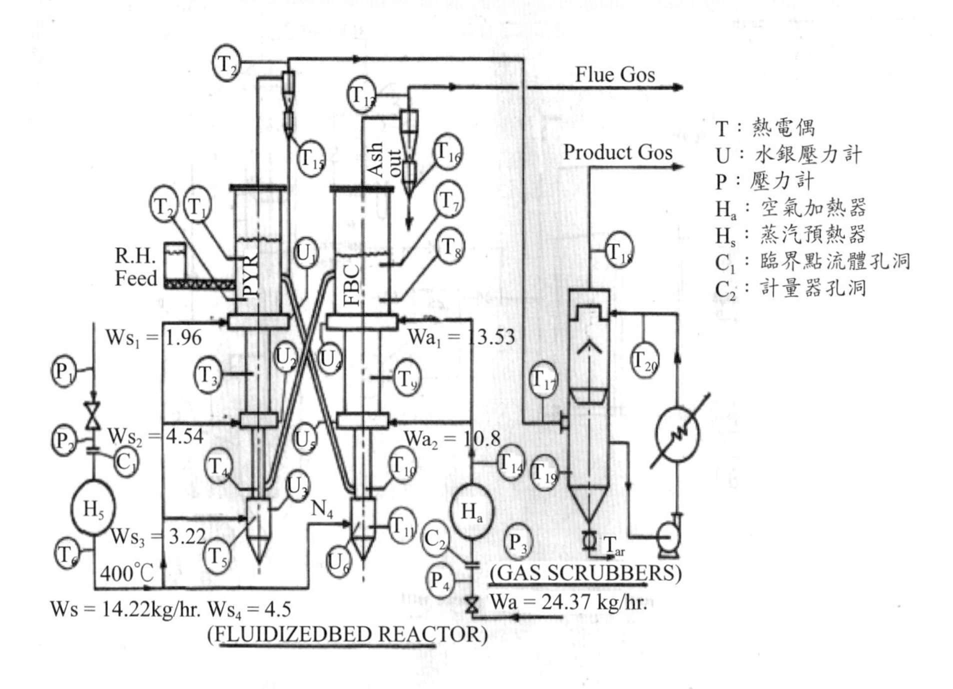

圖 11-12 雙塔型的稻殼蒸汽重組反應系統

11-4 觸媒在氫能的轉換與應用

燃料電池與一般的蓄電池不同，前者是能源變化，後者是能源儲存。不同於一般蓄電池如鉛酸電池，鎳鎘電池或鋰電池需要先被灌入電能儲存爲化學能後，再以電能釋放到電路使用，燃料電池由氫燃料與氧氣的反應所釋放的化學能連續轉爲電能到電路使用，其過程是由化學反應的化學能透過白金觸媒（目前也使用白金與釕金屬的觸媒板）及離子交換膜轉換爲電能。過程中氫氣或甲烷受空氣氧化生成水分子，氫分子透過陰極的白金觸媒及離子交換膜的化學吸附轉爲正氫離子釋放電子，所用的燃料以氫氣最爲普遍。

由於所使用的白金觸媒無法抗拒一氧化碳強烈的化學吸附造成的毒化

現象，早期的氫燃料都要求高純濃度（> 99.99%），造成氫燃料供應的困難及價位的昂貴。約 2009 年後，加入 40～55% 釕觸媒於白金觸媒後，已可容許 10 ppmu 以下的一氧化碳於氫燃料中，直接使用於燃料電池的產電操作，而仍維持電壓的穩定供應。這類氫燃料是以重組反應直接產出的富氫合成氣，經過空氣選擇性的氧化去除大部分的一氧化碳後所得，氫氣的濃度由 74～77% 降為 55～72% ，除微量殘留的一氧化碳之外，尚有共約 30～45% 的二氧化碳及氮氣於中純度氫燃料中，這種簡化的純化過程，大幅降低氫燃料的成本（約 60%）及提昇燃料電池的機動性。但上述的惰性氣體在燃料電池的觸媒系統中由電池錐上游逐漸累積增加，大幅降低氫分子的濃度，使電池錐下游的觸媒板失去應有的反應機會，而降低整體燃料電池觸媒系統轉換為電能的效率。一般使用純氫氣的燃料電池，由進料氫氣轉為電能的電效率約在 40～48% ，使用中純度氫燃料的燃料電池，其電效率約在 28～33% ，有大量的氫氣隨惰性氣體同時被排放，以實際消耗的氫氣計算，則電效率仍可達到 40～42%（以 70%H_2，2～4 ppmCO ，CO_2 + N_2 的氫燃料為依據）。如何改善中純度氫燃料在燃料電池流動時濃度的均勻將是化工專家的努力目標。

有一種直接使用甲醇為燃料的燃料電池（direct methanol fuel cell, DMFC），但其反應機制仍依賴電池錐內的觸媒（Pt）將甲醇快速以蒸汽重組轉為氫氣及二氧化碳，與空氣的氧化反應仍以氫氣為反應物，不是甲醇。這類型的燃料電池使用白金與釕金屬的觸媒以促進甲醇的重組與氫氣的氧化轉為電能，釕觸媒的參與在促進一氧化碳的氧化以抑制對白金觸媒的毒化（強烈吸附）。但除了上述受重組反應所產生的二氧化碳對濃度的干擾之外，更受一氧化碳副產物濃度的影響，目前的效率仍在 20% 以下，不適合使用在大型的燃料電池的供電系統。

高溫型的固態燃料電池可直接使用重組反應產生的合成氣或甚至直

接以甲烷為燃料不需純化，利用觸媒於 700～900℃，將合成氣或甲烷與空氣氧化產生水，所釋放的能量轉換為電能成為一種供電設備。高溫的固態燃料電池可以直接使用甲烷為燃料於系統內進行重組及再經電子錐觸媒的氧化產電，使用高碳的燃料如液化石油氣，輕油或燈油則需要在另一反應器進行蒸汽重組反應先產生合成氣，以避免觸媒的積碳，特別是鎳金屬，容易產生碳鬍鬚或奈米碳管。由於溫度高，一氧化碳的中毒現象不需考慮，這是高溫固態燃料電池的優點，另一優點是電效率較高（50～60%），缺點是溫度極高，不容易使用在小型設備。

固態燃料電池需要高溫是因為依賴鈣鈦礦構造（perovskite）的金屬氧化物觸媒為電解質，氧離子必須在高溫才有足夠的移動性來傳導電荷。陽極（anode）由鎳與氧化釔（ytteria, Y_2O_3）穩定的氧化鋯（yttria stabilized zirconia, YSZ）組合而成，晶體組成的氧離子在高溫移動，帶動電荷的流動，所缺口的氧原子由氣態氧氣補充，兩者的速度必須平衡。除了加入約 8% 氧化釔的穩定之外，也可用氧化鈧（scandia, Sc_2O_3）、以氧化鈰（ceria, CeO_2）及氧化鉬 MO_3 加入 YSZ 來增進氧離子的移動性，降低溫度。

陰極則由稀土元素如鑭（lanthanum）與鍶（strontium）穩定的錳酸根（manganate）所組成（Lanthanum strontium manganese, LSM）。LSM 與 YSZ 兩者的熱膨脹係數接近，因此兩者的組合可避免在高溫產生熱應力。LSM 組合的陰極在高溫具有導電性，低於 800℃其導電性滑落，因此操作溫度必須維持在這溫度以上。所排出的高溫蒸汽先給電廠透平機產電，而排出的低壓蒸汽則進一步給化工廠的加熱用。因此大型的固態燃料電池系統常以汽電共生的方式操作，一方面透過燃料電池產生電力，另一方面發揮高溫高壓蒸汽的效益，這進一步造成系統的電效力提昇，這是近年來固態燃料電池受歡迎的重要原因。

這一波開發或尋找適當的綠色能源，重點在綠色，也就是生態的維護及永續性的供應。是否能如意找到理想的綠色或近乎綠色的能源，目前仍無答案。除綠色的要求，經濟考量是另一項現實而重要的因素。上面所提甲烷作爲能源的潛力，除了仍然排放二氧化碳之外，其蘊藏量之豐富，及二氧化碳排放量的減少，扮演能源及石化原料雙重的供應潛力及其經濟可容性，不失爲一種淺綠色的低碳能源。除了甲烷及其替身甲醇之外，利用氨氣爲能源以避免二氧化碳的排放，是最近十年開始被注意的替代能源，氨氣在燃燒後不產生二氧化碳，是其優點。根據目前所知的實驗結果，除了水之外，也不產生氧化氮。

氨氣爲能源的一項邏輯依據是利用過剩的風能與太陽能所產生的電力，可用來水電解產生氫氣及氧氣，但這項氨的合成不能使用適合大規模建廠的高壓哈伯 — 博熙製程，而是一種新穎的袖珍固態法的氨合成方法與設備（SSAS）。

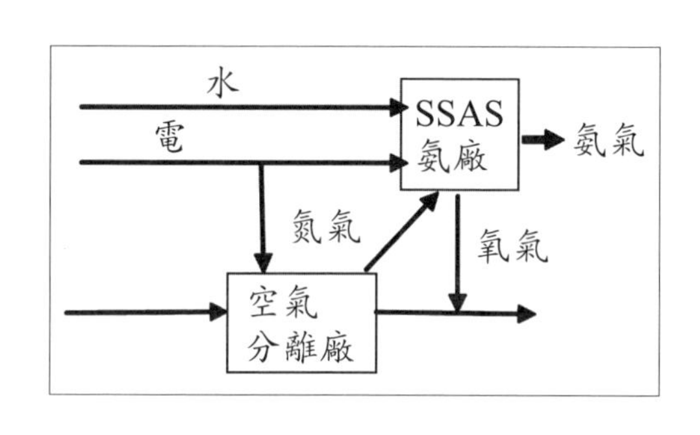

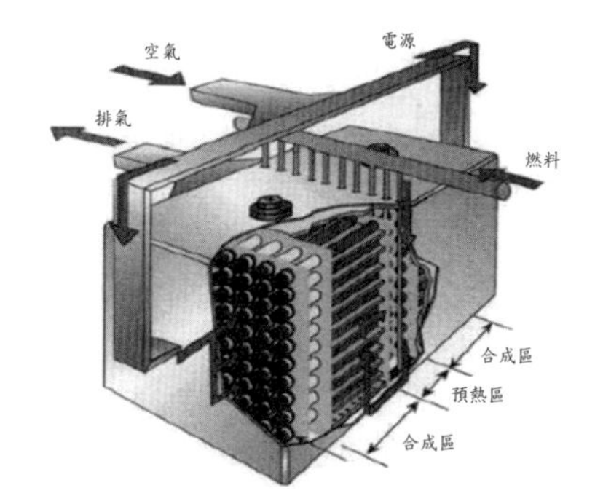

圖 11-13　氨能源供應構想

這種固態的氨合成法以氮氣與水在電化學觸媒系統下合成氨氣。

$$2\,N_2 + 6\,H_2O + e^- \rightarrow 4\,NH_3 + 3\,O_2 \quad T = 550^\circ C \tag{11-38}$$

使用一種類似固態燃料電池（SOFC）原理，陽極將水分解，透過離子交換膜送走電子，利用薄膜表面的高溫鈣鈦礦觸媒系統（perovoskite catalytic system）於高溫氫質子的電解質將氫質子水分解，利用高溫電解質觸媒於陰極轉爲負離子並與氮原子結合爲氨氣。這項新合成發仍在開發中，合成氨氣的能耗 27000 KJ/kg 低於傳統哈伯 — 博熙製程所要的 34200 KJ/kg，如能順利完成，可提供一種能源用途的氨合成。

參考文獻

1. Jerry M. Woodall, Hydrogen Fuel generation from solid aluminum. US Patent 2008 0056986.
2. Jianguo Xu and Gilbert F. Froment, “Methane steam reforming, methanation and water-gas shift: I. Intrinsic kinetics” , AIChE J. 35(1989), 88-95.
3. K. Takahashi, N. Takezawa and H. Kobashi, “The mechanism of steam reforming of methanol over a copper/silica catalyst” Appl. Catal., 2 (1982) 363.
4. 蘇天寶，博士論文，「含羥基化合物的蒸汽重組反應」台灣大學化工系，1987。
5. Brant A. Peppley et al, “Methanol–steam reforming on Cu/ZnO/Al2O3. Part 1: the reaction network” Appl. Catal. A Gen.,79 (1999), 21-29.
6. Brant A. Peppley et al, “Methanol–steam reforming on Cu/ZnO/Al2O3 catalysts. Part 2. A comprehensive kinetic model” , Appl. Catal. A Gen. 179 (1999), 31-49.
7. F.S. Lin, T. S> Chang and M.H. Rei, “Rapid pyrolysis of rice hull in a Curie-Point pyrolyzer”, Agriculture Waste,

習題

1. 你在花蓮計劃生產一座約 20M^3/hr 的供氫設備，氫氣純度在 99.995% 以上，請你提出你的規劃，理由何在？
2. How to produce hydrogen in industry ? What are challenges of hydrogen supply using hydrogen as energy ? What are the functions and roles of hydrogen in energy ?

第十二章 實驗室常用觸媒反應設備

研究人員在進行觸媒的研究工作，大致偏重在初期觸媒性能的探討或製程開發的階段。觸媒性能的探討包括觸媒最適組合、成分的調適及其性能效益與使用範圍，也可能包括產品的合成、確立生產製程的中間實驗工廠，甚至於製程或產品生產的示範實驗廠。每一階段都有其不同的設備規模與操作重點及目的。

筆者曾遭遇到一位石化工廠的技術人員，他奉命評估一種新觸媒成分的性能，以幫助採購單位與觸媒供應商的洽談。該公司的這項石化產品年產量達一百五十萬噸，所用的觸媒反應是一種氣態放熱反應，反應溫度在 250～280℃，工廠使用幾個大型的固定床反應器，每座反應器內有數百根長度二米、外徑約七公分的反應管。因此他開始規劃一個單根反應管（70mmOD×2000mmL）的「小型」觸媒反應器來評估新觸媒的性能。他為反應器加熱、保溫及尋找反應器製造廠商煩惱。經過說明後，說服他改用一個 16mmOD×500mmL 的反應器，把 70mm 商用觸媒粒狀觸媒敲小到 3～5mm 的顆粒，在工廠反應器所用的原料線性流速與空間流速的上下範圍，進行不同反應溫度的實驗，探討不同觸媒的反應選擇性（副產物的成分性質、分布等）、轉化率、溫度與壓力的敏感度，擴散現象的影響以避免使用大型反應器，造成做實驗的困難。

這個例子說明觸媒研究人員在研究室常會遇到的一些觸媒研究問題，如觸媒性質的探討、使用性能的評估問題等。這些問題牽涉到觸媒成分、表層性質、機械性質及化學反應性的瞭解或評估。在第四章與第五章已分別介紹觸媒的製備及性質的鑑定與分析，在第三章的催化反應動力則介紹觸媒化學性能的處理原則，但實際的數據收集則必須進行觸媒的反應實驗才能進一步作動力學或工廠操作效益的分析。這一章介紹觸媒研究室常用的研究設備與反應器的選擇、組裝與使用的一些重點。爲提昇效率，在測試過程一些純加熱操作或不需特別注意或觀察、記錄的反應實驗，盡量利用其餘時間或與其他事項如資料整理平行進行，間隔性觀察記錄就已足夠。

12-1 常用的觸媒研究內容或事項

觸媒研究室常用的內容或事項包括觸媒的準備、化學吸附面積的量測及反應設備的架設，特別是反應器前後端的連接管線、所要的氣體、實驗數據的紀錄及設備與操作上的安全檢查。

12-2 觸媒的準備

一、觸媒製備的設備

開門第一項要件是拿到所要的觸媒，這可能需要自行製備或外購。自行製備時，第四章所介紹的成分藥品的溶解及混合，各固態成分以天平秤量，液體成分可用量筒、注射筒（25cc 或 50cc）或天平量取（注射筒是一種很方便的液體量測工具，除了體積讀數之外，也可用天秤控制分段注入的量），混合設備以燒杯或三角瓶較爲適當，如不需加熱，塑膠設備較爲耐用。觸媒的乾燥可利用燒杯或蒸發皿，在低溫烘箱，或利用 200～250W 的紅外線電熱燈加熱（圖 12-1），維持在略低於液體沸點的溫度，使用水溶液時在 95～98℃就夠，直到重量趨近固定。

觸媒的鍛燒則需要可設定昇溫速度溫控的高溫爐加熱到 300～600℃，最好具備通氣及排氣的水洗設備，前者用在特殊氣氛要求的步驟，後者是爲保持研究室空氣清淨的要求，特別是使用硝酸鹽或氯化鹽，更需要將排氣通入水洗罐後才排放。如果沒有高溫爐時，可用反應器爲鍛燒設備，在空氣的氣氛下以程控設定升溫的速度直到所要的鍛燒溫度，再維持三至五小時，以程溫逐漸冷到室溫，如安全設備完整，可利用晚上下班時段進行鍛燒，觸媒在鍛燒過程不應讓溫度爆升爆降，以避免形成觸媒顆粒的漲力，降低其機械強力。

圖 12-1　簡便的紅外燈乾燥裝置

二、粒徑的選擇

決定觸媒顆粒的粒徑（d），最好維持反應器內管徑（ID）與粒徑的比例在：ID/d = 6～8 之間，最小不要低於 ID/d = 3，以確保反應物氣流與觸媒表層有充分的接觸，避免空窗急流（channeling）的方式，從觸媒與反應器管壁間的空隙溜走，因此選擇觸媒顆粒的大小必須同時考慮所要用的反應器大小。大部分商用的載體或觸媒粒徑是 3～4mm 、5～6mm 或 10～12mm ，這些觸媒粒徑不一定適合於研究室反應器的設備。對於觸媒初步性能的研究，所用的觸媒反應器都不會太大，ID 在 3～20mm（OD = 1/4～1.0inch），因此必須降低觸媒粒徑以符合反應器的大小。

縮小觸媒粒徑時，使用一般家用的粉碎機（或果醬機），會導致牛刀殺雞的結果，把大部分粒狀的觸媒粉碎爲細粒或細粉，而得不到足量目標粒徑的顆粒。最好使用研缽，輕輕敲打將大顆粒打小，再用篩網篩選所要的粒徑顆粒。如果使用流體化床，所用觸媒的粒徑與其眞實比重（true density）及流動氣體的線性速度有關。一般使用可流動的粉粒，但不宜全部使用同樣大小的粉粒，應以不同大小的粉粒透過較大的顆粒打散同粒徑粉粒的團聚現象。如以水蒸汽爲推動氣體的主成分，而顆粒比重在 0.9～1.2 時，以粒徑 80～120mesh（170～120m）的粉粒應可滿足所要的流體化運動。

12-3 程溫脫附

如第二章所介紹，在觸媒表層上各種活性體所進行的化學吸附推動觸媒的各種催化作用，不同構造及面積（領域）的活性體具有不同的吸附能力或強度，因此觸媒在飽和吸附後，將觸媒的溫度逐漸升溫進行脫附時，不同構造的活性體會在不同的溫度脫附其所吸附的物質（adsorbate）。將所脫附的物質（氣體）連接到氣層色析儀或質譜儀，會偵測到不同數目與不同數量的脫附物質的訊號，由這些偵測到的訊號數目、面積大小及出現的溫度，可瞭解觸媒表層上活性體的數目、領域大小及強度，這些數據可幫助推測或瞭解該觸媒的催化反應的狀況。

程溫脫附（TPD, temperature programmed desorption）或程溫吸附常可提供非常有用的觸媒表層資料，所用的設備可在實驗室自行組合也可利用氣層色析儀（gas chromatographer, GC）改裝組合（圖 12-2(b)），不一定需要外購昂貴的設備。

圖 12-2(a) 是一套自行裝置的程溫脫附設備，約 1～2gm 的觸媒裝進觸媒管內（格子表示），兩端用玻璃棉擋住與上下游的管件連接，觸媒的顆粒大小需要與觸媒管的內徑搭配。開始程溫加熱（點線）到觸媒的反應溫度，並以氦氣（或氮氣）沖吹觸媒上的其他雜質約一小時，如果需要將觸媒還原爲金屬態或低氧化狀態，則先以低濃度還元氣體（如 3～5% 的

氫氣或一氧化碳）還原，直到出口氣體不再含水氣或二氧化碳，再以氦氣或氮氣沖吹還元氣約一小時，之後改由目標氣體（或反應用的樣品氣體）沖吹觸媒進行高溫化學吸附，半小時後開始程溫降溫至室溫並維持約 30～60 分鐘讓觸媒在降溫過程繼續進行化學吸附，以達充分而飽和的吸附，再以氦氣或氮氣沖吹物理吸附的附著氣，以免干擾低溫化學吸附的氣體，這之前所有的氣體都由觸媒管後的三通閥排出到排氣口，不宜進入偵測器以避免汙染偵測器。這之後，可開始以程溫升溫進行脫附到反應溫度，並記錄脫附氣體在偵測器的訊號變化。上述的設備及操作，也可利用一套氣層色析儀來代替，並利用氣層色析儀的樣品閥（sampling valve）代替前兩段三通閥的氣體切換操作，直接用氣層色析儀的偵測器、記錄器與積分儀，來計算脫附氣體的溫度與脫附量。

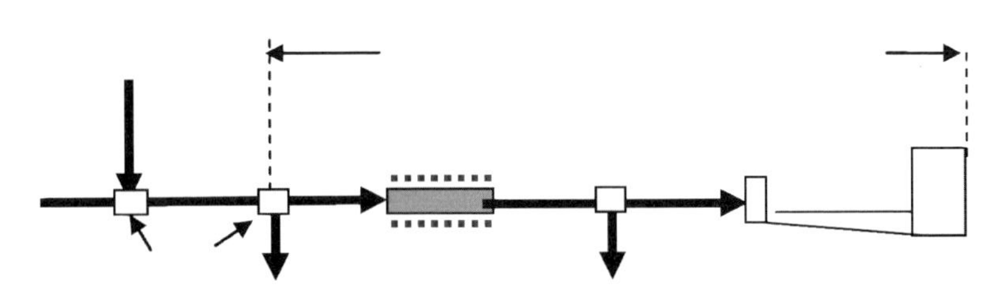

(a) 以 1/4”（6.3mm）管件組裝簡便型程溫脫附裝置

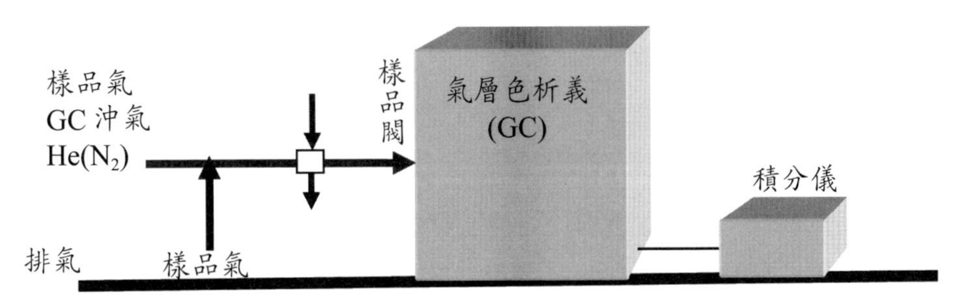

(b) 以氣層色析儀組裝程溫脫附裝置

圖 12-2

12-4　流體輸送、氣體管線及安全設備

觸媒反應器的架設必須在其上下游有搭配的管線及氣，液體進出料的輸送泵與鋼瓶裝置及系統的安全設施，以確保實驗的順利與安全。反應器應避免擺放於實驗桌上，盡可能架設於角鋼架上如圖 12-3 所示。

(a) 架子觸媒反應器

(b) 觸媒長期性能評估及壽命測試的反應設備

圖 12-3　實驗架的裝設

一、管線的安排（tube or tubing）

除了閥及經常要操作的零件之外，管線及接頭盡量緊貼固定在鐵架支架的背面，以鐵絲或塑膠帶綁緊。不同管線的安排應盡量相互平行整齊，不宜以塑膠或橡皮管替代，不鏽鋼管或銅管管線的彎頭以彎管器轉彎，不要用手直接轉彎導致彎頭扁平。一般的實驗操作，利用 1/4（6.3mm）的不鏽鋼管線應足夠滿足反應氣體的流量需求，不會造成太大的壓力阻抗（壓降）。市面上有無縫管與有縫管兩種，如非經費的壓力，盡量使用無縫管，特別是處理氫氣或一氧化碳危險氣體，高壓操作的實驗應避免使用有縫管

線。一般的不鏽鋼無縫管，承受壓力的能力超過 250 大氣壓，對於大部分的實驗，這規格應可滿足需求。

二、管件接頭與流量控制

如果是利用 swage 形狀的接頭，則螺牙的旋緊先以手指旋緊，再以扳手順時鐘旋緊半圈就足夠。許多學生常在螺牙上纏覆二、三層鐵氟龍膠帶（teflon tape），這是不需要的動作，正常的管件不需要再加纏膠帶就可旋緊。流量控制的閥件分爲開與關的球閥（ball valve），可粗調的閥桿或閥帽針型閥（needle valve），可細調的調量針閥（metering valve）三類型（圖 12-4）。這些閥的選用，依賴實際的需求，需要細調流量時該用計量針閥，但調量針閥的針頭很細微，不要用來逼緊造成刻痕，應在上游加裝球閥或閥帽針閥作爲開與關的控制。如果流量變動不頻繁，就把調整好的計量針閥保留原位，以球閥來開關，再使用時只要打開球閥，就可恢復原先設置的流量。記住，針閥不是用來逼緊用的開關。流量計與針閥常連在一起使用，浮球型的流量計及針閥會造成一些壓降，而這壓降與流量的大小有關，流量愈大壓降也愈大，壓力的變化造成流量的變化，因此必須設法校正壓力變化所造成的流量變化。臺灣市面上常見的 Dwyer 浮子流量計在底端裝有針閥（但不很精緻）用來調整流量（浮子的高度），流量的大小由針閥空隙的調整來控制。如圖 12-5 所示，在流量計出口端裝設壓力表量測其壓力（P2），這時可將 P2、T2 實際量測到的流量（Q2），用下列公式校正到標準壓力與溫度時（或上游進料的壓力 P1 與溫度 T1）應有的流量，$Q1 = Q2*(P1*T2/P2*T1)^{1/2}$。如果能使用質量流量計（mass flowmeter），這種設備所顯示的流量，是流體的質量不是體積，因此與壓力的變化無關可直接透過針閥來調整流量。

(a) Swagelok 細牙接頭

(b) Swagelok 管牙接頭

圖 12-4　觸媒實驗常用的管件

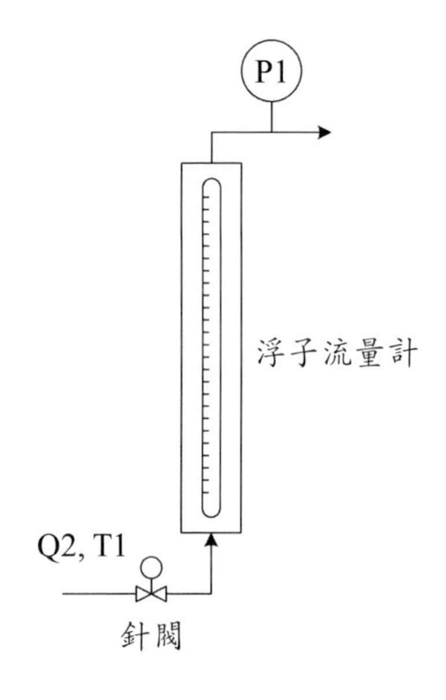

$$Q_2 = Q_1\sqrt{\frac{P_1 \times T_2}{P_2 \times T_1}}$$

Q_1：觀測流量計讀數
Q_2：經壓力及溫度校正後的標準流量
P_1：流體表壓力（絕對壓力，14.7 psia + 表壓）
P_2：標準表壓力（14.7 psia = 0 psig）
T_1：流體絕對溫度（273 K + 流體攝氏溫度）
T_2：標準絕對溫度（273 K + 25℃）

圖 12-5　浮子流量計與針閥的裝置

三、鋼瓶的安裝與管理

鋼瓶在一間觸媒實驗室幾乎是必備品，常見的鋼瓶氣體有氮氣、氫氣、氬氣及氧氣或壓縮空器，其他如甲烷（或天然氣）、一氧化碳與二氧化碳及一些不同濃度的特殊氣體也會出現。不管是何種氣體的鋼瓶，第一項必須遵守的安全手則是**鋼瓶**必須**綁住在牆上**，或以**鋼瓶架或實驗檯加以固定**，在地震頻繁的臺灣，這是一項不能妥協的安全手則，必須養成習慣遵守。（**安全規則的執行，不是靠牢記，而是靠養成習慣來遵守！**）有些實驗室把鋼瓶集中在一間鋼瓶儲藏室，有些則隨使用者置放在其實驗領域內。前者可能較安全，但前提是必須有實際而可靠的管理制度與人員，否則變成三不管的化外之區，其潛在危險反而較爲嚴重。另一項與鋼瓶管理有關的是氣體的純化、乾燥或過濾，以確保品質。這本是良好的操作習慣，但如果沒有定期檢查更新，則這些處理設備變成雜質的新來源，特別在學校的研究室，原先安裝設備的學生畢業後，因無人接管或管理不良，乾燥器吸滿水份後，反過來變成供水器。以今天臺灣的工業氣體公司的產品管理，氣體的品質良好，雜質存在的機會不大，上述額外的處理裝置，除非有特殊需要，已可不需安裝，避免管理不良的後遺症。

在從事觸媒吸附現象研究的實驗室，常會安裝機械式的高眞空泵，除了機油的更換必須遵守規定之外，最好於眞空系統設備與眞空泵之間裝置一個分子篩的乾燥管及空罐捕抓器（trap），前者是避免水份與揮發性物質對機油的汙染造成眞空度的低落，後者是避免機油的倒灌造成損失。如果使用擴散式眞空泵（diffusion pump），則分子篩的乾燥管更不可缺少，以避免水份或揮發性物質對擴散用油料或水銀（早期的擴散泵）的汙染，嚴重降低眞空度。

12-5 微分反應器概念

以實驗探討觸媒反應動力式時，固體觸媒受限於質傳阻力的因素，通常無法排除擴散效應（diffusion effect）的影響，所以無法獲得正確觸媒眞正的本質反應動力（intrinsic kinetics），尤其在有微孔的觸媒如沸石，擴散阻力效應更明顯而不可忽略。爲消除擴散的影響，最常用的是微分反應器（differential reactor)。使用少量的觸媒在小型反應器進行反應，通常經由降低溫度或升高流速將反應轉化率維持在 5% 以下，由於轉化率很低，反應物消耗很少，濃度的梯度（gradient）降至最低，同時反應放熱或吸熱也很小，可將溫度的梯度降至最低，擴散阻力效應（diffusion effect）可忽略，因此所得的實驗數據可以呈現觸媒的本質反應動力，同時因爲轉化率很低，觸媒的失活（deactivation）也可忽略，以免影響眞正的觸媒活性研究。

圖 12-6 是常用微分反應器的示意圖，只用少量的觸媒置於反應器內，六向閥（6-way valve）可以切換反應物或還原氣體，反應物流量是由流量控制器調節，反應物或產物可以直接送氣層色析儀分析，計算反應速率或轉化率反應的溫度可經由溫控器精確調整。

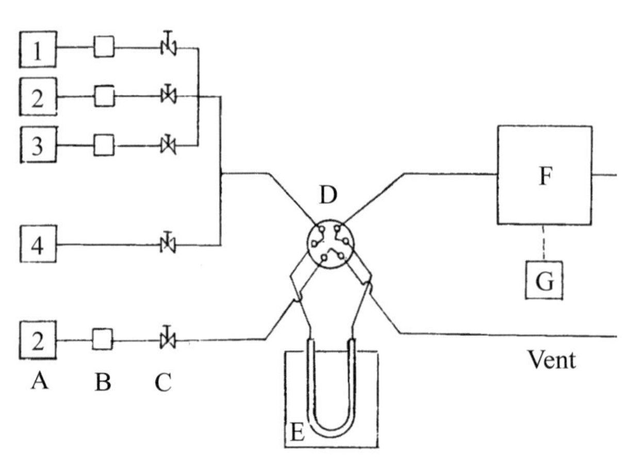

圖 12-6 常用微分反應器示意圖

因爲微分反應的轉化率很低，可以假設進料和出口濃度幾乎不變，直接使用出口測得的產物濃度當作內部觸媒床的濃度計算反應速率（r），不必考慮反應器內部的濃度變化，如果是一次反應，使用第三章推導的式3-4，等式兩邊同時反轉，成爲線性方程式（12-#1，12-#2），將反應速率實驗值代入圖12-7的線性關係圖，由估計斜率和截距，計算可得反應速率常數（k）和吸附平衡常數（K）。

$$\frac{1}{(-r)}=\frac{1}{kK}\left[\frac{1}{P_A}\right]+\frac{1}{k} \tag{12-1}$$

$$(-r)=k-\frac{1}{K}\left[\frac{(-r)}{P_A}\right] \tag{12-2}$$

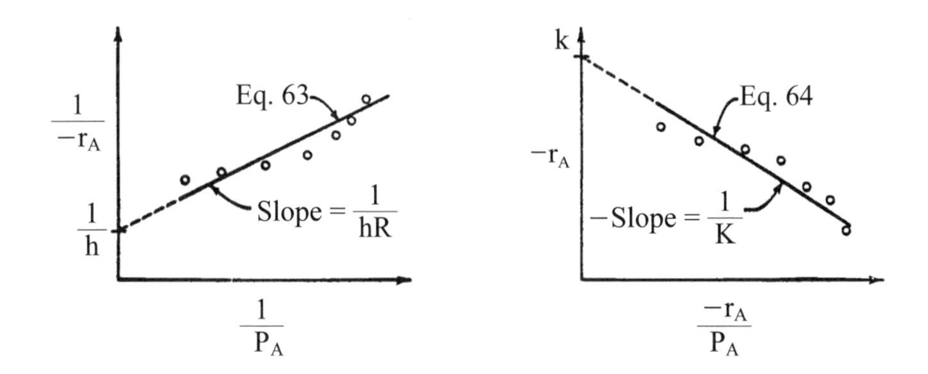

圖 12-7　一次反應的實驗數據估計斜率和截距，可得反應速率常數（k）和吸附平衡常數（K）

觸媒表面的本質反應動力，也可用同位素的反應物去分析探討。因爲同位素的化學性質完全一樣，可以由質譜儀（mass spectroscope）分析不同重量的同位素。最常用有 H_2-D_2、in NH_3 synthesis 、^{16}O-^{18}O 、^{14}N-^{15}N 、^{12}C-^{13}C 等用於有機化學的反應。如圖 3-1 所示，使用氘（D_2）探討氨合成反應，氫和氘的切換變化，推理觸媒表面的反應機理。有很多探討文獻，可以查詢。

12-6 脈衝反應器（Pulse reactor）

脈衝反應器（fluidized bed reactor），連續式旋轉觸媒床反應器不連續式固定觸媒床反應器分別介紹於後文。是一種簡單的固定床反應器，常被用來瞭解反應機制、各反應物對觸媒的作用，或者金屬氧化物觸媒的晶格氧原子對氧化反應的影響。如圖 12-8 所示，觸媒反應管的進料端裝置一個電磁閥（selenoid valve），並以定時器（timer）控制電磁閥的開與關及反應物進料時間的脈衝間格。以丙烯與氧氣反應生產丙烯醛的反應爲例，常用的觸媒是氧化鈷與氧化鉬、丙烯與空氣，或以放射性氧氣（O_2^{18}）作爲追蹤的依據，可分別進入觸媒床與觸媒進行反應，瞭解不同進料狀況的生成物及觸媒構造。實驗室常用的反應器，除了本節介紹的脈衝反應器（pulse reactor）之外，尚有管桂反應器（tubular reactor）常用於一般性觸媒性能了解及撰選之用，是最普遍的觸媒反應器。

其他在下文繼續介紹的有微分反應器（differential reactor），流體化床反應器。

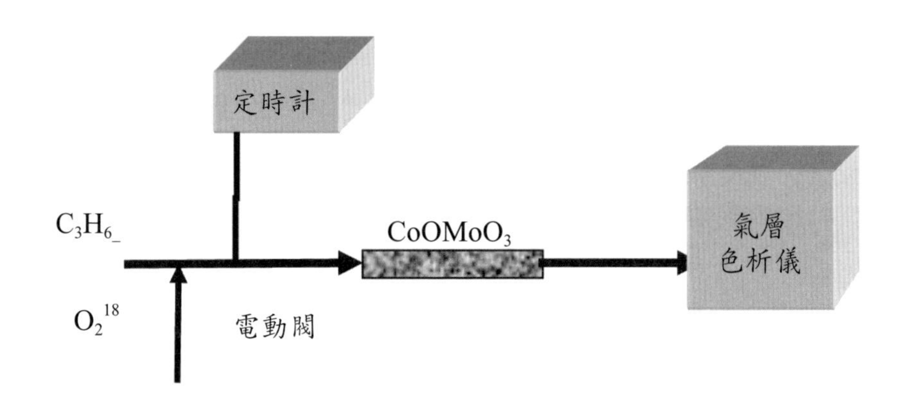

圖 12-8 脈衝反應器

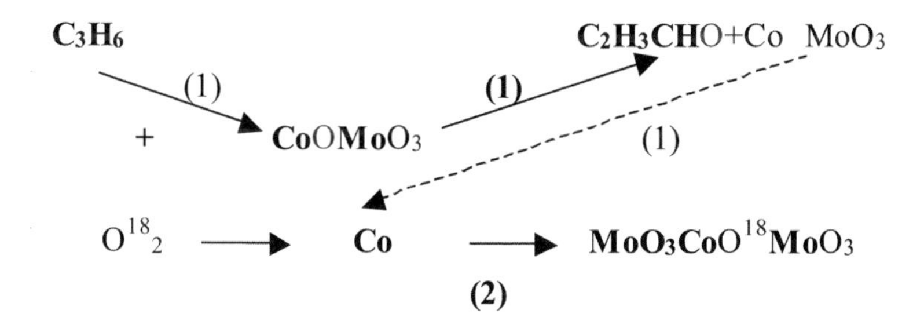

當丙烯單獨進料與觸媒接觸，雖然不注入放射性氧氣，在反應溫度下丙烯仍然被氧化為丙烯醛，但經過一段時間後 θ1（假設是四十秒），則這種氧化反應會停止，丙烯只以丙烯出現。因此如果丙烯單獨進料時間只維持十五秒後（θ2），轉換為放射性氧氣進料一段時間 θ3（假設是二十秒），則觸媒恢復原先的活性可繼續氧化丙烯為含放射性氧原子的丙烯醛，所用的觸媒也顯示放射性氧氣的存在。這表示觸媒晶格的氧先行借貸用於丙烯的氧化，再由氣態氧氣回補來補充晶格的氧原子恢復為金屬氧化物觸媒。

上述的例子可透過脈搏反應器調整上述的三類時段 θ1、θ2、θ3，並由樣品閥的進料體積與進料時間，θ2 可計算丙烯的總進料量，以換算觸媒晶格氧原子可先行借貸的極限，也可由 θ3 計算氧氣回補的能力甚至於其擴散速度。

12-7　流體化床反應器

當觸媒粒徑較小時，通入氣體，並逐漸增加氣體流速，如圖 12-9 的 A 所示，觸媒以固定床形式存在（A），如果顆粒更為縮小以減輕其重量，而氣體流速繼續增加，當觸媒顆粒下沉的力量等於於氣體的上揚浮力，則觸媒床開始往上膨脹鼓起（圖 12-9B），這時上揚氣體的流速稱為最小流體化速度 Umf。繼續加速流體的上揚速度，使觸媒顆粒下沉的力量小於氣體的上揚浮力，則觸媒床開始有小氣泡出現把觸媒往上浮起，類似於沸騰液體的攪拌現象（bubbling bed，圖 12-9C）。上揚的氣流速度繼續增加，氣泡受觸媒顆粒的阻力及黏濁性牽涉，而變成大氣泡，氣泡把觸媒顆粒的連續性隔離，這段稱爲段塞或猛擊流體化床（slugging bed，圖 12-9D）。繼續增加氣流的速度使觸媒激烈滾動吹離觸媒床的固體濃度變成非常稀薄往上移動，形成流動床（transport bed，圖 12-9E），觸媒顆粒在上面的旋風氣固分離器（cyclone separator）被分離，將觸媒分離回收，送回到下層的觸媒床，觸媒的催化速度依賴氣泡的運動速度與氣泡中反應物與觸媒的交換速度。上述流體化床（fluidized bed reactor）的流動可視爲氣液的流動或攪拌，因此可利用氣液的流動來處理其運動機制。氣體揚起顆粒流動使得下降流體的顆粒濃度增加，而上升的流體中的顆粒濃度則降低。

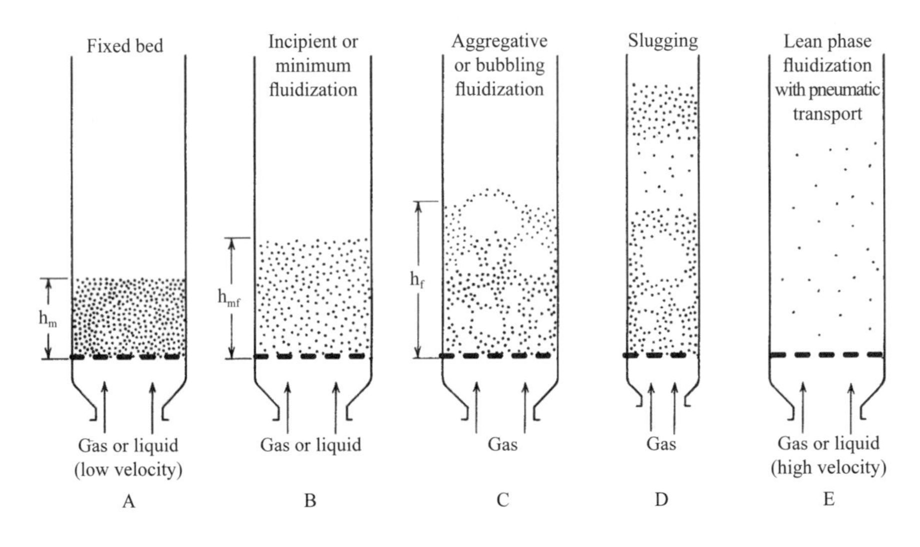

圖 12-9　不同階段的流體化床演變

觸媒在流體化床的一些特點是大量的觸媒在流動，溫度與觸媒混合均勻，觸媒的總質量與反應物進料的瞬間比例很大，質量與能量的傳播現象完整而高效率。因此一般觸媒流化床廣用於：①觸媒快速焦炭化（coking）

需要頻繁的再生；②需要瞬間快速的反應變化或物相的變化；③需要穩定的反應溫度；④具有激烈反應熱的製程，由觸媒直接進行熱交換供給或吸收熱能，再由流動的氣流與觸媒進行相反的熱交換回補。

最傑出的例子已在第一章提到，1935～1940 年美國最先倡導觸媒裂解以生產高級汽油，當時已知特殊處理過的泥土可催化油料的裂解（cracking）及異構化（rearrangement）生成分歧性汽油分子，最大的困擾是固體觸媒的快速焦炭化而失效，一直到麻省理工學院的路易教授與吉利藍教授（W.K. Lewis 和 E.R. Gilliland）合作開創流體化床解決固體酸觸媒在反應時的快速焦炭化，並於 1942 年在埃森油公司（Exxon o.l co）成功完成廠化生產，適時提供聯盟軍的飛機與戰車所要的高級汽油。如圖 12-10 所示，裂解反應在兩支流體化床反應，觸媒在右邊瘦長的反應器以段塞或猛擊流體化快速將大分子量的油料裂解爲高級汽油餾份，經過上面漩風分離器離開進入蒸餾塔精製回收，觸媒則被焦炭化而逐漸失去活性，並增加觸媒的比重而向下層聚集。這些焦炭化的觸媒床則利用蒸汽由下層往上推送到左邊胖大的空氣氧化床，以慢速流體化將焦炭氧化爲二氧化碳，並釋放大量的氧化熱將觸媒加熱提升溫度，去除焦炭的再生觸媒，其比重下降而往上浮升，由上端送回裂解床的底端，繼續進行吸熱性的裂解反應。裂解反應與氧化再生反應的觸媒床體積或反應器體積由這兩類反應速度的需求來決定。裂解反應是吸熱反應，反應速度快速，太長的滯留時間將導致更多的脫氫反應爲烯烴而聚合，焦炭化等因此以快速的流體化來進行，透過大量的觸媒對油料比例，來滿足觸媒裂解反應所需要的反應熱。焦炭的氧化燒除則不能太快，以避免大量的反應熱將觸媒過熱而快速老化，因此利用慢速的流體化讓蒸汽與空氣清除觸媒表層的焦炭而再生。

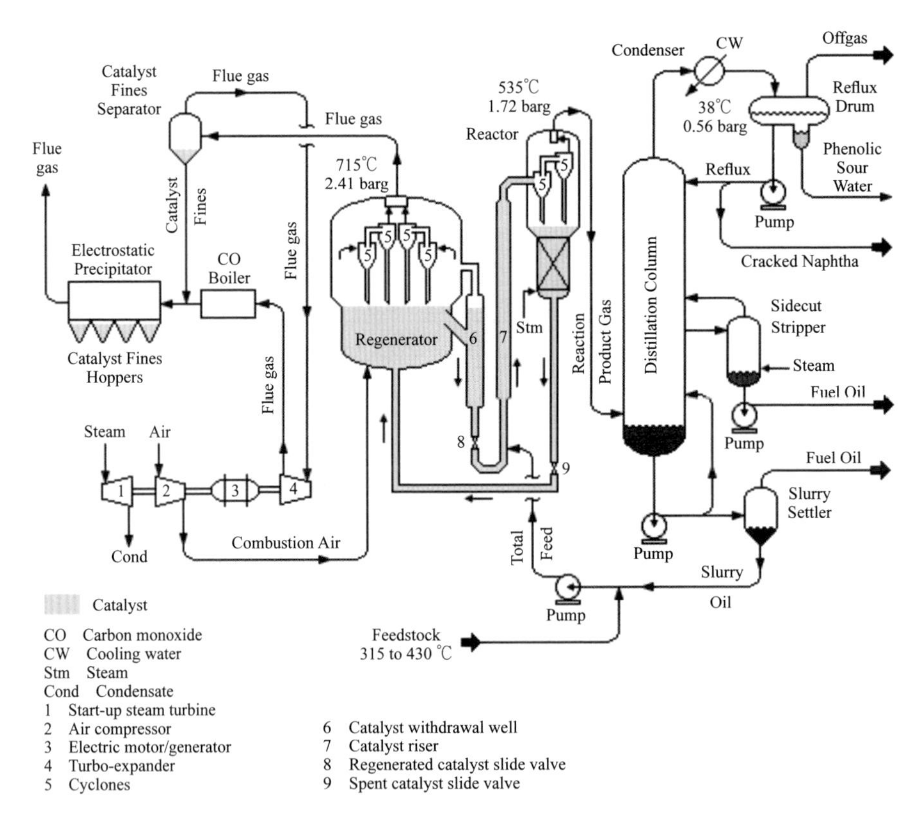

圖 12-10 觸媒裂解生產汽油的流體化床反應器

1980 年代在臺大化工系進行稻殼及蔗渣的觸媒汽化（蒸汽重組反應）以產生合成氣的研究（圖 12-11），也是利用流體化床反應器在 600～650℃進行，所用的流體化床反應器如圖 12-12 所示。稻殼或蔗渣先行研磨到約 300～350m 的粉粒狀，以螺旋進料器（screw feeder）由反應器底部的斜管推送進入，蒸汽由更底下的直管吹入，將鎳觸媒（NiO/Al_2O_3）與稻殼粉往上吹動成流體化運動。產品、蒸汽與細觸媒粉在反應器頂端的旋風氣固分離器分離，氣體繼續往前吹送，固體在分離氣分開後回到流體化床繼續進行重組反應。

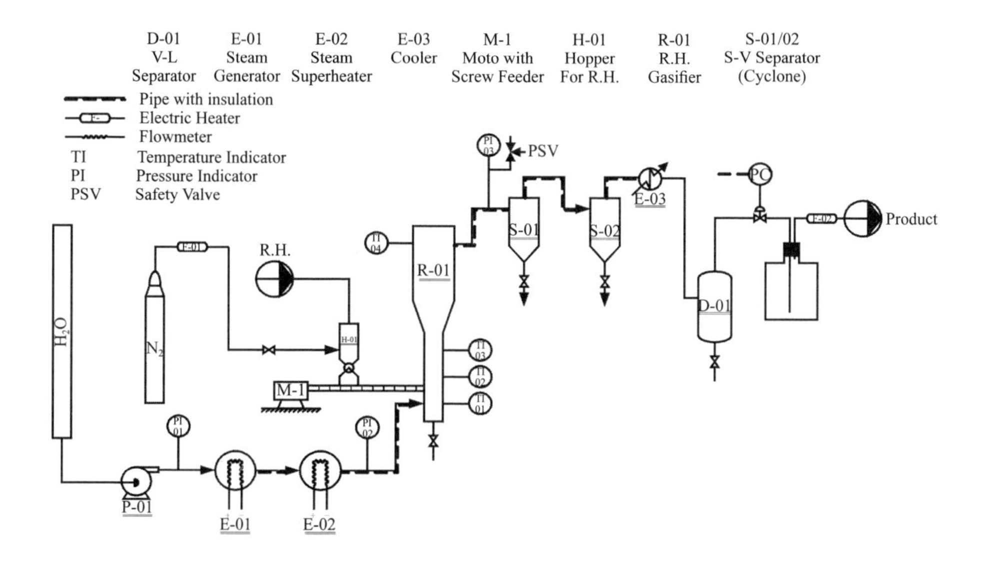

圖 12-11　由稻殼蒸汽重組反應生產合成氣的製程開發流程圖

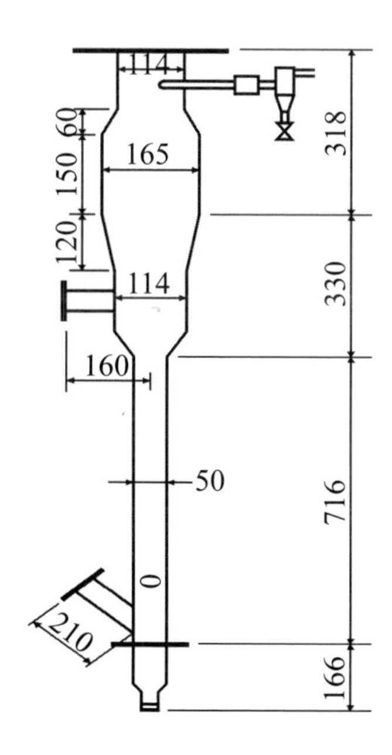

圖 12-12　稻殼汽化所用的流體化觸媒反應器設計圖

這反應器的實驗完成後，進一步利用如圖 12-10 的雙塔流體化床同時進行蒸汽重組及交化觸媒的空氣氧化再生，在空氣氧化塔去除焦炭並提升觸媒的溫度到 800℃，回到吸熱性重組反應於 550℃繼續產生含約 65% 氫氣的合成氣。由於蒸汽重組反應速度遠低於上述裂解反應速度，因此蒸汽重組反應的流體化維持在沸騰式氣泡流體化階段。

流體化床在工業上常用於反應熱大，溫度控制不容易的觸媒反應如苯氫化爲環己烷，丙烯的氨氧化反應（ammoxidation reaction）生產丙烯腈，硝基苯的氫化以生產苯胺，通用電氣公司在鈾的氟化反應以生產六氟鈾（UF_6），或在 1090℃將 UF_4 氟化爲 UF_6、二氧化鈾（UO_2）氟化 UF_6，也應用在固態廢棄物的汽化生產合成氣或焚化回收熱能，鐵礦（氧化鐵）的還原生產生鐵、矽晶的純化。流體化床反應器在工業應用雖然很普遍，但流體化床反應的操作，在電力供應不穩定的地區，會面臨液泵或送風機停停走走造成的流體化不穩定的困難，必須自備有可靠的備用電設備應急。在臺灣只有中油公司左營煉油廠的媒裂解生產汽油與中石化開發公司在高雄的丙烯丙烯腈工廠使用流體化床的觸媒反應器。

12-8 旋轉床反應器

圖 12-13 是一種連續式旋轉觸媒床反應器，其主要是將固體觸媒填充於攪拌葉片上或者固定觸媒床於反應器內（圖 12-14），當攪拌葉片旋轉以攪拌反應物之混合液時，同時帶動觸媒一同旋轉，流體會穿過觸媒顆粒的空隙，由於觸媒床或者葉片在旋轉時所產生的剪切力，可降低觸媒邊界層厚度，有效促進充分混合，並可使反應物和觸媒充分接觸，有效降低質傳阻力，並且可以連續進料生產。

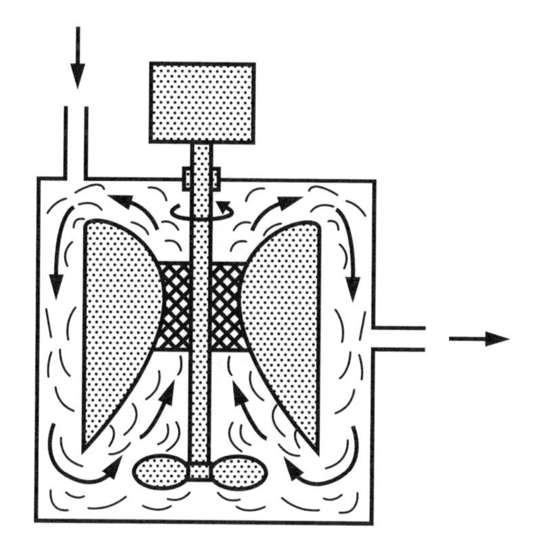

圖 12-13　攪拌反應器

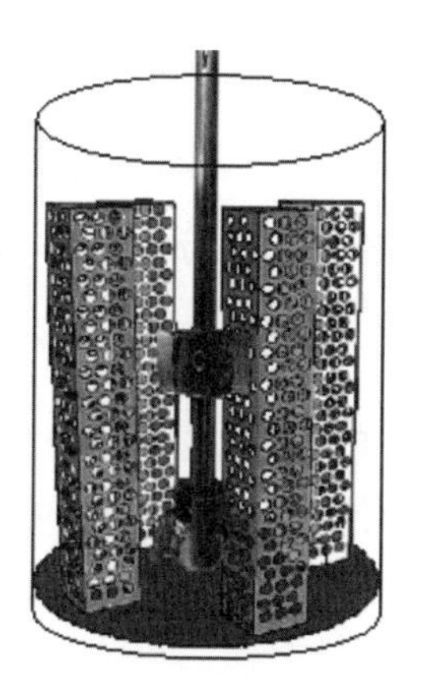

圖 12-14　固定觸媒床：旋轉反應器

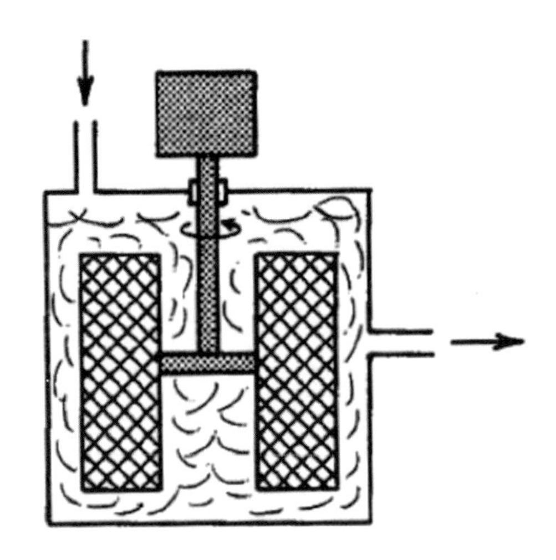

圖 12-15　連續式旋轉填充床反應器（Vern W. Weekman, AIChE, 20(5), 833（1974）

圖 12-15 是另一種設計方式，固定觸媒床於周邊，因為固體觸媒填充於攪拌葉片，當葉片旋轉時會帶動流體一起旋轉，造成流體和觸媒同步旋轉，無法充分有效接觸。因此可以改成固定觸媒床，只有攪拌流體，使流體穿過觸媒顆粒間的空隙，達到接觸的效果。尤其是兩種反應物流體不互溶時，還可以順便充分混合流體。例如生質柴油的轉酯化，有效促進原本不互溶的三酸甘油酯與醇類充分混合，並可使反應物和固體觸媒充分接觸，降低質傳組力，促進液－液－固相之間的接觸，縮短反應時間。

習題

1. 什麼是微分反應器？如何進行實驗？有何優點？
2. 什麼是脈衝反應器？如何進行實驗？能獲得觸媒反應的什麼資料？

中英索引 Index

五劃

六劃

七劃

八劃

九劃

十劃

十一劃

十二劃

十三劃

十四劃

十五劃

十六劃

十七劃

十八劃

十九劃

二十劃

二十一劃

二十三劃

二十四劃

二十五劃

英中索引 Index

A

B

C

D

E

F

G

H

I

S

T

U

W

X

Y

儀器分析原理與應用

國家教育研究院　主編
作　　者　施正雄
ＩＳＢＮ　978-957-11-6907-1
書　　號　5BE9
定　　價　1000元

本書特色

本書共二十七章，除第一章儀器原理導論外，其他各章概分六大單元，包括一般儀器分析所含之光譜/質譜、層析及電化學等三主要單元及特別加強介紹的「微電腦界面」、「電子/原子顯微鏡」/「放射(含核醫)及生化(含感測器及生化晶片)/環境和熱分析」等三單元。

普通化學實驗

作　　者　石鳳城
ＩＳＢＮ　978-957-11-7344-3
書　　號　5BH0
定　　價　300元

本書特色

1.本書實驗題材適合普通化學，教師可依據科系屬性，增刪或調整實驗項目。

2.本書實驗編排循序漸進，內容深入淺出，實驗設計操作簡單，適合大多數科系。

3.本書舉例特多，並詳細列出演算過程，學生學習較易吸收而融會貫通。

4.本書實驗所需設備、器材、藥品簡單而普遍，準備工作輕鬆不繁雜。

5.本書選用藥品注意安全與環保，避免使用毒化物；製備較少量及低濃度之化學試藥，降低廢液濃度及排棄量，以節能減廢。

化學與人生

作　　者　魏明通
ＩＳＢＮ　978-957-11-7335-1
書　　號　5B46
定　　價　290元

本書特色

從來沒有一門學科像化學一樣，與人類生活息息相關的。本書以有趣而具可讀性的方式介紹衣、食、住及行的化學。衣的化學除了各種纖維、染料、清潔劑之外，另加最近熱門話題的變色衣料及潑水透濕衣料等。食的化學除詳細討論各種營養素在人體的功能外，特別介紹食品添加劑、酒與酒精的化學，使人的生活更健康。住的化學，從住宅環境的調整開始，介紹各種建材的化學，並以住宅與環境保全討論垃圾減量及資源回收的重要性。行的化學從蒸汽引擎、汽車的內燃機談到石油的化學及石油化學工業產品對人類生活的貢獻。

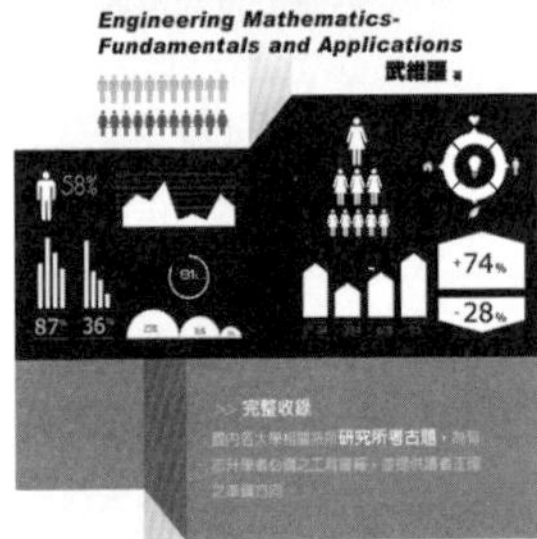

工程數學—基礎與應用

作　　者　武維疆
ＩＳＢＮ　978-957-11-7127-2
書　　號　5BG5
定　　價　720元

本書特色

1.定義嚴謹，論述完整而簡潔，注重觀念分析，適合作為大學工程數學之教科書，亦適合工程師及研究人員作為工具書。

2.包含作者多年之教學心得，配合豐富多樣之例題説明，以及精彩之解題技巧，使讀者易學易懂。

3.內容完整，由淺入深，包含大學生應具備之基礎知識以及研究生應具備之入門知識。

4.完整收錄國內各大學相關系所研究所考古題，為有志升學者必備之工具書籍，並提供讀者正確之準備方向。

國家圖書館出版品預行編目資料

觸媒化學概論與應用／雷敏宏、吳紀聖著. — 初版. — 臺北市：五南, 2014.02
面； 公分.--

ISBN 978-957-11-7503-4（平裝）

1.觸媒化學

468.8 103000718

5BH1

觸媒化學概論與應用

作　　者 — 雷敏宏　吳紀聖

發 行 人 — 楊榮川

總 編 輯 — 王翠華

主　　編 — 王正華

責任編輯 — 金明芬

封面設計 — 簡愷立

出 版 者 — 五南圖書出版股份有限公司

地　　址：106台北市大安區和平東路二段339號4樓

電　　話：(02)2705-5066　　傳　　真：(02)2706-6100

網　　址：http://www.wunan.com.tw

電子郵件：wunan@wunan.com.tw

劃撥帳號：01068953

戶　　名：五南圖書出版股份有限公司

台中市駐區辦公室/台中市中區中山路6號

電　　話：(04)2223-0891　　傳　　真：(04)2223-3549

高雄市駐區辦公室/高雄市新興區中山一路290號

電　　話：(07)2358-702　　傳　　真：(07)2350-236

法律顧問　林勝安律師事務所　林勝安律師

出版日期　2014年2月初版一刷

定　　價　新臺幣420元

※版權所有・欲利用本書內容，必須徵求本公司同意※